中国软科学研究丛书

丛书主编：张来武

"十一五"国家重点图书出版规划项目
国家软科学研究计划资助出版项目
国家自然科学基金资助项目（70972137）
杭州市哲学社会科学资助项目（B09GL07）

教育部人文社会科学重点研究基地
浙江工商大学现代商贸研究中心资助项目

研发外包

模式、机理及动态演化

伍蓓　陈劲　著

科学出版社
北京

内 容 简 介

研发外包是开放式创新环境下，企业整合外部技术资源、降低研发成本、提高创新绩效的一种新型研发模式。本书首先从战略角度划分效率型和创新型两种研发外包模式，引入外包强度指标，论证了这两种模式与企业创新绩效的关系；然后从资源、关系和知识三个维度解构研发外包，基于内外协调能力，提出"结构-协调能力-绩效"模型，揭示研发外包运作的机理；将企业成长划分为初始、发展和成熟期，定量地验证各个阶段研发外包维度结构和模式的演变过程，为企业在不同阶段动态选择研发外包模式、寻求效率型和创新型研发外包模式协同的平衡点提供理论依据和指导性建议。本书的研究丰富和拓展了研发外包理论，为企业研发战略决策、研发外包的实施、研发资源的有效配置提供了理论依据和实践指导。

本书适合经济学、管理学专业师生阅读，也可供相关政府部门和企业工作人员参阅。

图书在版编目(CIP)数据

研发外包：模式、机理及动态演化 / 伍　蓓，陈　劲著. —北京：科学出版社，2011.3

（中国软科学研究丛书）

ISBN 978-7-03-029924-6

I.①研… Ⅱ.①伍…②陈… Ⅲ.①研发外包-实证-演化 Ⅳ.①F273.3

中国版本图书馆 CIP 数据核字(2011)第 002573 号

丛书策划：林　鹏　胡升华　侯俊琳
责任编辑：侯俊琳　陈　超　杨婵娟　王昌凤 / 责任校对：包志虹
责任印制：赵德静 / 封面设计：黄华斌
编辑部电话：010-64035853
E-mail：houjunlin@mail.sciencep.com

科 学 出 版 社 出版

北京东黄城根北街 16 号
邮政编码：100717
http://www.sciencep.com

中国科学院印刷厂 印刷

科学出版社发行　各地新华书店经销

*

2011 年 3 月第 一 版　　开本：B5 (720×1000)
2011 年 3 月第一次印刷　　印张：17 1/4
印数：1—2 000　　字数：348 000

定价：54.00 元

（如有印装质量问题，我社负责调换〈科印〉）

"中国软科学研究丛书"编委会

软科学是综合运用现代各学科理论、方法，研究政治、经济、科技及社会发展中的各种复杂问题，为决策科学化、民主化服务的科学。软科学研究是以实现决策科学化和管理现代化为宗旨，以推动经济、科技、社会的持续协调发展为目标，针对决策和管理实践中提出的复杂性、系统性课题，综合运用自然科学、社会科学和工程技术的多门类多学科知识，运用定性和定量相结合的系统分析和论证手段，进行的一种跨学科、多层次的科研活动。

1986 年 7 月，首次全国软科学研究工作座谈会在北京召开，开启了我国软科学勃兴的动力阀门。从此，中国软科学积极参与到改革开放和现代化建设的大潮之中。为加强对软科学研究的指导，国家于 1988 年和 1994 年分别成立国家软科学指导委员会和中国软科学研究会。随后，国家软科学研究计划正式启动，对软科学事业的稳定发展发挥了重要的作用。

20 多年来，我国软科学事业发展紧紧围绕重大决策问题，开展了多学科、多领域、多层次的研究工作，取得了一大批优秀成果。京九铁路、三峡工程、南水北调、青藏铁路乃至国家中长期科学和技术发展规划战略研究，软科学都功不可没。从总体上看，我国软科学研究已经进入各级政府的决策中，成为决策和政策制定的重要依据，发挥了战略性、前瞻性的作用，为解决经济社会发展的重大决策问题作出了重要贡献，为科学把握宏观形势、明确发展战略方向发挥了重要作用。

20 多年来，我国软科学事业凝聚优秀人才，形成了一支具有一定实力、知识结构较为合理、学科体系比较完整的优秀研究队伍。据不完全统计，目前我国已有软科学研究机构 2000 多家，研究人员近 4 万人，每年开展软科学研究项目 1 万多项。

为了进一步发挥国家软科学研究计划在我国软科学事业发展中的导向作用，促进软科学研究成果的推广应用，科学技术部决定从 2007 年起，在国家软科学研究计划框架下启动软科学优秀研究成果出版资助工作，形成"中国软科学研究丛书"。

"中国软科学研究丛书"因其良好的学术价值和社会价值，已被列入国家新闻出版总署"'十一五'国家重点图书出版规划项目"。我希望并相信，丛书出版对于软科学研究优秀成果的推广应用将起到很大的推动作用，对于提升软科学研究的社会影响力、促进软科学事业的蓬勃发展意义重大。

科技部副部长

2008 年 12 月

随着外包业务的不断扩展,越来越多的企业开始把一些重要业务(如新产品的设计和开发)部分或完全外包给其他组织,形成了新的价值创造模式。研发外包以一种开放动态的技术创新模式融入全球化经济链条,并成为技术创新领域的研究热点。"企业如何研发外包"、"研发外包如何运作才能提升企业的技术创新水平"等问题,成为企业创新管理中急需解决的重要问题。现有的理论研究仅仅勾勒了研发外包的现象和发展趋势,对于研发外包与企业绩效的相关关系及作用机理众说纷纭,缺乏系统、深入的实证研究。

为促进企业有效地整合内外部研发资源,提升研发水平与创新能力,本书从研发外包模式和运作机制着手,试图打开研发外包运作的"黑箱",深入剖析研发外包的模式、结构、机理和演化特征。具体而言,本书逐层探究了以下三个问题:①研发外包的模式有哪些,不同模式下外包与企业创新绩效的关系是否一致?②研发外包的运作机理是什么,如何影响企业创新绩效?③在企业成长的不同阶段,研发外包的维度结构和模式如何演变?

本书共分八章,分别从研发外包的模式、机理和动态演化三方面进行论述。第一章为研究背景,重点探讨本书研究的意义、框架和研究内容。第二章为研发外包的理论基础与研究现状,系统地梳理研发外包理论基础、内涵、动因、特征,探讨研发外包与企业绩效的关系及机理研究现状,指出本书的研究基础。第三章通过对一些中国企业的探索性案例研究,推导出研发外包模式和机理的假设命题。第四章提出效率型和创新型研发外包模式,从外包的广度和深度进行测度,并分析不同研发外包模式对创新绩效的影响。第五、六章探究研发外包的运作机理。结合研发外包的本质特点,提出以资源维、关系维和知识维为主体的结构体系,构建研发外包影响企业创新绩效的机理模型,从实证角度剖析研发外包影响企业创新绩效的内在作用机理和路径。第七章从企业成长阶段入手，分别讨论研发外包的维度结构和模式在企业初始、发展和成熟三阶段的演变特征，从而揭示研发外包演变轨迹。第八章阐述和总结本书理论贡献、实践意义，并对本书没有涉及或没有深入研究的有关问题进行讨论，提出以后的研究方向。

本书以研发外包模式为切入口，在企业层面系统地探讨和验证了研发外包的模式和作用机理，在一定程度上解决了"研发外包的模式是什么"、"研发外包如何运作"、"研发外包模式和维度结构如何演变"等问题，为中国企业研发外包的实施和运作提供了一个崭新视角。本书的主要理论贡献：

（1）针对研发的特质，从战略角度区分研发外包模式，提出效率型和创新型研发外包模式，既弥补原有"核心论"的单维度划分方法，又简化多维度划分的类型，有效地破解外包与企业绩效的关系"悖论"。

（2）梳理外包结构体系、外包协调能力与绩效之间的关系脉络，构建"维度结构-外包协调能力-绩效"作用机理模型，解开"外包模式-绩效"的"黑箱"，为企业研发外包模式的实施和管理提供实践指导。

（3）通过静态、动态相结合的研究方式，以企业成长阶段为时间序列，结合聚类和方差分析探究企业在初始、发展、成熟三个阶段研发外包模式及其资源、关系和知识变化的差异性，揭示研发外包的动态演化特征，为企业研发外包模式的动态选择提供理论框架。

本书针对企业研发外包的实际，深入探究企业研发外包过程中的模式选择、运作机理等问题，丰富和完善了 Gilley 和 Rasheed 教授提出的外包理论，为研发外包的实施和管理提供了科学有效的理论指导。

本书由浙江工商大学伍蓓副教授和浙江大学陈劲教授共同撰写，是国家自然科学基金项目"企业研发外包模式的选择和运作机制研究"（编号：70972137）、杭州市哲学社会科学（B09G207）资助的研究成果。在此，感谢国家自然科学基金委员会的大力资助。在课题研究过程中，我们得到了学术界和企业界的大力支持，尤其是加拿大渥太华大学的 Margaret 教授、比利时 Eindhoven 大学的 Wim Vanhaverbeke 教授的合作研究和指导，特此感谢；在问卷调查和企业访谈过程中，得到了一些国内领先企业的支持，在此表示深深的感谢！

作　者

2010 年 5 月

目 录

CONTENTS

图　目　录

表 目 录

在科技迅猛发展的今天，研发（R&D）和创新（innovation）已成为全球关注的焦点问题。随着全球网络经济的迅猛发展，依靠单个企业传统研发模式的缺点已日益凸现，许多国家正在通过研发的网络化、虚拟化及国际化等手段来获取新的国际研发资源和创新资源，企业的研发模式也由原先的内部研发慢慢扩展到合作研发和研发外部化。

第一节 技术源的演化趋势：研发的外部化

20 世纪 70 年代以前，大部分企业的研发和技术获取主要依靠内部，尤其是第二次产业革命以后，随着技术复杂程度的提高，内部研发的深入和加强，资本密集型的大企业成为制造业中最主要的研发力量，促进世界技术进步和经济增长（刘建兵和柳卸林，2005）。

但从 20 世纪 70 年代开始，特别是 20 世纪 80 年代以后，企业的研发活动越来越外部化，企业不断寻找外部的技术源，与企业以外的研究机构进行各种形式的技术合作、战略联盟、技术并购等，从而提升自身的核心竞争力（程源和高建，2005）。

美国麻省理工学院（MIT）的罗伯兹教授在 1999 年所进行"技术战略管理的全球杠杆"的研究中，对北美、日本和欧洲年研发支出超过 1 亿美元的 244 家公司进行调查，结果显示越来越多的企业倾向于向外部寻找技术的来源（程源和雷家骕，2004；刘建兵和柳卸林，2005）。根据欧洲委员会报告（European Commission，2005），1997～2002 年，经济合作与发展组织（OECD）各成员国研发以 12% 的速度增长（图 1.1）。波兰、丹麦、美国和瑞士等国家，研发服务外包的增长率达到 30%。美国接近 40% 的业务研发在服务性产业中完成；欧洲为 15% 左右。从 1997 年开始，服务行业的业务研发比率也在逐年上升（从 1997 年的 11.5% 上升到 2002 年的 15%），快速增长的原因主要可归结为三个：①研发测度完善；②服务行业的研发强度加大；③业务和政府部门研发外包增多。根据美国国家自然科学基金会的 2006 年度报道，2003 年，美国的研发外包合同达到 10.2 亿美元。和内部研发相比，其平均增长幅度是 1999 年的近 2 倍（从 4.9% 增上升到 9.4%）（Howells et al.，2008）。

根据我国国家统计局 2008 年的统计数据，对大中型企业技术获取情况进行分析，1995～2006 年，企业从外部获取技术（引进技术、吸收消化、技术购买）的比率在逐年增加（图 1.2）。

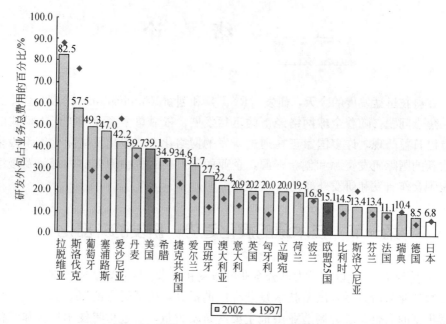

图 1.1　各地 1997～2002 年的研发外包情况

资料来源：Howells J D. 2008. New directions in R&D: current and prospective challenges.
R&D Management，38（3）：241-252.

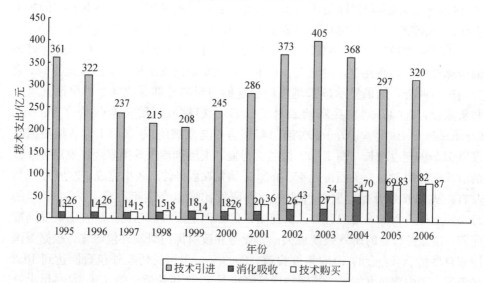

图 1.2　大中型企业技术获取情况

资料来源：中华人民共和国国家统计局 . 2008. 专题统计数据——大中型工业
企业自主创新统计数据（1995～2006）. www.stats.gov.cn.

根据我国国家统计局 2008 年的统计数据，全年 R&D 经费支出 4570 亿

元，比上年增长 23.2％，其中基础研究经费 200 亿元，国内有效发明专利
12.8 万件，占 37.9％。全年共签订技术合同 22.6 万项，技术合同成交金额
2665 亿元，比上年增长 19.7％。因此，研发已突破原有的企业边界，不断向
外部渗透和扩展。

第二节　研发的演变：开放式研发的崛起

随着经济和外部环境的不断变化，研发模式也不断改变。Nobelius（2004）
在其研究中指出，研发已经开始向第六代演进：从第一代的直觉研发（20 世纪
50 年代至 60 年代中期）、第二代的系统研发（20 世纪 60 年代中期至 70 年代早
期）、第三代的战略研发（20 世纪 70 年代中期至 80 年代中期），第四代的综合
研发（20 世纪 80 年代早期至 90 年代中期）、第五代的网络研发（20 世纪 90 年
代中期至后期），发展到第六代开放式研发管理模式（2003 年至今），而开放式
研发的具体表现形式之一为研发外包。六代研发的演进如图 1.3 所示。

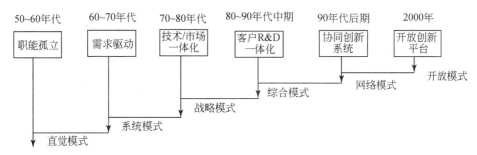

图 1.3　研发的演变

资料来源：陈劲，等．2009．研究与开发管理．北京：清华大学出版社．

第一代研发在研发部门进行，主要依靠技术推动和研发人员的研发直觉。
第二代研发是跨部门研发，研发部门与生产部门、营销部门紧密结合，为市场
驱动型，由市场需求决定研发目标。第三代研发注重研发项目管理，研发目标
与企业战略相吻合，超越部门本位的限制，由公司高层来直接领导重大的研发
活动。第四代研发更加注重与客户之间的交流，与企业纵向利益相关者（如主
流客户、领先客户、供应商）一起研发。第五代研发中的研发参与者不仅包括
纵向利益相关者，还包括横向利益相关者（如竞争者、合作伙伴）和专门研发
机构（大学、科研所、技术中介、知识产权机构），形成企业研发的共生网络。
第六代研发是完全开放的研发平台，政府、社区、非相关企业的介入促进研发
的多元性、开放性、综合性，其开放高端就是研发外包，六代研发特征如表 1.1
所示。

表 1.1 第一代至第六代研发管理过程

项目	第一代	第二代	第三代	第四代	第五代	第六代
创新特点	连续性创新	连续性创新	连续性创新	不连续性创新	不连续性创新	开放式创新
管理核心	产品管理	项目管理	企业管理	客户管理	知识管理	平台管理
研发特点	技术推动，与战略没有什么联系，集中于科学突破	由市场拉动，战略决定，受项目管理和内部消费者观念影响	研发是一种组合，与商业、与公司战略有联系。在投资中使用风险-价值等方法	研发是整合活动。从消费者身上学习，研发活动由跨功能的小组执行	研发是一种网络活动，由竞争者、供应者、销售者等组成	研发是一种开放式平台，具有综合性、多元性和开放性等特征
背景	黑洞需求	争夺市场	理性作用	与时间竞赛	系统整合	开放平台
技术	初始的	数据基础	信息基础	信息技术作为竞争性武器	知识基础	知识基础
组织方式	职能式	矩阵式	分布式	多方位集成式	网络式	开放式
核心战略	职能孤立	与商业联系	技术/商业一体化	顾客研发一体化	协同创新系统	多元技术多元项目管理
变化因素	不可预测	相互依存	系统研发管理	非连续变化	动态变化	技术/环境的复杂性
研发运营	研发属于一般性支出	研发类型决定资金投入	平衡风险/报酬	生产率悖论	智力/影响	协调和合作
研发人员	竞争	行动前合作	结构化合作	关注价值和能力	自我管理的知识型员工	多种类型研发人员
研发过程	交流少	项目之间交流	目标化的研发/资产组合	反馈回路；信息存量	跨边界学习	无边界限制

资料来源：Nobelius D. 2004. Towards the sixth generation of R&D management. International Journal of Project Management, 22（5）：369-375；Debra M, Rogers A. 1996. The challenge of fifth generation R&D. Technology Management, (7-8)：33-41. 后经作者整理.

第三节　开放式创新背景下的研发新模式：研发外包

　　美国著名管理学家彼得·德鲁克早在 1944 年就曾预言："在 10～15 年之内，任何企业中仅作后台支持而不创造营业额的工作都应该外包出去，任何不提供向高级发展的机会的活动、业务也应该采用外包的形式。"

　　《哈佛商业评论》将外包称为过去 75 年来产生的最重要的管理思想之一。近年来，随着外包在全球范围内的迅速崛起，学术界和实业界都对外包产生了浓厚的兴趣，并开始极大关注。研究机构分别从管理、组织和战略的角度剖析了外包的动因、影响因素、合作伙伴、控制机制等问题（Teece，1986；Manzini，1998），其中外包中的技术合作与联盟（technological collaboration）特别受到关注，而这种技术合作恰恰是研发外包的雏形。

根据我国 2008 年科技统计数据，2000～2007 年，技术合作项目不断增加（图 1.4），包括技术转让、技术咨询、技术服务，这意味着研发外包逐渐成为一种新型的研发模式。国内外合作研发趋势也逐渐增强（图 1.5），规模型工业创新企业对外研发合作形式也多种多样，包括与科研院校、其他企业、国外研究机构进行交流和合作（图 1.6）。根据国务院发展研究中心信息网（简称国研网）最新统计，跨国制药企业越来越多地将研发交给符合它们标准的本土研发外包机构（CRO），开展以研发为主的研发外包工作。研发外包的市场规模自 2000 年以来一直稳步增长，并以 14％的年增长率不断扩张。预计 2010 年，全球 CRO 市场将达到 360 亿美元。Gartner 公司的数据显示，2005 年全球软件外包规模达到 2100 亿美元，2010 年将达到 2920 亿美元。

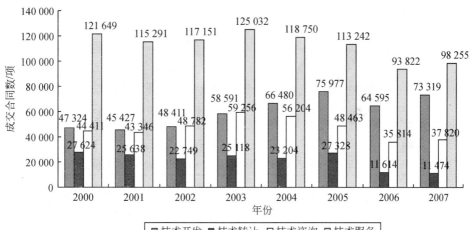

图 1.4 全国技术市场成交合同数

资料来源：中华人民共和国国家统计局. 专题统计数据——历年科技统计数据.

因此，研发不仅仅是企业内部的单纯活动，它是一个研发协同与交互网络，具有高效信息搜索能力、研发网络的学习能力和技术外包的集合体（Howells et al.，2008）。在技术迅猛发展的今天，企业不能仅仅依靠自己进行独自研究和开发，要保持企业的持续增长绩效就必须整合外部资源和实施开放式创新（Chesbrough，2003）。许多国家正在通过研发的网络化、虚拟化及国际化等手段来获取新的国际市场资源和创新资源，特别是近年来全球技术发展的飞跃、外部供

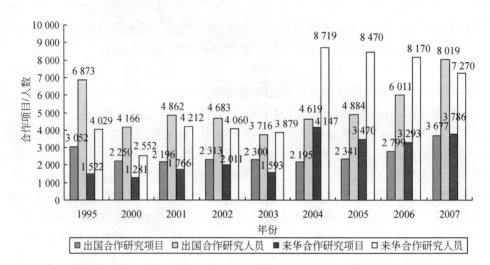

图 1.5　国内外研发合作的情况

资料来源：中华人民共和国国家统计局，专题统计数据——历年科技统计数据.

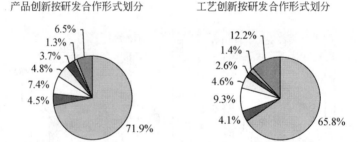

图 1.6　规模型工业企业创新按合作研发划分占产品创新企业数的比重

资料来源：中华人民共和国国家统计局. 专题统计数据——2006 年全国工业企业创新调查统计数据.

www.stas.gov.cn.

应商能力的增强、供应链提升和资源整合，研发外包（R&D outsourcing）创新模式日益受到实业界和理论界的广泛重视。

第四节　本书的研究问题和研究思路

一　本书的研究问题

学术界也对研发外包产生了浓厚的兴趣，在 2008 年的国际商会-国际工程管理会议（ICC-IEMC）、2008 国际技术创新管理会议（ICMIT）上主办方都增设了 R&D Outsourcing 主题，世界著名的国际期刊 *R&D Management* 出版一期 Special Issue，专门探讨研发外包的模块化运作、知识管理、组织模式、网络配置等问题。研发外包的出现打破了企业原有封闭式的研发体系，呈现出开放动态的技术创新模式，并成为技术创新领域的研究热点。

目前研发外包领域的研究主要集中在以下几个方面：①研发外包的前因研究，即"为什么"进行研发外包，如研发外包的动因、形成与发展、特点、优势、劣势等问题（Howells，2008；Howells et al.，2008）；②研发外包的后果研究，即采取研发外包后企业关系治理、风险管理等问题（方厚政，2005；王安宇等，2006；王安宇，2008）；③研发外包的产业案例研究，主要集中在软件产业、制造业、生物医药等产业，大都从宏观层面探讨其外包动因、环境、产业和政策（Stuart et al.，2007）。本书重点探讨研发外包的模式、机理以及动态演化的相关研究。

1. 企业研发外包的模式研究

企业研发外包的模式有单维度和多维度两种划分方法。单维度划分中最典型的是，Gilley 和 Rasheed（2000）根据外包业务重要性，将企业的业务划分为核心业务外包和边缘业务外包模式。其后，Arnold（2000）根据业务与企业核心能力的相关性将外包划分为四种：企业核心业务外包、与核心业务密切相关的业务外包、支持性业务外包和可抛弃性业务外包模式。Tomas 和 Padron-Robaina（2006）从资源观角度提出核心业务、互补型业务和非核心业务外包模式。徐姝（2006b）根据研发的复杂程度，将其分为基础研发外包、应用研发外包和高级开发外包。Balachandra 和 John（1997）从技术（熟悉或不熟悉）、市场（新或旧）和创新（渐进或突破）三个维度将研发外包划分为八种模式，琳达·科恩和阿莉·扬（2007）则从资源整合和企业战略角度，将研发外包分为效率型、增强型和转变型。这些维度为研发外包模式的划分提供了理论依据。

2. 企业研发外包的机理研究

外包对企业绩效的作用机理主要围绕资源、社会、知识和能力四个方面展开。资源观遵循"资源—外包—绩效"的主线，分别探讨了资源属性特征、识别、能力构建、竞争力提升、战略部署和外包决策等问题（Grant，1991；Choen，1995；Murray et al.，1995；Poppo et al.，1998；Mclvor，2000）。关系观的落脚点是关系建立和治理机制，大致可分为外包关系的建立步骤和流程，即关系的演变过程（Klepper，1995；Kern et al.，2002）；外包关系的影响因素，即契约因素和社会因素（Kem，1997；Lee et al.，1999，2005）。外包关系的治理，即关系质量和管理机制（Grover et al.，1996；Ang et al.，1998）。知识观主要阐述外包过程中的知识和信息共享机制（Lee，2001；吴锋和李怀祖，2004a；Tiwana et al.，2007）。能力观围绕组织能力（Lee，2001）、协调能力（Kim，2005b）、控制能力（Han et al.，2008；Li et al.，2008）、集成能力（Bardhan et al.，2006）进行探讨。

3. 企业研发外包模式的动态演化特征研究

研发外包是企业的技术获取和技术变革的新型战略，该战略极具动态性，在企业发展的不同时期、不同阶段会有所改变。而现有的研究仅仅提及这一点（Gilley et al.，2000），尚缺乏深入挖掘。国内学者，如尹建华（2005）从资源外包网络关系（强联系和弱联系）入手，分析了汽车、计算机制造的外包网络形成路径、影响因素和进化过程中的重要角色；苏敬勤和孙大鹏（2006）根据资源外包的层次和市场范围不同，对比汽车产业、计算机制造业、零售业的资源外包形成路径。这些研究为本书研发外包的动态演化理论奠定了基础。

综上所述，以上研究均与本书密切相关，但仍存在一定的局限性。

（1）现有外包模式的单维度划分法主要从业务重要性入手，未体现研发的本质特征；多维度的划分类型过多，缺乏系统性，对企业的实践指导意义不大，因此有必要清晰地界定和划分研发外包模式，并讨论不同研发模式与企业创新绩效的相关程度。

（2）研发外包模式在企业技术创新过程中是动态变化的，而现有的研究均采用静态产业对比方法，分析不同外包模式的转换路径，未从技术创新的整个阶段动态揭示演化轨迹和演化动力，特别是动态轨迹的分位点分析比较欠缺，这也为本书的研究拓展提供了空间。

（3）研发外包与人力资源外包、生产与制造外包不同，它更多的是知识传递、创造和获取（Quinn，2000）。而外包本身是一个包含供应商、企业、客户的复杂关系网络，企业研发资源只有通过业务流程或行为挖掘才能成为企业的竞争力（Tomas et al.，2006），特别是外包运作过程中的跨组织协调能力（Kim，2005b）。如何深入挖掘研发外包过程中的跨组织行为，提升企业创新绩效是企业亟待解决的重要问题。

研发外包赋予组织应对快速变化的全球经济所必需的灵活性，同时也使组织在激烈竞争的市场环境中能集中精力培育组织的核心竞争力。研发外包的出现打破了企业原有封闭式的研发体系，因而"如何开展研发外包"、"研发外包如何测度，其模式如何"、"如何动态演变，在企业成长不同阶段如何协同和配置"等问题均是各外包企业亟待解决的重要议题。

而现有外包与企业绩效关系研究大都集中在业务外包（Gilley et al.，2000；Calabrese et al.，2005；徐姝，2006b；Manjula et al.，2008）、资源外包（Tomas et al., 2006；苏敬勤等，2006；尹建华和王兆华，2003)、IT 外包（Lee，2001；Yoon et al.，2008)、流程外包（Bardhan et al.，2006；Chanvarasuth，2008)、全球外包（Mol et al.，2005)、物流外包（Cho et al.，2008)。而研发的本质是探索未知，包括开拓新市场、研制新产品、改进旧产品，对企业创新绩效必然产生一定的影响，但目前只有较少的文献探讨了研发外包和企业创新绩效的关系。

同时，现有的文献对研发外包与企业创新绩效的作用关系也存在很多争议，出现了正向（Yoon et al.，2008)、负向（Cho et al.，2008)、无关系（Gilley et al.，2000）和混合关系（Chanvarasuth，2008；Calabrese et al.，2005）等多种研究结论。究其原因，主要是忽视了研发外包模式的划分和内在作用机制（Chanvarasuth，2008；Calabrese et al.，2005)。因此，以研发外包模式为起点的研究将有可能破解研发外包与企业创新绩效关系的"悖论"之谜，揭示研发外包对企业创新绩效的作用机理。

针对以上问题，在借鉴前人研究成果的基础上（Lever，1997；李小卯和李敏强，1999；Gilley et al.，2000；Klass et al.，2000，2001；Arbaugh，2003；徐姝，2006a；尹建华，2005；Laursen et al.，2006；苏敬勤等，2006；吴锋等，2006b)，本书将围绕"研发外包如何影响企业创新绩效"这一基本问题展开研究，力图打开研发外包作用机制的"黑箱"，深入剖析研发外包模式机理和动态演化特征。

具体而言，本书试图逐层深入地研究以下几个问题：

(1) 企业研发外包模式是什么，即如何划分企业研发外包模式、不同研发外包模式对企业创新绩效的影响有何差异、环境动态性是否有调节作用等。研发外包模式的划分主要基于案例分析和理论研究展开，本书通过对技术密集型产业（制造、医药、软件）的探索性案例分析，归纳和总结各产业的研发外包特征，从研发外包模式的战略导向入手，区分各产业研发外包的目标（研发成本降低或商业模式的转变）、外包技术（成熟技术或新兴、前沿技术）、外包市场（成熟市场或新市场）、外包项目的创新程度，从而划分研发外包模式，验证不同的研发外包模式与企业创新绩效的关系。同时，进一步探讨环境动态性对两者关系的调节作用。

(2) 如何进行研发外包，即研发外包机理虽有部分学者探讨了外包和企业绩效的关系（Gilley et al.，2000；Klass et al.，2000，2001；Arbaugh，2003；Tomas et al.，2006)，但模型仅仅分析和探讨了外包对企业绩效的影响程度，却忽视了研发外包如何提高企业绩效、其内在机理如何、其作用机理和路径系数如何等问题。本书从资源、关系和知识三个维度解构研发外包，并引入内外部协调能力作为中介变量，构建结构-能力-绩效模型，从而揭示研发外包的运作机理。

（3）研发外包如何动态演化，即企业在技术创新不同阶段研发外包策略如何变化、其演化过程如何。研发外包是企业技术获取和技术变革的新型战略，该战略极具动态性，在企业发展的不同时期、不同阶段会有所改变（Lan Stuart 等，2000）。其如何演化？研发外包模式和维度结构的演化过程如何？在演化中研发外包模式如何匹配？本书以企业技术创新阶段为时间序列，讨论企业成长的不同阶段研发外包模式和维度结构的演变轨迹。

二 本书的逻辑框架、结构安排和研究方法

1. 逻辑框架

本书的逻辑框架如图 1.7 所示。本书以研发外包的模式为出发点，以提升企业创新绩效为导向，从研发外包协调能力的角度，逐层剖析研发外包结构特征、研发外包内外部协调能力和企业创新绩效的关系。整体结构按照提出问题、分析问题和解决问题的思路组织。

首先，针对我国研发外包的现状、其在企业研发战略中重要性及现有外包理论的不足等现实背景，提出研究问题。

其次，分析所要研究的问题，提出效率型和创新型两种研发外包模式，探讨不同研发外包模式对企业创新绩效影响的差异性，分析环境动态性对两者的调节作用。在解构研发外包维度结构和内外部协调能力的基础上，构建研发外包机理的概念模型。以企业成长为时间序列，进一步探讨研发外包模式和维度结构的演化特征。

再次，根据所提出的概念模型和理论假设，通过深入的案例研究和大样本的数据调研，对研发外包的模式、机理和动态演化进行实证研究，逐步论证所要解决的问题。

最后，得出本书的结论。

2. 结构安排

依照上述的逻辑框架，本书主要分为八章，章节安排如下：

第一章，介绍了研究背景。结合我国当前研发外包现状和研发管理过程中存在的实际问题，以及现有研发外包理论研究的不足，凝练科学问题。

第二章，综述国内外相关理论的研究现状。首先从社会学、经济学、管理学和协同学角度探讨研发外包的理论基础。然后阐述研发外包的本质内涵、动机、特征及发展脉络。继而总结和归纳研发外包的研究视角，指出现有研究中的不足以及为弥补不足本书拟开展的研究。

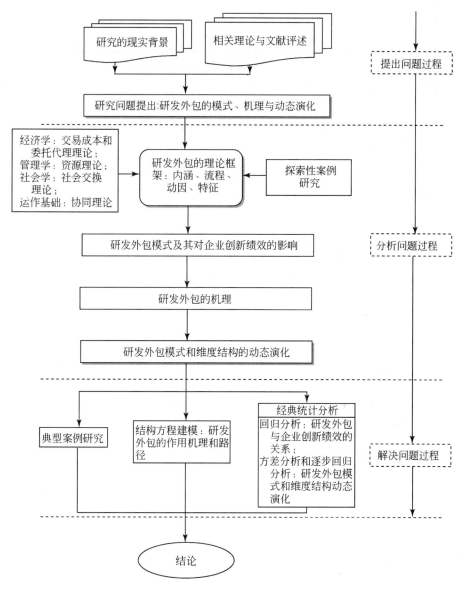

图 1.7　本书的逻辑框架

　　第三章，研发外包机理的探索性案例研究。基于第二章文献综述所理出的切入点，对四家中国企业的研发外包与企业创新绩效作用机理进行探索性案例研究，经过理论假设、案例选择、数据收集与分析，推导出研发外包模式和机理的假设命题。

第四章至第七章是本书的重点和主要创新点所在。第四章提出研发外包模式的划分方法，并分析其对创新绩效的影响，从外包的广度和深度两个方面测度目前中国各类企业在外包实践中的强度，通过定性的理论分析和定量分析方法，分析不同研发外包模式对创新绩效的影响。

第五、六章探究研发外包的运作机理。结合研发外包的本质特点和结构体系，基于探索性案例分析提出的初始命题进行文献展开，构建研发外包影响企业创新绩效的机理模型，并通过对浙江省企业的大样本问卷调查，采用结构方程模型，从实证角度剖析研发外包影响企业创新绩效的内在作用机理和路径。

第七章揭示研发外包模式演变的动态特征。通过聚类的方法将企业的发展阶段划分为初始、发展和成熟三个阶段，然后分别讨论了在企业成长的三个阶段中研发外包的维度结构和研发外包模式的演变特征。

第八章为本书的结论与研究展望，阐述和总结理论贡献、实践意义，并对本书没有涉及或没有深入研究的有关问题进行讨论，提出进一步研究的方向。

本书的技术路线如图 1.8 所示。

3. 研究方法

本书基于研发外部化和开放化的理论视角，运用技术创新管理的前沿理论，结合我国企业技术创新和技术学习领先企业的实践，探讨了效率型和创新型研发外包对企业创新绩效的影响及作用机理，为我国企业研发外包的实施和运作管理提供了决策依据。本书主要运用了以下研究方法：

（1）规范研究和实证研究相结合。一方面，借鉴国内外最新的技术创新、研发管理、外包理论的前沿成果，结合中国企业技术创新的实际构建理论分析框架，提出理论假设；另一方面，深入企业进行实地调研，通过访谈和问卷调查以及深度案例研究，对相关理论进行实证检验。

（2）统计分析和案例研究相结合。一方面，通过大规模发放问卷，综合运用路径分析、方差分析、因子分析、回归分析和结构方程建模等现代统计方法进行普遍意义上的定量分析，定量验证理论假设；另一方面，又通过对典型案例的深入分析和总结共同支持研究假设。

（3）动态研究和静态研究相结合。采用聚类分析方法，获取百家企业的横截面数据，对企业的初期、发展期和成熟期进行划分；应用 One-Way ANOVA 方差分析，探讨了企业在成长不同阶段效率型和创新型研发外包的动态变化规律。

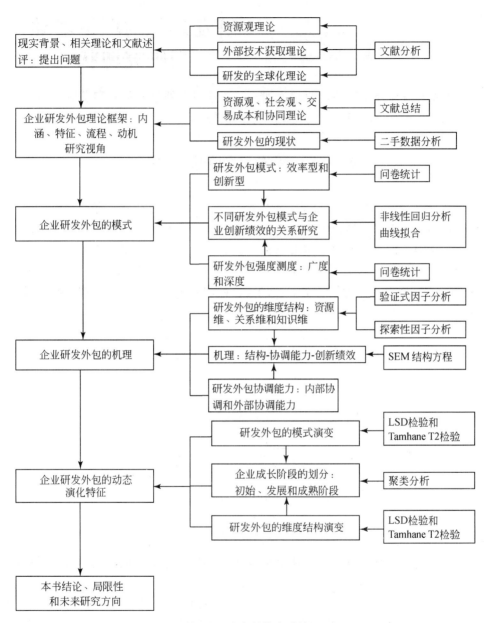

图 1.8　本书的技术路线

<table>
<tr><td>第二章</td><td># 研发外包的理论基础
与研究现状</td></tr>
</table>

本章系统梳理研发外包的相关理论，阐述研发外包的起源和发展、理论基础、内涵、特征、流程、动因及其研究视角等内容。

第一节　研发外包的理论基础

Bacharach 从结构和变量来详细诠释理论，如图 2.1 所示，即结构由命题组成，而命题由变量和假设组成，理论的边界由假设的时间、空间和值决定。对学术界来说，理论模型主要用来解释现象的本质，并被不断修改和证实；对企业界而言，理论模型主要用于科学判断和外包管理决策（van de Ven et al.，1980）。因此，系统地梳理研发外包的理论框架对企业外包决策和实施有着重要作用。

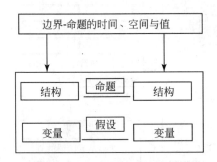

图 2.1　Bacharach 的理论的构成图

资料来源：Bacharach S B. 1989. Organizational theories: some criteria for evaluation. Academy of Management Review, (14): 496-515.

大部分学者从经济学、管理学和社会学的角度分析外包理论框架（Choen，1995；Lee，2003；徐姝，2006a），部分学者从组织学、协同学（尹建华等，2005；苏敬勤等，2006）角度进行了探讨。根据研发外包的不确定性、复杂性和知识密集性特点（伍蓓等，2009），本书从经济学、管理学、社会学和协同学四方面论述研发外包的理论框架（图 2.2）。经济学理论主要从交易成本理论和委托代理理论；管理学理论从资源基础理论和资源依赖理论角度，社会学理论从社会观和关系的角度；协同学理论从外包运作角度探讨研发外包的机理。

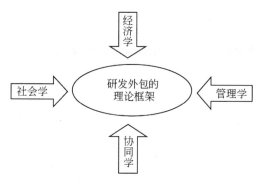

图 2.2　研发外包的理论框架

一　研发外包的经济学基础：交易成本和委托代理理论

研发外包的经济学理论主要包括两个分支：交易成本理论（TCT）和委托代理理论（ACT）。前者主要研究企业与市场的关系；后者主要研究企业内部组织结构及企业成员之间的委托代理管理。两者的共同点在于强调契约的不完全性、企业的契约性及所有权问题，也被称为现代契约理论（徐姝，2006a）。

1. 交易成本理论

交易成本理论最早由 Coase（1937）提出，并由 Williamson（1979，1981，1985）不断完善和发展起来，其研究内容主要为组织的经济行为、保持产品经济效益和交易成本的平衡（Choen，1995）。1937 年，科斯在《企业的性质》一文中首创性地运用交易费用范畴解释了企业与市场之间的关系、企业存在的意义，即企业的性质。

但是，科斯的研究并未阐明哪些类型的交易市场协调的成本过高，适合于在企业内组织；哪些类型的交易市场协调的成本较低，适合于在市场上完成（孙艳，2002）。针对这方面的缺陷，Williamson（1981）指出交易主要指的是组织内部或外部经济交易人之间的产品或服务交换，并将节约交易费用视为组织研究的核心问题。Williamson（1981，1985）进一步给出了交易特性的三个维度，即资产专用性、交易不确定性和交易频率。资产专用性强、交易不确定性大、交易频率高时，对应的治理结构是企业科层结构；反之，对应的治理结构就是市场交易。

因而，交易成本理论对研发外包的意义主要体现在以下两个方面。

一是为企业的研发外包决策提供重要的分析工具。Williamson（1985）的研究指出交易的三个特性：资产专用性、不确定性和交易频率。当三个特征都较低时，市场是有效的调节手段；当三个特征都较高时，企业则成为有效的调节手段。研发外包突破了企业以往所注重的内部结构调整和资源配置方式，将企业的经济活动拓展到企业之间、上下游之间的相互合作中，可用市场、组织间协调和科层的三级制度替代传统的市场和科层二级机制（Larsson，1993），研发外包可看做介于市场和企业之间的中间组织（表2.1）。

表2.1　市场、研发外包与企业三种制度的比较

比较内容	市场	研发外包关系	企业
资源配置	价格机制	价格与科层组织的混合	科层组织
交易机制	价格	契约和隐合同	权威
交易双方	供求	谈判和博弈	计划
稳定性	小	较强	强
业务关联性	无	较强	强
合作性	差	强	很强

资料来源：徐姝.2006b.企业业务外包战略运作体系与方法研究.湖南：中南大学出版社.

　　二是通过研发外包过程中的成本比较，为研发外包决策提供依据。通常，交易成本理论从市场或科层角度考虑两种成本：生产成本和交易成本。研发外包的生产成本很低，主要为交易成本。交易成本包括信息收集、系统完善、谈判、监控和管理成本、争议与诉讼成本等，而交易成本的三个决定要素分别为资产专用性、不确定性和交易频率。当资产专用性高时，一方面会导致机会主义或机会成本上升，另一方面为降低机会主义成本而增加相关的保障契约或谈判又增加了交易成本（徐姝，2006b）。不确定性的存在，导致市场、技术、经济趋势不可预测，合同复杂化和结果的模糊性，动荡的环境增加交易成本和不可预测的风险；交易频率上升，需要企业建立正式、规范的监督和管理机制，也导致交易成本上升。

　　因此，从交易成本理论解释研发外包，如图2.3所示。图中的每个因素都可决定研发外包交易成本和生产成本的关系，研发外包决策可表示为

　　　　研发外包＝F（交易成本）

　　　　交易成本＝F（资产专用性、不确定性、交易频率）

图2.3　Choen研发外包交易成本理论

资料来源：Choen M J. 1995. Theoretical perspectives on the outsourcing of information systems. Journal of Information Technology，(10)：209-219.

2. 委托代理理论

委托代理理论由 Ross（1973）、Mitnick（1975）、Jansen 和 Meckling（1976）提出，并不断完善和发展起来。委托代理关系指一个或一些人（委托人）委托其他人（代理人）根据其利益从事某些活动，并相应地授予代理人一定决策权的契约关系。

委托代理理论决定了合同的效率（过程导向或结果导向）和各委托人之间的关系。过程导向（如科层治理模式、内部制造）和结果导向（如市场模式、研发外包）由代理成本决定，即代理人和委托人之间的规则、目标、利益的一致性。根据 Jensen 和 Meckling（1992）的观点，当把企业的本质定义为契约关系的结合体时，所有者与管理者之间就形成委托代理关系，在信息不对称、契约不完全时，双方的利益冲突会诱使拥有管理权的经理人员采取损害所有者利益的行为，这样就会产生代理成本。它包括三部分：①监督支出（monitoring expenditures），委托人为保障其自身利益不受侵害，建立适当的激励机制并负责其支出及监督费用；②约束支出（bonding cost），为保障代理人与委托人的利益相一致，企业为代理人支付货币性和非货币性的在职消费支出；③剩余损失（residual loss），代理人的决策与使委托人福利最大化的决策之间偏差造成委托人的财富损失（Jansen et al.，1976；吕长江和张艳秋，2002）。

在研发外包过程中，委托代理理论为研发外包企业和承包商之间的关系管理及风险控制提供理论框架。研发外包中的代理成本主要取决于五个因素：结果的不确定性；风险规避与防范；研发外包的可执行性；结果可测量性；代理关系的时间长短（Eisenhardt，1989）。如果研发外包过程中的不确定性高、风险大、可执行性差、结果无法评估、关系持久，代理成本则较高。

因此，从委托代理理论角度来理解研发外包，如图 2.4 所示，发包方和承包方之间的关系可表示如下：

研发外包＝F（交易成本）

代理成本＝F（不确定性，交易频率、风险防范，可执行性，可测量性，时间长短）

图 2.4　Choen 研发外包的委托代理理论

资料来源：Choen M J. 1995. Theoretical perspectives on the outsourcing of information systems. Journal of Information Technology，（10）：209～219.

二 研发外包的管理学基础：资源理论

资源观的理论根源可以追溯到 Marshall（1925）、Penrose（1959），但是直到 Wernerfelt（1984）、Prahalad 和 Hamel（1990）才逐渐形成了新的战略研究框架，成为今天战略管理研究的主流（程兆谦等，2002）。从 20 世纪 90 年代开始，企业不仅关注静态资源，而且更关注不可模仿的技术、知识等相对动态的资源（Prahalad et al.，1990）。学者从不同角度，对资源利用和价值创造的过程进行分析，逐渐形成了能解释利用资源要素来获取竞争优势过程的核心能力理论、知识观理论、动态能力理论等理论框架（许冠南，2008）。

从研发外包的角度看，资源理论可分为资源观基础理论（resource-based view）和资源依赖理论（resource-dependence view）。资源观理论的核心是强调企业异质性资源的获取和利用，资源能否给企业带来持续的竞争优势，主要解决"企业是什么"和"企业的长期竞争优势从何而来"两个问题（Wernerfelt，1984；Berney，1991），因此可演化为资源观理论、能力理论和知识理论。资源依赖理论认为没有组织是自给的，所有组织都在与环境进行交换，并由此获得生存与发展。一个企业在与其他企业进行资源交换时，双方就产生了资源依赖性。资源依赖理论的研究焦点主要在企业外部环境的依赖程度（Thompson，1967）。随着外部资源不断丰富，逐步演化为网络资源观。

1. 资源观基础理论

1959 年，Penrose 在《企业成长论》中首次提出企业资源观理论，认为"企业所拥有和控制的资源是企业核心竞争力之源"。然而，并非所有的企业资源都能为企业带来持续竞争力，国内外学者提出一系列提升企业效率和效益的资源（Thompson et al.，1983；Berney，1991），大致分为三种类型：物资资本、人力资本、组织资本（Berney，1991）。

按资源观理论，企业的竞争力取决于资源的异质性和不可移性。资源的异质性指物资资源、人力资源和组织资源在不同企业间分布不同，而且这种差异是长期存在的，从而产生以资源为基础的竞争优势；资源的不可移性指企业获得资源的能力。为使企业获得持久的竞争优势，其资源必须具备价值性、稀缺性、难以替代性和难以模仿性。

通过研发外包，企业一方面可集中资源与力量，选择自己擅长的领域，并在该领域形成技术优势和规模优势；另一方面，突破企业内部资源约束，降低培育核心竞争力的时间成本，促进企业绩效（尹建华，2005）。企业面临的关键问题是如何保持产品的差异性，而差异化或低成本与产品的输入（即资源）和产品的输出紧密联系（Conner，1991）。

　　Grant（1991）提出以资源观为基础的研发外包决策框架：分析企业现有的资源；评估企业能力；分析企业有潜力的、有利润的资源和能力；选择研发外包策略；扩展和提升企业的资源和能力。从该分析框架可看到，资源观的战略决策不仅取决于企业的现有资源和能力，而且与未来发展的资源和动态能力密切相关。因而，为保持企业持久的竞争优势，企业需要不断寻求外部互补资源和能力，以填补企业现有资源和能力的空白（Stevensen，1976）。

　　按照资源观理论，企业资源由现有资源配置（可分配的资源）和资源属性（价值、稀缺性、不可替代性、难以模仿性）决定，当现有资源是稀少的、难以模仿和替代的、价值高时，则不研发外包，而对于普通的、非核心的、价值不高的，可研发外包。因而，研发外包是填补企业资源和能力空白的一项战略决策（图 2.5），可描述为

研发外包＝F（企业资源空白）

资源空白＝F（资源属性，资源配置）

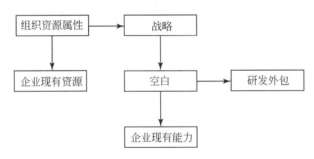

图 2.5　Choen 研发外包资源观理论

资料来源：Choen M J. 1995. Theoretical perspectives on the outsourcing of information systems. Journal of Information Technology，（10）：209-219.

2. 资源依赖理论

　　资源观理论主要分析的是企业内部资源和能力，而资源依赖理论则聚焦于组织对外部环境的依赖和改变程度。

　　按照组织和外部环境的本质特性，Emery 和 Trist（1965）描述了四种环境：平静而随机的环境（placid-randomized），即资源是随机分配的，变动少；平静而集簇的环境（placid-clustered），即资源持续变动；滋扰激活的环境（disturbed-reactive），资源的分配和产生由企业行为决定；滋扰变动的环境（turbulent），许多企业组织紧密结合和依赖。在此基础上，Preffer 和 Salancik（1978）在其经典之作《组织的外部控制》中，按照环境资源的本质特征、结构、行为及分配方式的不同，提出组织任务环境的三个维度：集中性（concentration），即企业能力和自主性广泛扩散的程度；包容性（munificence），即稀缺和宝贵资

源的可获得性；互通性（interconnectedness），即组织之间连接的成员和模式。一个组织对另一个组织的依赖程度取决于三个决定性因素：资源的重要程度（importance）、组织内部或外部特定群体使用资源的程度（discretion）、替代性资源存在的程度（alternatives）。如果某种资源对企业很重要，而在内部稀缺，则企业会高度依赖掌握这种资源的企业。

因此，研发外包成为企业获取外部资源的一种战略，而研发外包战略由组织资源的重要程度、外部潜在供应商数量、供应商转化成本所决定。图 2.6 显示了组织任务环境维度、资源维度、企业战略、资源可获取性之间的关系。从资源依赖理论来看研发外包，任务环境决定了企业资源，资源和企业战略决定企业是否研发外包。如果企业所需的重要资源稀缺，而对企业战略发展至关重要，则需采取研发外包战略。因此，研发外包战略由企业资源和战略决定，而企业的资源取决于任务环境（由集中性、包容性、互通性决定）。

$$研发外包＝F（资源，战略）$$
$$资源＝F（任务环境）$$

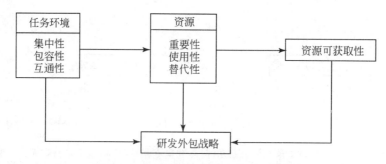

图 2.6　Choen 研发外包的资源依赖理论

资料来源：Choen M J. 1995. Theoretical perspectives on the outsourcing of information systems. Journal of Information Technology，（10）：209-219.

三　研发外包的社会学基础：社会交换理论

研发外包的经济学和管理学视角忽视了企业和外部环境之间的关系管理。组织间关系（interorganizational relationships）管理是近几年来备受重视的热点问题，其研究视角主要有四个方面：资源基础观、知识基础观、社会逻辑观和组织学习理论（Ireland et al.，2002），本节主要探讨其社会学视角。

社会逻辑观（social logic view）也可以称为关系观（relational view），它强调组织间关系网络由企业与其他组织之间的一系列水平或垂直的相互关系组成，包括企业与供应商、分销商、顾客、竞争对手以及其他组织（甚至是本产业以外）之间的相互关系（罗珉，2007）。社会交换是双边的交换关系，由自愿交换组成，为了共同利益，在两个或两个以上的个体之间进行的资源交换。持续地获得互利是社会交换的源泉，社会交换要素包括信任、冲突、权力、机会主义等。

研发外包关系属于社会交换理论中组织与组织之间的交换层次。首先，企业和研发外包商之间的交换行为是有吸引力的（即有利润和价值的），企业与研发外包商存在共同价值观（如相似的公司文化、规章制度，共享风险及利益的意愿），双方才会形成互动交换的关系。其次，组织间的高度信任，可以使合作双方进行知识的交换与机密信息的分享；组织间的沟通协调，可以顺利地发展合作双方的关系，并取得各自需要的资源（Jeffrey et al.，2000），使研发外包关系更为稳定与长久。如果双方存在不对等的相互报酬时，即产生潜在的权利差异和冲突，信任和依赖程度下降，互动关系下降。最后，研发外包关系主要取决于互动关系结果矩阵的评价标准：与过去经验期望的相对水平（comparison level，CL）和与可替代的相对水平（comparison level for alternatives，CL_{alt}）（Kelley et al.，1978）。企业在研发外包时，如果和研发外包供应商合作关系获得的预期结果大于 CL，则企业会研发外包，此研发外包关系会更加吸引研发外包供应商。而研发外包供应商因研发外包关系而获得的实际结果越大于 CL_{alt}，则越依赖此交换关系。同时要注意互动关系中的权利分配与平衡问题，如企业过分依赖供应商，供应商相对权利增加，导致双方权利地位的改变和不平衡，应采取相应的措施调整关系（王建军等，2006）。

因此，从社会交换理论来看，研发外包主要取决于企业和供应商之间的互动关系，而互动关系由信任、承诺、依赖、冲突等要素组成（图 2.7）。企业首先根据研发外包供应商服务质量、水平和价格等因素，确定是否选择与该研发

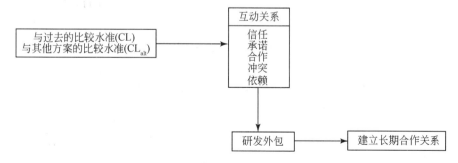

图 2.7 研发外包的社会交换理论

资料来源：王建军，杨德礼 . 2006. 企业信息系统外包机理研究 . 大连理工大学学报（社会科学版），27（3）：49-55. 经作者整理 .

外包供应商建立长期的合作关系。关系一旦建立，在开始的合作中通过合同或市场机制约束双方的行为；随着社会交换过程的进展，双方逐步建立以信任为基础的互惠互利的合作关系。通过不断沟通、交换知识和技术信息，合作越来越紧密，研发外包关系越坚固。

研发外包＝F（社会交换理论）

社会交换理论＝F（互动关系）

四 研发外包的运作基础：协同理论

协同论（synergetic）是德国著名物理学家赫尔曼·哈肯（Herman Haken）教授在 20 世纪 70 年代创建的，主要致力于协作关系的研究。协同学以突变论、信息论、控制论等一些现代科学理论的新成果为基础，同时采用了统计学和动力学考查相结合的方法，在汲取了耗散结构理论成功经验的基础上，进一步揭示了各种系统和现象中从无序到有序转变的共同规律（曹洋等，2006）。

首先，协同学研究的是一个开放的系统。研发外包是开放式研发的一种具体表现形式。在竞争激烈的环境中，一个企业很难拥有全方位的资源优势。企业若将资源分散到各个环节，势必造成资源的浪费，也不利于自身竞争优势的培育（苏敬勤等，2006）。通过研发外包，企业构建开放研发平台，将研发交给符合他们标准的研发外包机构，从而达到缩短研发时间、降低研发成本，从外部获取新技术和新知识的目的。可见，研发外包开放性符合协同学的本质要求。

其次，协同学研究的对象是由数目极大的子系统构成的复杂巨系统。当实施研发外包时，企业与外包供应商之间建立合作关系，合作对象可能因技术、知识复杂性而不断增多（如汽车研发），形成以客户、外包供应商、企业为主体的大型外包网络，包含大量的信息结构和行动。因此，研发外包网络作为一个复杂巨系统符合协同学研究对象。

最后，协同学是从无序到有序的变化过程。企业在研发外包过程中，可能会存在多个合作伙伴，参与研发的人越多，管理难度越大，如果没有协同，整个外包过程会出现无序状态，导致外包失败。因此，研发外包过程就是一个从无序到有序的转变过程，要求外包企业有高超的分包能力和外包控制能力，对供应商掌控能力，从而使外包顺利进行。

综上所述，协同学也是研发外包的理论基石。在研发外包的网络中，各实体紧密结合，共享信息和知识，这种内外部团结一致的运作机制以及各种动力因素协同并进的动力机制之间的有机融合和交互作用，形成了研发外包的成长机制。企业研发部门的自我形成、自我调节、自我完善不仅提高了外包控制能力，也是其作为一个外包系统不断地从最初的混沌无序逐步演化到稳定有序的自组织的过程。企业和外包供应商协同合作，优势互补，达到双赢局面（图2.8）。

$$研发外包＝F（协同机制）$$
$$协同机制＝F（开放性、复杂性、演化性）$$

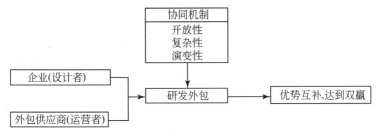

图2.8　研发外包的协同学理论

五　小结

交易成本理论和委托代理理论从经济（费用）的角度、资源基础理论和资源依赖理论从企业战略的角度、社会交换理论从社会观和关系的角度、协同理论从外包运作角度分别探讨研发外包的机理。经济学观点仅从外包的成本出发，忽略了环境、结构、战略等因素对组织的影响，特别是合作双方的默契和交易质量，往往导致外包决策的片面性。管理学观点强调企业的核心资源，企业外包活动主要是为了获取企业生存和发展所需要的但企业内部缺乏的重要资源，从而维持企业的竞争优势；战略理论虽然探讨了企业与外部组织的相互依赖性，却忽视了如何管理和驾驭企业内外部关系，尤其是在动态发展的外包网络中，如何协调和控制庞大的外包供应商体系等问题。社会学观点试图从动态发展的外包网络中，研究企业如何与外包供应商相互作用，并与之交换有价值的、互利资源，建立以信任、承诺、依赖为基础的合作关系。协同学理论则从开放视角研究研发外包的运作机制，企业和外包供应商协同合作，优势互补，也是不断地从最初的混沌无序逐步演化到稳定有序的自组织的过程（表2.2）。

表 2.2　研发外包的理论基础

理论基础	研究理论	焦点	资源	主要内容
经济学基础	交易成本理论	成本效益（规模经济）	产品成本；交易成本	财产专用性；不确定性；频率
	委托代理理论	委托-代理关系（合同）	监控成本；约束成本；剩余损失	不确定性；风险规避；可测量性；可执行性；关系长短
管理学基础	资源基础理论	内部稀缺资源	物资资本；人力资本；组织资本	价值；稀缺性；不可模仿性；不可替代性
	资源依赖理论	外部资源（不确定性）	土地；劳动力资本；信息；产品（服务）	任务维度（集中性、包容性、互通性）；资源维度（重要性；使用性、替代性）
社会学基础	社会交换理论	相互作用过程	信任、承诺、文化、合作、依赖	相对水平（同过去比）；可替代的相对水平
运作基础	协同学理论	协调与合作	企业资源外包供应商资源	开放性；复杂性；动态演化性

资料来源：Lee J N, Huynh M Q, Chi-wai K R，et al. 2000. The evolution of outsourcing research：what is the next issue. Proceedings of the 33rd Harwaii International Conference on System Science，1-10. 经作者整理.

第二节　研发外包的内涵、动因、特征及运作流程

一　研发外包的发展脉络

随着经济全球化、知识与技术进步、价值链的改变，企业的研发活动变得越来越外部化，由原来的内部研发、供应商参与产品研发、合作研发（cooperative R&D），逐步发展为研发外包。

根据研发的历程和供应商的参与程度，我们将研发划分成三个过程：内部研发、合作研发、研发外包，表 2.3 给出了三种研发特征的比较。

表 2.3　内部研发、合作研发及研发外包的特征比较

项目	内部研发	合作研发	研发外包
企业集成度	高 ◄——————————————————————————— 低		
合作时间和成本	高 ◄——————————————————————————— 低		
合作柔性	高 ◄——————————————————————————— 低		
企业组织规范程度	高 ◄——————————————————————————— 低		
企业风险	低 ——————————————————————————► 高		
对供应商控制难易程度	易 ——————————————————————————► 难		
企业边界开放程度	低 ——————————————————————————► 高		
组织模式	垂直一体化，内部控制	水平一体化；共同参与研发	松散的，非正式组织；大都由供应商独立完成
技术特点	核心技术	未来新兴技术；或互补技术	成熟技术；或本企业不具备技术
企业参与度	全程参与	共同参与	很少参与
与其他企业的关系	竞争	合作	分工协作
企业地位	主导企业	平等	企业处于核心地；供应商分级管理
股权关系		股权	合同（非股权）；委托代理
合作双方实力		实力相当	存在强弱差异，供应商能力较强

资料来源：Chiesa V，Manzini R. 1998. Organizing for technological collaborations：a managerial perspective. R&D Management，28（3）：199-212；李纪珍. 2000. 研究开发合作的原因与组织. 科研管理，21（1）：106-112. 经作者整理.

1. 内部研发

企业自身介入研发活动或企业完全投入资金、自己组建内部研发人员所从事的研发活动称为内部研发。企业内部的研发可以追溯到 19 世纪后期的德国合成染料工业，以巴斯夫公司（BASF，创建于 1865 年）、拜耳公司（BAYER，创建于 1863 年）、赫施特公司（HOCHST，创建于 1862 年）为代表的大公司在 19 世纪 60 年代开始雇用化学家并先后建立了工业研究实验室。在美国，1876 年爱迪生在新泽西州建立了一家研究实验室成为工业时代企业研究与开发的原型。

20 世纪 60～70 年代，欧美大企业内部化的大规模研发活动和科技成果商业应用，一直是技术创新的主导力量。研发的内部化，使企业拥有强大的研发能

力，特别是通过内部自主研发掌握核心技术的重要性已被大多企业所认同。内部研发成为企业培育和提高核心竞争力的重要途径之一。例如，杭州西湖电子集团通过内部 R&D 掌握了三方面的核心能力：拥有从芯片开始设计的计算机开发平台；拥有创新的升级换代、抗干扰的模块化设计经验；拥有数字处理专用 CPU 核心控制软件的自主知识产权。这些能力为企业后续的数字化领域发展奠定了坚实的技术基础。

内部研发的特点是：企业的研发是自主行为，一般为大企业、大集团的行为。企业为保持行业领导地位，在内部设立规模庞大的研发实验室，使用最先进的设备，雇佣最具创造性的科学家和工程师，进行大量的基础研究和应用研究，通过内部研发实现技术突破，设计开发新产品、试制、生产制造，通过内部途径将新产品推向市场，并自己提供服务和技术支持，依赖技术获得市场垄断地位，从而获得超额垄断利润。企业完全依靠自己的力量实现技术创新，同时对所有关键性要素施以严格的专利权控制，内部研发的优势地位形成其他竞争对手进入的技术壁垒（陈钰芬，2007）。

2. 合作研发

合作研发指的是两家或两家以上的独立企业出于战略的考虑，在研究开发阶段采取某种具体的合作方式，分担研发成本、共担风险并分享研发成果（周珺和徐寅峰，2002）。企业间的合作研发具有实现研发的规模经济、降低研发成本、缩短研发周期、分担研发风险、实现技术外部效应内部化的作用，因此越来越受到企业的青睐（许春，2005）。

合作研发的雏形可追溯到 1917 年始于英国的研究协会（Research Association，RA），即以行业为单位，为解决资金和技术上的问题而组建的永久联合体。20 世纪 80 年代以来，合作研发逐步在美国、日本、欧盟等地迅速发展起来。

合作研发的特点是：合作研发是阶段性的，具有生命周期，一般经历创建、协定、开发和生产四个阶段。在创建阶段，主要完成合作伙伴的选择和合作战略制定；在协定阶段，探讨合作的具体事项、技术开发细则；在开发阶段，企业根据技术的进展情况以及市场的变化情况决定其对合作研发的投资，并根据技术开发进度决定研发的深度和广度。生产阶段是产品的推广阶段。合作研发是不可逆的，为了进行合作研发，合作各方需要提供研发项目所需的专业化的技术人员和管理人员，建立一定的专用型投资。当研发失败或企业准备放弃时，企业很难完全收回投资的初始成本。合作研发是共享的。在合作研发模式下，合作双方之间在一定范围内实现了资源共享，企业研发管理和创新管理的重点仍然是内部资源的整合，只不过需要整合的资源范围扩大，研发管理的难度增加，增加了不同企业间文化上的差异，以及知识产权分配和保护的内容（刘建兵和柳卸林，2005）。

3. 研发外包

在工业化国家，尽管企业内部化的研发活动仍然占主导地位，但研发外部化趋势已经越来越明显，特别是 20 世纪七八十年代以后，随着互联网和 IT 技术的兴起，研发开放的程度越来越高，影响也越来越广泛。

传统的外包模式主要集中在企业的产业链下游，如活动外包（contracting out the activities）、服务外包（outsourcing the service）、贴牌生产（orignal equipment manufacture，OEM）、合包（co-sourcing）、利益关系（benefit-based relationship）等。但随着经济全球化和知识、技术的进步和新市场的出现、价值链的改变，企业的研发活动变得越来越外部化，由原来的内部研发、供应商参与产品研发、合作研发，逐步发展为研发外包。早期的技术合作与联盟、医药公司新药产品的研发外包、欧美大公司向印度企业外包的软件设计开发项目，以及在我国台湾地区兴起的设计生产服务（design manufacture service，DMS）模式和电子制造服务（engineering manufacture service，EMS）模式都是研发外包的雏形。

Chesbrough 教授（2003）提出了开放式创新（open innovation）理念，即企业在技术创新过程中，可利用内部和外部相互补充的创新资源实现创新，企业的技术创新路径是创新链的各个阶段与多种合作伙伴多角度的动态合作的一类创新模式。此后，众多学者对开放式创新理论的基础（Chesbrough，2003；Chesbrough et al.，2006）、开放作用和地位（Mowery，1998）、开放度（Laursen et al.，2006）、开放式创新模式（Rigby et al.，2002）等方面进行了深入探讨。Vrande 等（2009）在研究荷兰 605 家中小企业的开放式创新实施过程中，发现开放式创新实施的一个有效的途径就是研发外包。288 家制造业企业中有 59％的企业采取研发外包，317 家服务型企业中有 43％采取研发外包，年递增率达 22％。

因此，研发外包是外包的高端领域，已成为提高企业创新能力和建立外部知识产权网络的重要手段之一（Hu et al.，2006），并越来越得到企业界和学术界的青睐。

二 研发外包的内涵

综上所述，随着经济全球化和技术的进步，企业的研发活动变得越来越外部化，由原来的内部研发、合作研发，逐步发展为研发外包。而目前，理论界还没有就研发外包形成完全一致的理论框架，大部分学者，如 Herbert 和 Camela（1985）、Ulset（1996）、Chiesa 和 Manzini（1998）、Chesbrough（2003）、

Carpay 等（2007）从企业资源理论、关系契约理论、外包、合作研发角度，对研发外包进行了定义（表 2.4）。

表 2.4 研发外包内涵的文献综述

理论视角	研发外包内涵	主要学者
资源理论	研发外包是企业并购的一种方式，是对内部研发和研究联盟的有效补充形式，即企业在内部资源有限的情况下，仅保留其最具竞争优势的功能，整合外部最优秀资源而获得巨大协同效应，获得竞争优势	Matthew 和 Rodriguez（2006） 陈劲（2004）
关系契约理论	指一方提供资金、以契约方式委托另一方如外部研究机构提供技术成果，包括新产品、新工艺或新思路；"研发外包"也称"研究开发协议"，指企业寻求外部力量进行创新，以合同的形式把价值链上研究开发这一个环节外包给其他组织，以达到合理利用资源、增强企业竞争力的目的	Chiesa 和 Manzini（1998） 王安宇等（2006） 林菡密（2004） 方厚政（2005） 邱家学和袁方（2006） 楼高翔和范体军（2007）
外包理论	企业将研发任务交给研发强度高的企业（如信息产业、私人制造业）以获得技术改进和探索性研究活动	Herbert 和 Camela（1985） Ulset（1996） Chesbrough（2003） Carpay 等（2007）
合作研发理论	研发外包意味着与外部技术源（自己供应商、独立研发机构、产业联合会、联盟企业）之间的自然、特定技术合作关系	Stuart 和 Mecutecheon（2007） 田堃（2007）

因此，本书中的研发外包指的是：企业将产品的部分或全部研发工作交给比自己更有效率、更有效能完成该任务的外部技术源供给者，由他们提供"技术"成果，包括新产品、新工艺或新思路；从而集中精力培育和提升企业的核心能力，实现自身的竞争性发展。这里"技术源供给者"包括供应商、大学、研究机构、竞争对手、行业协会等有技术能力和创新能力的外部资源。

三 研发外包的动因

通过分析现有文献与企业的相关实践，研发外包的驱动因素可归纳为以下四个方面：①新产品开发角度，研发外包可加快新产品开发速度，缩短新产品生命周期；②技术角度，研发外包可帮助企业获取新技术和新供给，实现技术追赶和技术转换；③能力角度，企业不具备研发能力或供应商研发能力较强时，会采取研发外包模式；④产业和产品特征角度，一般情况下采取研发外包模式的产业多为高科技含量的产业（如生物技术、化学材料、制药产业），因其技术、产品的复杂性，其研发过程涉及部门、研究主体、事务较多，单个企业很难完成，必须外包。

1. 新产品开发角度

随着全球经济和技术的快速发展，企业竞争焦点在预竞争（precompetitive）或更准确地说是在竞争中（procompetitive）产生（Grant，1991；Herbert et al.，1985；Vining et al.，1999），企业通过研发外包形式可以接触到更大的技术资源，特别是前瞻性的未来技术，填补企业技术知识和技术机会空白，是企业竞争资源的互补（Quadros et al.，2007），带动整个产业链提升的重要手段（程源等，2004）。而对于标准化、通用技术的产品开发，采取研发外包可以加快新产品开发速度，降低成本，缩短新产品生命周期（Balachandra et al.，1997，1999；刘建兵等，2005；Quadros et al.，2007）。

2. 技术角度

根据科学/技术突破性、技术研究深度和广度可以将企业分为技术先导者、技术追随者两种。无论是技术先导者还是追随者，采取研发外包模式，均可充分利用研发的外部力量，达到技术与知识的互补，满足企业获取新技术和技术供给的需求。核心技术快速转变（core competitiveness /technology）、技术关联复杂程度（complexity of technology inter-relatedness）和技术间断危机（threat of technological discontinuities）是研发强度（R&D intensity）的动力（Lan Stuart et al.，2000）。因此，研发外包的动因主要是技术转换（technology shift）和技术追赶（catch-up），由于企业价值链改变和新兴市场的出现使得企业的核心技术发生改变，当企业组织适应不了当前技术和社会发展而需要变革时，就会出现研发外包现象（Charles et al.，2000）。

3. 能力角度

一方面，研发外包是企业自身研发能力不足所带来的研发模式。国外学者如 John（2002），国内学者如林菡密（2004）、陈鼎东（2006）、徐姝（2006b），均指出企业在缺乏某方面专业知识、人才和经验，或没有足够时间，或需要获取外部技术支持时，将会产生脑力资源外包需求。另一方面，研发外包是供应商能力增强和提升的一种必然趋势。Herbert 和 Camela（1985）、Charles 等（2000）这些学者在深入研究制造业研发外包的基础上，均认为研发外包可打破黑匣子，重新审视供应商、制造商的角色和管理。现有的制造商已成为单纯的系统集成商（pure integrator），而供应商不再是单纯的组装者，其在整个产品提升过程中也迅速成长，积极参与新产品的研制和开发，逐渐发展为系统供应商（system supplier），甚至是核心供应商（core supplier）。因此，供应商能力的提高为研发外包提供了必要条件，也带动了整个产业链的提升。

4. 产业和产品特征角度

John（2002）按照 Martin 和 Scott（2000）创新分类的方法，对加拿大制造产业、生物技术产业作了深入的创新调查（John，2002），发现企业研发外包与产品的复杂程度有显著的相关性。复杂产品的产业（如航空、电子和电路技术、通信产业），其新产品的研发项目成本高、风险大、产品的复杂性强，单个企业无法独立完成，必须研发外包。同时，研发外包也与产业相关，对于生物技术、化学材料、制药等高科技产业，因研发过程复杂、周期长、技术含量高等特点，单个企业很难独自完成，通常采用研发外包形式。

四 研发外包的特征

研发外包与人力资源外包、生产制造外包不同，它更多的是知识的传递、创造和获取（陈劲等，2004）。在外包失败的项目中，其中一个很重要的原因是缺乏知识的流动和保护（吴锋等，2004a）。而知识与外包控制是密不可分的、互补的，研发外包的成功与否很大程度上取决于企业对产品的分包能力、供应商的控制能力和整个系统的规划和整合能力。因此，研发外包具有如下几个特征。

1. 知识密集性

研发的本质是探索未知，解决迄今尚未解决的问题。即使是成熟、标准化的技术，对其进行研制和改进，也是一个探索和研究的过程。无论是效率型还是创新型研发外包，其外包的过程就是知识传递、创造和积累的过程。当技术变化速率较大时，企业会偏重于内外部技术知识的整合，实现技术转变和突破，以满足企业对技术竞争力发展的需求；而技术变动速率较慢时，企业则侧重于市场知识整合（于惊涛，2007），收集技术、市场变动信息，培育和挖掘潜在的供应商，为未来新兴技术早期介入作准备。与普通外包相比，研发外包要求供应商具备一定的技术能力和研发水平，确保分包的模块按质按时完成。

2. 控制复杂性

一是管理控制的复杂性。研发外包是技术创新的核心部分，包含产品的概念产生、产品规划、详细设计、测试到样品各个环节，涉及一系列复杂并涉及多项职能的活动。因此，如何有效地协调、沟通各个部门变得尤为复杂，管理难度更大。二是知识控制的复杂性。与生产、人力资源外包相比，研发外包中组织间流动的知识可以分为两类：一类为显性知识或结构化知识，如产品设计总成和工艺规范等；另一类为隐性知识，主要是知识诀窍（know-how）（吴锋等，2004b）。而在外包过程中，知识诀窍很难在合同中体现并加以控制、管理。

哪些知识需要分享，知识传递途径、流向如何，知识代理人设置以及依照什么样的程序处理特殊情况等问题均是研发外包控制中亟待解决的难题。三是研发的风险和不确定性。随着全球化和信息技术的发展日益加快，技术和市场环境的变化加速，源自组织外部的新技术、新机会大大影响企业现有的技术经验、知识和能力，如何解决研发外包中的技术、市场及客户需求的不确定性是研发外包的难点。

3. 系统集成性

在研发外包前，企业主要是理清研发、制造、营销等各环节之间的关系；外包后，企业主要是整合供应商、制造商、分销商和客户之间的关系（李海舰等，2002）。企业研发部门的作用不仅仅是知识创新，而且必须具备知识创造、共享、学习、整合能力，它是企业内外部技术和市场知识能力重构的主体（王晓光，2005）。企业的核心能力也由原有的对产品的每个零部件研发能力转成对产品的整体集成能力。如何有效地将企业内外部研发有效结合、提高企业内外资源整合能力是研发部门的重要任务。

4. 开放性

实施研发外包，改变了企业获取资源的方式。在开放的创新模式下，企业的边界是可以相互渗透的，企业内部和企业外部组织之间形成了一个庞大的知识交易网络，例如，浙江省企业可能会更多、更广泛、更深入地利用国内外技术资源，集成全球优势因素提升竞争能力。因此，研发外包是浙江省企业利用有限的创新资源、增强自主创新能力的有效手段之一。

5. 互补性

企业的研发外包并不意味着企业放弃研发，研发外包绝不可能成为对企业内部研发的替代。恰恰相反，在任何情况下，企业的内部研发能力都是其研发外包的前提，即后者只是对于前者的一种补充。同时，企业必须具备高超的分包能力、集成能力和外包流程的出色管理能力才能保证外包顺利实施。

6. 协同性

研发外包和企业内外部互补资源投入的协同是最终实现企业自主创新能力提高的关键。研发外包不是企业的偶然事件，而是在企业的文化、组织结构和流程等要素下形成的常规性活动，要求必须形成良好的开放式研发体系以保证充分利用外部创新资源以促进创新的整体性、连续性和高效益，提高企业的创新绩效和持续竞争力。例如，增强浙江省外包企业的自主创新能力不能只单纯强调该产业链环节，而需要从整个产业链竞争能力出发，促进上中下游之间的互动、合作，从而提高整个产业的自主创新能力。

综上所述，研发外包难点主要体现在如何管理研发过程中的知识流动、协调各职能部门、有效地整合内外部资源，形成企业"研发工作－知识积累－研发工作"的良性循环，发挥研发外包的优势。

五 研发外包的运作流程

研发流程可分为策略性、作业性和支持性研发流程。策略性研发流程将企业策略、产品策略、企业文化、人员、系统等因素整合到新产品开发过程中（韩孝君等，2005）。作业性研发流程主要围绕新产品开发活动，可分为"规划、产品发展与测试、商品化"三阶段模型（Cooper et al.，1988）、"新产品规划、新产品构思、新产品开发、测试与改进和商业化"五阶段模型（Saren，1984；郭斌等，2004）。支持性研发流程除核心研发作业流程外，由相关部门提供给研发部门相关支持性服务：信息作业、财会作业、人力资源作业、采购作业、制造作业等（韩孝君等，2005）。

外包流程的四要素为外包主体、外包对象、外包合作伙伴和外包设计（Arnold，2000），国内外学者分别从战略和外包运作的角度探讨外包流程（Quinn，2000）。Mclvor（2000）从战略角度出发，提出四阶段的外包框架：定义企业的核心业务、评估相关技术价值、全面成本分析和关系治理。Petersen 等（2005）在此基础上，增加供应链管理流程、跨组织流程管理环节。Wendy 和 Finn（2005）从企业外包运作的角度，比较丹麦和瑞士的制造业，提出基于战略管理和项目运作管理的框架。桂彬旺（2006）在调研全国 60 多家复杂产品生产厂家的基础上，提出了复杂产品系统（COPS）设计的模块化流程：系统分析、结构设计、模块分解、外包、系统集成、跟踪调试。Quadros（2006）描述了研发外包的关键环节：外包范围的界定、外包战略和概念、研发团队组建、信息传递、数据收集和处理。

综上所述，国内外学者主要从外包准备计划、外包供应商选择、关系管理、合同协商与签订、项目执行等角度探讨外包流程。而大部分采取研发外包的产品是复杂产品系统，由许多具有复杂界面以及为用户定制的模块和模块子系统等组成，研发过程必定会实施分包和集成，使整个研发流程并行化，从而提高研发效率。因而，研发外包流程包括如下几个阶段（图2.9）。

1. 方案分析阶段

此阶段主要为项目的启动（产品的目标设想、市场方案），通过目标的追踪、现状分析，确定产品的战略目标、时间或项目整体规划，提供整体方案。

2. 架构设计阶段

此阶段主要是完成总体设计方案，理解说明书，定义技术标准、技术参数，确认各模块的新需求及需要改进和完善的地方，确定系统功能。

3. 模块分包阶段

模块分包阶段主要完成两个任务：一是系统的模块划分；二是模块化分包

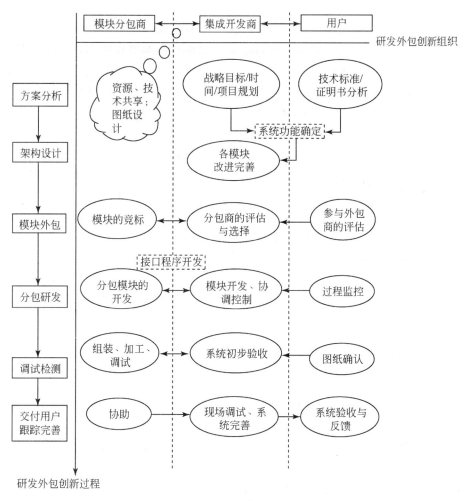

图 2.9 研发外包流程

资料来源：陈劲 . 2006. 集知创新 . 北京：知识产权出版社 . 经作者修改 .

商的选择与评价。模块划分是在系统整体设计框架和功能需求的基础上进行的，分包的原则因不同产业有所不同。例如，医药行业分包原则为"两头在内，中间在外"；汽车行业按功能，分核心部件、关键部件和一般部件划分；IT 行业采取"高内聚，低耦合"方式，将包分到最小（piceses）。划分好模块后，企业的首要任务是选择合适的外包供应商。外包供应商的技术水平和研发能力是整个项目完成的前提，如果一个模块不能按时按质完成，必将带来巨大损失。对供应商的选择和评价要尽可能全面和具体，一般从技术能力、经营能力、信用等方面进行评价，从而挑选出最有潜力的供应商，并在整个研发过程跟踪、培育和辅助其成长。

4. 分包研发阶段

在这一阶段，供应商将系统需求转化为具体的设计参数和设计方案，由供应商独立完成研发和生产工作。此阶段应特别注意研发过程中出现的问题和变动，在保证产品同步化前提下力求解决各种问题。整个分包出去的产品还要协调和兼顾其他模块的研发情况及"接口"程序的开发，各分包部分提供标准的接口，并及时与企业、系统集成商沟通。

5. 系统调试检测阶段

企业按照某种联系规则（界面标准或技术规则）将分包出去的具有一定价值功能的各模块整合起来，构成更加复杂的系统或过程。在集成之前首先按照系统设计规则对供应商提供的各个模块进行测试，综合考虑质量、成本、服务、准时性，然后进行各子系统的匹配，处理和解决系统协调时出现的各种技术问题，尽可能吸收关键技术，促使整个系统调试顺利进行。

6. 用户使用和完善阶段

系统调试完成后，企业还需关注长期的跟踪服务，解决用户使用过程中出现的问题，并及时与用户沟通，将意见反馈到技术部门，不断完善和优化产品性能。

六 小结

研发外包是外包理论的核心概念之一，它是外包发展和演化的高端形式，是企业降低研发成本、获取新技术和新知识的一种新型研发模式。研发外包指的是：企业将产品的部分或全部研发工作交给比自己更有效率、更有效能完成该任务的外部技术源供给者，由他们提供"技术"成果，包括新产品、新工艺或新思路，从而实现自身的竞争性发展。

研发外包的动因可归纳为以下四个方面：①新产品开发的角度，研发外包可加快新产品开发速度，缩短新产品生命周期；②技术角度，研发外包可帮助企业获取新技术和新供给，实现技术追赶和技术转换；③能力角度，企业不具备研发能力或供应商研发能力较强时，会采取研发外包模式；④产业角度和产品特征，研发外包与产业技术、产品特点密切相关，如果研发过程复杂，势必实施分包和集成，使研发流程并行化，完成研发过程。研发外包与人力资源外包、生产制造外包不同，它更多的是知识传递、创造和获取，研发外包的成功与否很大程度上取决于企业对产品的分包能力、供应商的控制能力和整个系统的规划和整合能力。因此，研发外包具有知识密集性、控制复杂性、系统集成性、开放性、互补性和协同性等特征。

而大部分采取研发外包的产品是复杂产品系统，由许多具有复杂界面以及为用户定制的模块和模块子系统等组成，研发过程必定会实施分包和集成，使整个研发流程并行化，从而提高研发效率。因而，研发外包流程包括方案分析、架构设计、模块分包、分包研发、系统调试、用户使用和完善几个阶段。

第三节　研发外包与企业绩效关系的研究综述

随着技术创新在当今经济发展中的重要价值日益明显，研发和创新战略得到了越来越多企业的重视。20 世纪 80 年代中期以来，众多来自欧美和日本的学者开始关注一类新的企业现象——企业研发外包，相关文献逐渐增多，研究成果频频出现在经济学和管理学国际权威期刊上。

根据笔者 2009 年 7 月 5 日对 SDOS、EBSCO、PROQUEST、JSTOR、Wiley Inderscience、Emerlad 等常用的经济管理外文数据库，结合 WEB of Science 搜索工具，以 "R&D outsourcing or Outsourcing R&D" 为题名，结合 "firm" 或 "corporation" 在全文中进行检索的结果，1986～2008 年年初，发表在国际权威期刊上的研发外包正式文献仅有 8 篇，其中，*Research Policy* 有 1 篇，*R&D Management* 有 2 篇，*R&D Magazine* 有 1 篇，*Manchester School* 有 1 篇，*Journal of Financial Economics* 有 1 篇，*British Journal of Management* 有 1 篇，*Chemical & Engineering News* 有 1 篇。如果从涉及企业外包内容的文献来看则有不少，而以工作论文形式和发表于国际会议上的相关文献（14 篇）看也比较多，限于篇幅，此处不再呈现这些文献的检索统计结果。从中国知网（CNKI）和维普资讯网上检索 "研发外包"，共 22 篇，其中，博士论文 1 篇（研发外包战略决策）；期刊 21 篇，主要涉及研发外包概念（3 篇）、综述（2篇）、契约管理（2 篇）、医药研发外包发展（7 篇）及其他，而关于研发外包的深层次研究甚少。

因此，研发外包的文献综述主要回溯到外包的主体框架研究中，主要集中在外包动因（why）、外包内容（what）、外包决策（which）、外包运作（how）和外包结果（outcomes）上（Dibbern，2004），本书重点探讨外包的结果和运作机理。

本节首先总结和归纳研发外包与企业创新绩效的研究，即研发外包的产出，主要借鉴外包与企业绩效的关系研究。外包的产出主要体现在三方面：客户的满意度、客户的期望和实现程度、对企业绩效的影响（Dibbern，2004）。而外包对企业绩效的关系研究是企业外包的一个焦点问题，欧洲各国、美国、日本等国学者自 20 世纪 80 年代以后展开了大量的分析和研究，得出的结论也很不一致，主要有正相关、负相关、混合关系和无关系。

一 外包与企业绩效的正向关系

Bardhan 等（2006）探讨了美国制造业企业的产品生产流程外包与企业运作绩效的关系（图 2.10）。同时，企业的战略（低成本、高质量及两者混合）和 IT 建设基础对流程外包起着重要作用。该研究共采取两个经济模型：①测试 IT 投资、企业战略和它们对生产流程外包的影响；②采用一般最小二乘（ordinary least square，OLS）逐步回归模型对企业运作绩效进行评测。统计结果表明，IT 投入大的企业越倾向于生产流程外包，生产流程外包对企业降低成本和提高产品质量有促进作用；而以质量为核心的企业外包强度更大，供应商集成程度越高，企业的运作效率、客户满意度和利润率越高；低成本战略与企业外包程度关系不大。

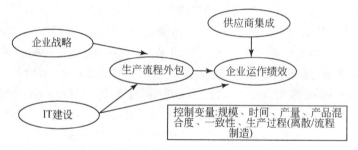

图 2.10　Bardhan 等的流程外包与企业绩效的关系

资料来源：Bardhan I，Whitaker J，Mithas S. 2006. Information technology, production process outsourcing, and manufacturing plant performance. Journal of Management Information Systems，23（2）：13-20.

Yoon 和 Im（2008）以韩国 20 多家 IT 外包为例，探讨了 IT 外包的客户满意度和企业绩效的关系（图 2.11）。统计结果表明，这五个要素在 IT 外包环境下对 IT 外包客户满意度影响是显著的，特别是维修和保养显著性水平最高。其次，统计结果证实了 IT 外包客户满意度对企业绩效有显著的促进作用，IT 外包供应商的服务质量越高，企业绩效越高。同时，规模大的供应商拥有较多的 IT 外包项目、稳定的信息系统和客户服务网络、丰富的服务知识经验、资源和服务水平高。

Manjula 等（2008）在组织和生命周期理论的基础上，探讨了 278 家创业企业的外包和企业绩效的关系。创业企业面临的组织不确定性较高，可利用的资源有限，因此外包成为其资源互补的一个重要手段。而如何有效地协调控制和充分利用资源成为各创业企业在外包过程中的重要战略能力，该能力不是虚有的，是企业现有资源的一部分，可以通过资源结构特征加以描述。因此，该研

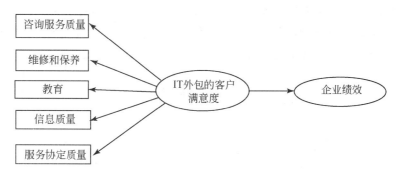

图 2.11　Yoon 和 Im 的 IT 外包的客户满意度和企业绩效的关系

资料来源：Yoon Y K，Im K S. 2008. Evaluating IT outsourcing customer satisfaction and its impact on firm performance in Korea. International Journal of Technology Management，43（1-3）：160-175.

究中引入企业资源配置结构中间变量，由企业年限、规模、创新性和产权四部分组成（图 2.12）。外包通过 11 种外包业务活动表征（1-外包，0-不外包）：制造业务、支持性业务（IT，会计和客户支持）、市场业务（外包市场，配送和销售）、人力资源业务（培训和发展、招聘、雇佣和员工）、研发业务。统计结果表明，创业企业的外包对企业绩效起正向作用，企业资源配置结构也起正向调节作用。

图 2.12　Manjula 等的外包与企业绩效的关系

资料来源：Manjula S S，Cullen J B，Umesh U N. 2008. Outsourcing and performance in entrepreneurial firms：contigent relationships with entrepreneurial configurations. Decision Sciences，39（3）：359-381.

二　外包与企业绩效的负向关系

Cho 等（2008）探讨了物流能力、物流外包和企业绩效的关系（图 2.13）。物流能力被定义为 11 种能力：客户服务预先销售、售后服务、配送速度、配送有效性、目标市场反应能力、配送信息沟通、网络订货控制、配送覆盖率、全球配送覆盖率、选择配送线路、低成本配送。物流外包只简单局限在是否采用第三方物流承担企业的某些物流功能，企业绩效通过财务和市场绩效考评。Cho 对美国 117 家企业进行的调查统计结果显示，物流能力与企业绩效正相关，而物流外包与企业绩效负相关，物流能力与物流外包之间无关系。该研究结论表明在传统的电子商务市场，拥有较强的物流能力企业竞争优势大。物流外包不一定给企业带来边际利润，过多依赖第三方物流，会导致企业竞争能力下降，反而给企业造成负面绩效。

图 2.13　Cho 等的物流外包、物流能力与企业绩效的关系

资料来源：Cho J J, Ozment J, Sink H. 2008. Logistics capability, logistics outsourcing and firm performance in an e-commerce market. International Journal of Physical Distribution&Logistics Management，38（5）：336-359.

Hui 等（2008）从组织结构权变理论角度探讨了复杂产品项目外包和项目绩效的关系。现有的理论大都从交易成本、组织学习和嵌入的关系角度讨论了外包边界、组织模式和供应商之间的关系管理，较少文献从外包结构角度讨论外包管理。而复杂产品涉及技术、产品、活动较多，其外包很少集中在一个企业内部或一个外包供应商身上，产品会分解为多个部分，外包给不同供应商。而这些被划分的部分彼此之间相互独立，必须由一个统一组织领导和驾驭。该组织结构具有强大的协调和控制能力，将复杂的行动划分为相互独立的模块协同运作。外包供应商越多越分散，协调和控制能力要求越高。外包工作越分散，供应商更应加强跨组织谈判能力以缓解内外部冲突，以给外包项目带来绩效。因此，外包结构影响到现有企业层级结构所造成的冲突解决程度。该研究将整个复杂产品的生产过程分为项目预计划、详细设计、筛选、采购、制造和系统测试六个阶段，将复杂产品的独立性分为阶段内部的独立性和阶段之间的独立性。Hui 等对 323 个外包项目进行调研的统计数据表明：①在计划和设计阶段，企业主导地位越强，各阶段内部及阶段之间的成本膨胀越厉害；主导地位低对设计阶段的成本膨胀有一定的影响。也就是说，对复杂产品而言，计划阶段的工作比设计和制造阶段更难以察觉错误，企业外包行为独立性越强，越接近计划和设计阶段，企业越难协调和控制外包项目，从而导致成本膨胀。②外包供应商专注性对外包结构和各阶段成本膨胀有负作用。外包供应商数目多会降低单一供应商的风险，阻止单一供应商锁定（lock-in）效应，减少不必要的开销，但会增加企业协调和控制成本，因此对两者关系的影响不明确。

三 外包与企业绩效的无关系

Gilley 和 Rasheed（2000）探讨了核心（core）和外围（peripheral）业务外包强度与企业绩效的关系（图 2.14），同时考虑了企业战略和环境动态性的调节作用。他们首先将企业活动划分为会计、广告、组装、客户服务、信息系统、制造、招聘、产品维修、采购、研发、销售、运输、培训和仓储共 14 种行为，然后对 558 家采取外包企业进行问卷调查，共回收 125 份有效问卷。统计结果表明，核心和外围业务外包强度与企业总体绩效无相关关系，但对企业的个体绩效有影响。如运输外包提高企业客户服务水平，制造外包降低企业制造成本。同时，该研究还进一步探讨了战略和环境动态性对外包-企业绩效关系的调节作用。当企业采取的是成本领先和创新差异化战略时，外包强度越高，企业绩效越高；特别是在创新差异化战略下，外围业务外包强度越高，企业更有时间加强创新行为，创新程度越高。环境动态性对外包-企业绩效关系起到一定的调节作用。在稳定的环境下，外围业务外包对企业股东绩效有正面影响。而在动态环境下，外包对企业绩效的正面影响不大，原因是动态环境带来了如谈判、监控、管理等交易成本。而且，快速改变的技术使得外包供应商要不断提高和完善自身的技术和流程，从而增加了外包合同经济成本。特别是在供应商资源有限的情况下，环境越动荡，具有特殊技能的专业供应商与外包企业的谈判成本逐步增加，导致企业外包成本增加，绩效下滑。该研究虽未证实外包-企业绩效相关关系，但深入探讨了企业战略和环境动态性的调节作用，对企业外包决策有一定的指导作用。

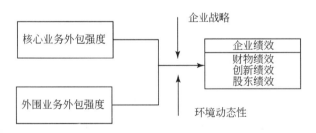

图 2.14　Gilley 和 Rasheed 的业务外包与企业绩效的关系研究
资料来源：Gilley K M，Rashed A. 2000. Making more by doing less: an analysisi of outsourcing and its effects on firm performance. Journal of Management，26（2）：763-790.

Mol 和 Eric 在调研荷兰 1650 家制造型企业 1994～1998 年的面板数据基础上，探讨了资源外包和企业绩效的关系。资源外包程度由企业购买量回报率测量，企业购买程度决定了制造型企业依赖外部资源的程度。企业的绩效通过销售利润率和市场份额多少来考评，同时设置了资产专用性、环境动态性、创新性、企业性质和产业等控制变量。统计结果表明，外包与企业销售回报率绩效是负相关；与企业市场份额是正相关。资产专用性、环境动态性对两者关系起负调节作用，创新性（高的研发费用）和产业对两者关系无明显的调节作用，国外企业外包比国内企业面临的沟通和困难更多，对两者关系起负向调节作用。Mol 等（2005）重点探讨了荷兰 241 家制造型企业的国际外包的影响因素及其与绩效的关系，企业绩效通过财务绩效［销售利润率（ROS）和投资回报率（ROI）］和市场绩效（市场份额和销售增长率）考评。国际外包通过向访谈者询问外包地点从而划分为国内（荷兰）、区域（欧洲）、国际化（荷兰以外）和全球（欧洲以外）外包，并通过外部供应商购买成本比例确定外包程度，同时，设置了产品创新性、标准化程度、产业等控制变量（图 2.15）。统计结果显示，全球（国际）外包对企业绩效无影响；全球外包受到企业的国际沟通程度、企业规模等因素的影响：国际沟通能力越强，规模越大的企业越倾向于国际外包；在大规模生产产业，企业与供应商关系更密切，不倾向于国际外包；产品标准化和创新对企业绩效有促进作用。

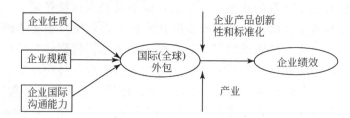

图 2.15　Mol 和 Eric 的国际外包和企业绩效的关系研究

资料来源：Mol M J，Eric R G. 2000-04-06. The effects of external sourcing on performance：a longitudinal study of the Dutch manufacturing industry. www. scholar google. com. cn.

四 外包与企业绩效的混合关系

Chanvarasuth（2008）探讨了业务流程外包（BPO）和企业绩效的关系（图 2.16）。他在调研财富 1000 家企业 505 个 BPO 项目的基础上（2000～2004 年），提出业务流程外包与企业生产绩效和运营绩效正相关。而统计结果表明，BPO 外包对企业的生产绩效有正面影响，对企业的运营绩效有负面影响。而负面作用的产生主要原因是隐藏成本（hidden costs）的出现（Lever，1997），此过程中的转移成本和管理成本也增长得非常快（Earl，1996）。除此之外，还有合同签订、协商等交易成本，包括供应商的寻找和评价成本等（Earl，1996；Nelson et al.，1996）。该研究为企业 BPO 决策提供有效指导：如果企业外包目的是提高生产绩效，可以考虑 BPO 方式；如果要提高运营绩效，BPO 不一定是最佳选择。在外包时，应充分考虑外包类型，不同外包模式对企业绩效影响不同。

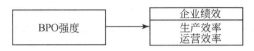

图 2.16　Chanvarasuth 的 BPO 和企业绩效的关系研究

资料来源：Chanvarasuth P. 2008. The impact of business process outsourcing on firm performance. 5th International Conference on Information Technology-New Generations Las Vegas，NV：698-703.

Calabrese 和 Erbetta（2005）探讨了汽车产业的供应商外包与企业绩效的关系，在调研意大利皮艾蒙特的 456 家汽车供应商（1998～2001 年）的基础上，利用动静态两种描述性统计方法揭示外包与企业绩效的关系。外包行为划分为材料外包（原材料和消耗材料购买）、服务外包（服务、租赁外包）和集成外包（人力、折旧、摊销外包）。企业绩效从固定资产增长率、劳动生产率（附加价值/劳动成本）、库存周转率（库存量/销售量）、负债率（总负债/总雇佣资本）、利润率［（资产回报率（EBIT/净总资产）、销售回报率、资产周转率（销售额/净总资产）］五个方面考评。静态的分析法用企业集中化程度进行绩效评估，并将企业分为高度分散化企业、分散化企业、集中化企业、高度集中化企业。

统计结果表明：企业的销售率在高度分散的企业变化最大，高度集中企业变化最小；固定资产增长率在分散化企业变化最大，集中化企业变化最小；劳动生产率在分散化企业变化最大，集中化企业变化最小；库存周转率在集中化企业变化最大，高度集中化企业变化最小；负债率是分散化企业变化最大，高度集中化企业变化最小；利润率是高度集中化企业增长最快，集中化企业增长最慢。而从外包策略来看，外包和企业绩效的关系并非线性关系（图 2.17）。高度集中化企业外包强度与企业绩效正相关，而集中化企业外包强度与企业绩效负相关，高度分散化和分散化企业与企业绩效正相关程度低于高度集中化企业；同时，大型和中型企业外包倾向于高于小型企业。

动态的分析方法从企业五种战略（原材料外包、原材料内包、服务外包、服务内包及不外包）着手，对企业 1998～2001 年的数据进行分析和比较，统计结果与静态分析结果一致。企业如果长期保持高度集中化水平，加强内部管理，其外包对企业绩效（特别是利润率）有明显的促进作用，但对企业的增长率影响不大。

Florin 等（2005）探讨了 IT/IS 外包决策和组织重建对企业绩效的影响，企业绩效分长期绩效考评和短期绩效考评。外包决策研究主要通过对 66 家企业进行问卷调查（设置了 129 个问题），结果表明企业 IT/IS 外包的原因是：①调节企业技术专长（25%）；②专注于核心竞争力（21%）；③节约成本（17%）；

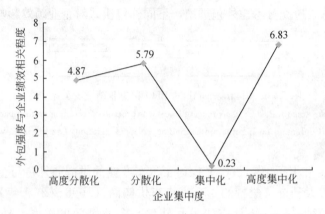

图 2.17　Calabrese 和 Erbetta 的外包与企业绩效的关系

资料来源：Calabrese G，Erbetta F. 2005. Outsourcing and firm performance：evidence from Italian automotive suppliers. International Journal Automotive Technology and Management，5（4）：461-479.

④提高客户服务水平（13%）；⑤提升系统（9%）；⑥提高效率（8%）和支持企业成长（7%）。组织重建通过重建成本核算，其成本由重建计划、计划沟通和传递、完成时间、专用性决定。该研究共建立两个方程：方程1通过企业外包动因检验外包前短期效益和外包后反常回报；方程2检验外包后长期效益。统计结果表明，IT/IS外包与企业短期绩效正相关；组织重建费用调节企业短期效应和长期异常回报；从长远看，组织重建对企业外包和绩效起负面作用。

Jiang 等（2006）通过对51家商业企业1990~2002年的外包行为调研，探讨了外包和企业运作绩效的关系。企业运作绩效从成本效率、生产率和利润率三方面进行评测。他们打破以往的问卷调查形式，通过道琼斯路透商业互动公司（Factiva）公开数据库，将一年分为若干季度进行评测。企业采取外包的这个月称为 quarter 0，后面依此为 quarter1、quarter2、quarter3、quarter4 等。通过将企业外包后的运作绩效与 quarter 0 的运作绩效进行对比，得出如下公式（Jiang et al.，2006）：

$$运作绩效改变百分比 = \frac{运作绩效\ Q（i）-运作绩效\ Q（0）}{运作绩效\ Q（0）}$$

从而验证外包对企业运作绩效的作用。这种方法以 quarter 0 为原始基准，按季度评测后续季度企业运作绩效，比较准确地验证外包作用。统计结果表明，企业外包可有效提高企业成本效率，对生产效率和利润率提高不显著。

而 Jiang 等（2007）在交易成本和信号传递理论的基础上，调研441家日本外包企业，借助 Ohlson 模型探讨了企业外包和市场价值之间的关系，统计结果表明，企业的核心业务外包、离岸外包和短期业务合同外包对企业的市场价值有促进作用，而非核心业务外包、国内外包和长期业务合同外包对企业的市场价值无作用。

Bardhan 等（2007）在原有研究基础上，再次探讨了业务流程外包的前因和外包与企业绩效的关系。外包的前因是企业战略和 IT 建设，该研究将 IT 建设分为操作管理系统（OMS）和资源管理系统（EMS）两种类型。OMS 指的是企业内部运作协调流程，主要由库存管理、运输管理、资产管理和生产执行管理系统组成。EMS 指的是协调企业数据、内外部跨企业流程，主要由设计系统（如产品周期管理系统、产品数据管理系统）、E-业务系统（如客户关系管理系统、电子数据交换系统）、企业资源系统（如 ERP、MRP）和财务管理系统组成。外包强度分别由支撑业务外包（库存和配送、IT、运输、研发）和产品流程外包（制造、装配、包装或装运）程度考评。统计结果表明，业务流程外包对企业毛利润有正向促进作用，对配送及时性的影响不大。IT 投入大的企业，特别是企业 IT 资源管理系统运用程度高的企业越倾向于业务流程外包，而 IT 操作管理系统运用程度高的企业外包程度不高。

五　小结

本节重点梳理和总结了外包与企业绩效的关系研究综述（表 2.5）。

从外包产出看，理论界关于外包与企业绩效的关系研究存在如下不足。

（1）国内外学者关于外包和企业绩效的关系研究结论有正向（Yoon et al.，2008；Manjula et al.，2008）、负向（Mol et al.，2000；Chanvarasuth，2008）及无关系（Gilley et al.，2000；Mol et al.，2005）。有的学者通过不同的绩效考评方式（如财政绩效或运作绩效）得出结论，包括正向、负向、混合关系和无关系（Gorzig et al.，2002；Jiang et al.，2006，2007；Bardhan et al.，2006，2007；Chanvarasuth，2008；Hui et al.，2008）。因此，外包与企业绩效的关系是模糊不确定的，而其根本的原因在于未区分外包模式（Calabrese et al.，2005）。

（2）对企业绩效的评价，大部分学者从财务绩效、市场绩效和运作绩效角度进行测评。而研发外包具有知识的密集性、控制的复杂性和系统集成性三大特征，因此企业绩效的考评应从创新绩效和运作绩效角度来考虑。

（3）关于外包的测度，有的学者采用外包程度（Mol et al.，2005；Bardhan et al.，2007），有的采用广度和深度（Gilley et al.，2000；Jiang et al.，2006；Chanvarasuth，2008）等方法，这些均为本书奠定了基础。外包行为大都以运作行为（Gilley et al.，2000；Manjula et al.，2008）、服务客户满意度（Yoon and

表 2.5 外包与企业绩效的关系研究综述

关系	作者	研究问题和样本	模型构建		结论
			变量	测度	
正向关系	Yoon 和 Im (2008)	IT外包的客户满意度与企业绩效的关系；韩国28家IT外包企业	因变量：企业绩效	市场份额、销售增长率、竞争优势、利润率	提出了影响IT外包客户满意度的五要素：咨询服务质量、维修保养、教育和信息质量。IT外包客户满意度对企业绩效有显著的促进作用，IT外包供应商的服务质量越高，企业效绩越高。同时，规模大的供应商拥有较多的IT外包项目、稳定的信息系统和客户服务网络、丰富的服务知识经验比小型供应商的资源和服务水平高
			自变量：IT外包的客户满意度	咨询服务质量（领先技术和方法的适应性、咨询的系统化和标准化、咨询知识和经验、业务环境的理解、咨询项目参与程度）；维修保养（客户管理、维修的连续性和维修保养、需求更新的反应、紧急事件的反应、维修保养的特殊性）；培训（客户快速反应、培训效率、服务态度和专业化、服务纠正能力、内容完善性、培训指导专业性和广泛性、培训服务延续性、服务等级协定质量（内容纠错性和分类）；服务实现程度、服务清晰程度、服务准确性、准确性、纠错性、完整性；信息质量（信息相关性、准确性、完整性）	
	Manjula 等 (2008)	外包和企业绩效关系：创业企业配置结构中介作用；278家创业企业	因变量：企业绩效	财务绩效（销售税率和净利润）和增长率（利润增长率和销售增长率）	创业企业的外包对企业绩效起正向作用，企业资源配置结构也起正向调节作用
			自变量：外包	通过11种外包活动表征（1=外包、0=不外包）：业务（IT、会计和客户支持）、市场（外包市场、配送和销售）、人力资源（培训和发展、招聘、雇佣员工）、研发	
			中间变量：资源配置	规模、时间、产权、创新性	

续表

关系	作者	研究问题和样本	模型构建 变量	模型构建 测度	结论
正向关系	Bardhan 等 (2006)	生产流程外包、IT 与企业绩效的关系；321 家美国制造型企业（IW/MPI 数据库）	因变量：企业绩效	生产成本、质量、运作效率（资源利用效率）、客户满意度（客户领先时间）	IT 投入大的企业越倾向于生产流程外包，而生产流程外包对企业产品质量有促进作用。而降低成本外包程度越高，企业的运作效率、客户满意度和利润率越高。低成本战略与一包程度关系不大 以质量为核心的企业外包强度更大，供应商集成程度越高，企业的运作效率、客户满意度和利润率越高。
			中间变量：生产流程外包	外包程度（主要制造或生产、装配、装运或包装）	
			自变量：IT 投入、企业战略、供应商集成程度	IT 投入（IT 基础建设投入强度，包括硬件、软件、通信和支持/咨询业务）；企业战略（低成本，如劳动力、原材料、开销）、高质量（现有质量等级和前三年的质量等级比较，正向表高质量反向表低质量）；供应商集成程度（高、低）	
			控制变量：时间、规模、联合经营、产量、生产方式	时间：成立时限；规模：员工数目；联合经营：员工是否属于一个联盟工会；生产方式：离散生产和流程生产	
负向关系	Cho 等 (2008)	物流能力、物流外包和企业绩效的关系；117 家企业	因变量：企业绩效	财务绩效（利润率、销售增长率）、市场绩效（市场份额）、客户满意度、总体绩效	物流能力与企业绩效正相关，而物流绩效负相关；与企业绩效外包相关；物流能力与物流外包之间无关系
			中间变量：物流外包	外包状态（1-外包；0-未外包）	
			自变量：物流能力	11 种能力：客户服务反应能力、售后市场预先销售、售后服务、配送信息沟通、配送速度、配送有效性、目标市场反应能力、网络订货咨询、配送覆盖率、全球配送线路、选择配送线路、低成本配送	

续表

关系	作者	研究问题和样本	模型构建		结论
			变量	测度	
负向关系	Hui 等 (2008)	复杂产品项目外包和项目绩效的关系；323个外包项目	因变量：企业绩效	计划阶段成本膨胀率、设计阶段成本膨胀率和制造阶段成本膨胀率	计划和设计阶段，企业主导地位越强，各阶段内部及阶段之间的成本膨胀越厉害；主导地位低对设计阶段的成本膨胀的影响；外包结构和专注性对外包膨胀有负作用。外包成本膨胀对外包供应商数目对两者关系不明确
			自变量：外包结构	企业主导地位、分为阶段内部主导地位和阶段之间的主导地位	
			中间变量：外包供应商专注性和数目	专注性：外包给单一供应商程度；数目：外包供应商多少	
无关系	Gilley 和 Rashed (2000)	核心和非核心业务外包和企业绩效的关系；125家企业	因变量：企业绩效	财务绩效：资产报酬率（ROA）和销售利润率（ROS），总的财务绩效；创新绩效：研发产出、流程创新、产品创新、运营绩效：员工人数增长率、员工忠诚度、客户关系、供应商关系	核心和外围业务外包强度与企业总体绩效的无相关关系，但对企业的个体绩效有的差异。当企业采取成本领先和创新战略时，外包强度高，企业绩效越高，企业绩效越低。在稳定的环境下，外围业务外包对企业股东绩效有正面影响。而在动态环境下，外包对企业技术求改变程正面影响不大
			自变量：外包强度	会计、广告、客户服务、信息系统、招聘、制造、产品维修、采购、研发、销售、运输、培训和仓储共14种外包行为，外包广度和深度	
			控制变量：企业战略和环境动态性	战略：成本领先战略（产品成本最小化、广告最小化、成本改变小、削减成本）、差异化战略（产品不同、产品区别、创新、市场划分、大范围广告、价格信誉、产品退化程度、产品改变程度、竞争者行为）；环境动态性：市场改变程度、技术预测性、客户需求改变程度	

续表

关系	作者	研究问题和样本	模型构建		结论
			变量	测度	
无关系	Mol 等 (2005)	全球外包和企业绩效的关系；204家荷兰的制造型企业（2000～2001年）	因变量：企业绩效；自变量：外包程度；控制变量：规模、产业、创新性、产业	财务绩效（销售利润率和投资回报率）和市场绩效（市场份额和销售增长率）；产业购买额/总销售额；规模：年产外包预算的对数；创新性：产品创新和标准化程度；产业：染料产业、流量产业和大规模生产产业	全球（国际）外包对企业绩效无影响；全球外包受到企业的国际沟通程度、企业规模等因素的影响
	Chanvarasuth (2008)	BPO和企业绩效的关系；财富1000家公司中505个BPO项目（2000～2004年）	因变量：企业绩效；自变量：外包强度；控制变量：规模、时间、产业	生产能力：资产周转率（净利润/总资产）和销售人员销售率（EMP/S）运营效率：资产报酬率和销售利润率；外包的广度和深度（广度代表是否外包；深度表示外包程度）；规模：根据企业资产区分；时间：成立时间	BPO对企业的生产绩效有正面影响，对企业的运营绩效有负面影响。负面作用的产生主要是隐藏成本，包括转移成本、管理成本和交易成本等。
混合关系	Mol 和 Eric (2000)	外包和企业绩效的关系；荷兰1650家制造型企业面板数据（1993～1998年）	因变量：企业绩效；自变量：外包程度；控制变量：资产专用性、环境动态不确定性、创新性、企业性质、产业	销售利润率（净利润/总销售额）和市场份额（当年销售额/总销售额）；产业购买额/总销售额；资产专用性：研发费用/主营业务收入，环境动态差异；创新性：研发费用；企业性质：国内/外	外包与企业销售回报率、企业市场份额正相关；资产专用性、环境动态性对两者关系起负调节作用，创新性对两者关系无明显调节作用；国内外企业外包比国内困难更多，对两者关系是负向

续表

关系	作者	研究问题和样本	模型构建		结论
			变量	测度	
混合关系	Gorzig 和 Stephan (2002)	外包与企业绩效的关系研究；43010家德国制造企业面板数据（1992~2000年）	因变量：企业绩效 自变量：外包类型 控制变量：产品成本、市场、规模、企业性质、手工/制造、数目、年限、地理位置	绩效：销售回报率（总销售盈余/总生产额）和雇员回报率（总销售盈余/雇员的数目） 外包类型：原料输入（原料购买额/劳动力成本）、外部合同工作（合同外包额/劳动力成本）、外部服务（服务外包额/劳动力成本） 控制变量：产品成本；资产强度；租赁；资源消耗；员工人数；产业规模；市场集中度；份额；市场位置；合资；合资性质；合资独资；地理位置；从东、西面划分为九个区域	三种外包模式（原料外输入、合同外包和服务外包）均对企业运作效率、报率产生促进作用，即提高企业运作效率、长期和短期收益看；企业内部外输（原料外输入、合同外包）的外包回报率有显著的正相关，而企业服务外包短期内与企业资产回报率负相关，长期看与资产回报率正相关
混合关系	Jiang 等 (2007)	外包与企业市场价值的关系；441家日本企业（1994~2002年）	因变量：企业绩效 自变量：外包业务类型、外包合同时间、外包供应商 控制变量：规模、时间、产业	销售利润率（净利润/总销售额）和市场份额（当年销售额/总销售额） 外包业务类型：核心和非核心业务外包；外包合同时间：长期和短期；外包供应商：国内和国外 规模：根据企业资产区分；时间：成立时间；产业：①农业、林业和渔业；②采矿；③制造业；④交通和公共事业；⑤金融、保险和房地产；⑥服务行业	企业的核心业务外包、离岸外包对企业价值有促进作用，而非核心业务外包；国内外包和长期业务外包对企业的市场价值无作用

续表

关系	作者	研究问题和样本	模型构建		结论
			变量	测度	
混合关系	Jiang 等 (2006)	外包与企业运作绩效的关系; 51家商业企业面板数据 (1990~2002年)	因变量: 企业绩效	销售利润率 (净利润/总销售额) 和市场份额 (当年销售额/总销售额)	企业外包有效提高企业成本效率, 对生产效率和利润率提高不显著
			自变量: 外包强度	外包的广度和深度 (广度代表是否外包; 深度表示外包程度)	
	Calabrese 和 Erbetta (2005)	外包与企业绩效的关系; 456家汽车产业的供应商 (1998~2001年)	因变量: 企业绩效	固定资产增长率、劳动生产率、库存周转率、利润率、负债率、资产回报率 (资产回报率、销售回报率)	静态分析法: 外包和企业绩效的关系并非线性关系。企业如果长期保持高度集中化水平、加强内部管理, 其外包对企业绩效 (特别是利润率) 有明显是利润的促进作用, 但对企业的增长率影响不大。同时, 大型和中型企业外包倾向高于小型企业
			自变量: 外包行为	行为: 材料外包 (原材料和消耗材料购买)、服务外包 (服务、租赁外包) 和集成外包 (人力、折旧、摊销外包)	
			控制变量: 企业规模	规模: 产品销售收入	
混合关系	Bardhan 等 (2007)	生产流程外包的前因及与企业绩效的关系; 964 US 制造型企业商 (MPI 数据库) 2002	因变量: 企业绩效	毛利润 (价格溢价和外包效率); 配送的及时性	业务流程外包对企业有正向作用。业务流程外包对企业毛利润有正向作用。IT投入大的企业, 特别是企业 IT 资源管理系统运用程度高的企业越倾向于业务流程外包; 而 IT 操作管理系统运用程度高的企业外包程度不高
			中间变量: 生产流程外包	支撑性业务外包程度 (库存和配送、IT、运输、研发) 和生产流程外包程度 (制造或生产、装配、装运或包装)	
			自变量: IT投入、企业战略	IT投入 (OMS 和 EMS); 企业战略 (成本导向和竞争导向)	

Im，2008）、业务流程（Bardhan et al.，2007）为划分点，外包行为界定较模糊。本书从研发流程入手，提取了需求分析、市场方案与立项、目标/方案预研、目标/方案确定、设计与开发、功能划分、验证、系统测试、维护九个步骤。

第四节　研发外包运作机理的研究综述

本书主要从四个方面阐述研发外包运作机理：一是经济的角度，重点探讨交易成本、代理、契约等运作机理；二是管理角度，重点阐述外包能力、资源获取和知识转移；三是社会角度，重点论述关系建立、关系管理、供应商选择等机理；四是从外包控制能力角度，重点探讨外包运作所需的集成能力、控制能力、组织能力等。

一　资源理论角度

从资源观角度看，核心能力是外包主要的思路之一。核心能力论主张企业将核心部分保留在企业内部，非核心业务可以外包（Prahalad et al.，1990；Gilley et al.，2000）。核心能力并不是企业擅长的产品或业务，是超越竞争对手，给客户带来高附加值的一系列能力的总和（Quinn，1994）。Grant（1991）提出了外包的资源观框架（图2.18），在该框架中，企业的资源和能力组成战略的核心部分。战略形成分为五个部分：资源识别、能力构建、竞争力提升、战略部署和外包决策。当企业最后识别出资源缺陷，需要重新投资、提升、修补企业资源库时，企业可以外包。按照Grant（1991）的观点，外包决策主要取决于企业的现有资源和能力；企业必须在自己内部发展和外部获取之间作出决定，外包成为企业弥补资源和能力不足的有效策略之一。

Choen（1995）指出企业的资源根据其属性（价值、稀缺性、不可模仿性和不可替代性）和数量的不同，在不断改变。外包的决策主要依据资源的线性模型：企业具有较高的能力可完成的业务一般保留在企业内部，而企业不能完成的业务则外包。

Murray等（1995）探讨了外包战略与资源相关因素对企业绩效的影响（图2.19）。Kotabe和Murray（1990）提出与资源相关的因素分别是：①外包模式（内部/外部）；②产品创新程度（高/低）；③流程创新程度（高/低）。Murray等（1995）在此基础上提出四个因素：与供应商谈判能力、资产专用性、交易频率和专利技术（即产品和流程创新）。战略主要指的是企业内部战略（自制）和外部战略（外包）。通过对*Fortune*前500的104个企业进行调研，统计结果

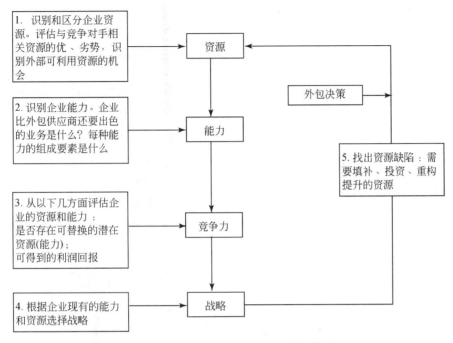

图 2.18 Grant 的基于资源观的外包战略

资料来源：Grant R M. 1991. The resource-based theory of competitive advantage：
implications for strategy formulation. California Management Review，（33）：114-135.

表明：产品和流程创新、交易频率与企业财务绩效负相关；谈判能力对企业绩效无影响；资产专用性越高，外包越促进企业内部财务和市场的绩效；资产专用性和产品、流程创新决定企业战略。

Poppo 和 Zenger（1998）从资源特性的角度探讨了外包边界的选择和治理机制。信息服务系统包括数据导入、软件开发、软件应用、维护、终端用户的支持、网络数据支持等业务，如何评估外包决策和服务商的内外部绩效是企业亟待解决的问题。因此，企业外包边界决策建立在机构、市场、企业绩效等的比较上（Williamson，1991）。通过对资源交换属性的比较，决策者可以追求治理结构的最大绩效。治理模式取决于绩效比较，即企业绩效和市场绩效。如果企业绩效大于市场绩效，则自制；反之则外包。而绩效的评测主要通过交换属性，如测量的不确定性对市场绩效的副作用远远高于企业绩效，则应自制（图 2.20）。模型中的资源交换特性包括资产专用性、测量难度、技术不确定性、技能库和经济规模五个要素。绩效测量即客户满意度：总体成本、服务或产出的质量及对问题的反应速度。数据统计结果表明，资源专用性越强，业务结果越难评估，外包成本、质量和责任性比自制差，应自制；技能库越大，对企业绩

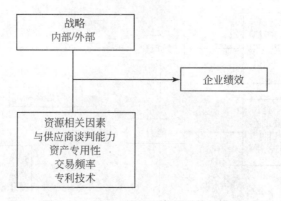

图 2.19 Choen 的基于资源观外包模型

资料来源：Choen M J. 1995. Theoretical perspectives on the outsourcing of information systems. Journal of Information Technology, 10 (4)：209-219.

效无影响，但是企业越倾向外包；企业规模经济效益越好，越应自制。

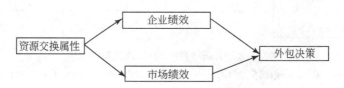

图 2.20 Poppo 和 Zenger 的基于资源交换属性的外包模型

资料来源：Poppo L, Zenger T. 1998. Testing alternative theories of the firm：transaction cost, knowledge-based, and measurement explanations for make-or-buy decisions in information services. Strategic Management Journal，(19)：853-877.

Mclvor（2000）从资源的角度定义了外包决策框架（图 2.21），他认为核心能力的识别和企业价值行为评估是外包决策的重要因素。企业在识别核心能力时，应广泛征集高层和员工意见，根据企业自身发展前景和技术、能力水平来确定。核心业务一旦确定，企业可从成本和价值链角度来评测，成本主要考虑核心业务在企业内外开展所需要的可测量成本。价值链角度，则将企业核心业务与外部有竞争力的供应商进行比较，如果自制成本大于外包供应商服务成本，可以外包。如果外包，供应商关系管理、外包风险控制尤为重要。

Klaas 等（2000）在《创业理论与实践》杂志发表的《中小企业的人力资源管理：专业雇主组织的影响》一文，研究了 PEO（专业雇主）对中小企业人力资源的影响（图 2.22），企业绩效即企业对 PEO 的总体满意感、企业对 PEO 成本控制的满意感，控制变量为企业成立时间和行业。研究结果表明：企业特征中增长模式、以往人力资源问题、合同特征、价值一致性、目前应用对成本满

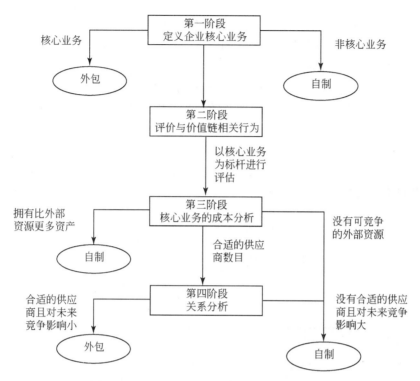

图 2.21 Mclvor 的基于资源观的外包决策框架

资料来源：Mclvor R. 2000. A practical framework for understanding the outsourcing process. Supply Chain Management，5 (1)：22-36.

意度和总体满意度正相关；企业规模、客户对总体满意感存在影响；人力资源独特性、关系时间对成本满意度和总体满意度都不存在影响。

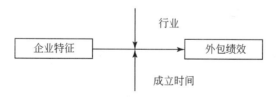

图 2.22 Klaas 等的人力资源外包机理图

资料来源：Klaas B S, McClendon J, Gainey T W. 2000. Managing HR in the small and medium enterprise：the impact of professional employer organizations. Enterpreneurship Theory and Practice，(3)：107-124.

Klaas 等（2001）在此基础上，从资源角度进一步探讨企业特征与外包绩效的关系。Klass 等先将 HR 外包分成四种类型：一般 HR 外包行为（如绩效评估）、交易行为（如报表）、人力资本行为（如培训）、招聘和选择员工。通过对

432 家外包组织的调研，统计结果表明：HR 外包与 HR 实施异质性、HR 参与程度、HR 产出、提升机会、需求不确定性、支付水平相关，而不同 HR 外包模式的 HR 外包行为不同。

　　Aubert 等（2003）从交易成本和契约角度，探讨了 IT 外包时资源的特性影响（图 2.23）。他们通过对 335 家企业数据的分析发现，资源不确定性是外包的主要影响因素，当企业的业务复杂程度较低、比较容易评估、不确定程度较低时较容易外包。与技术诀窍相关程度越高，企业越依赖外部供应商完成；业务技能与外包无关。而资产专用性与外包呈正相关关系，即资产专用性越高，企业越倾向于外包。

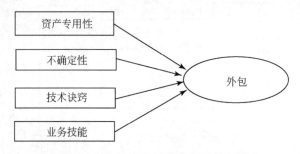

图 2.23　Aubert 等的资源特性对外包影响

资料来源：Aubert B A，Rivard S，Patry M. 2003. A transaction cost model of IT outsourcing. Information & Management，41（7）：921-932.

　　Tomas 和 Padron-Robaina（2006）在 Grant（1991）理论的基础上，提出"资源-外包-绩效"的概念模型（图 2.24）。资源分为珍贵和特殊资源、不能替代和模仿的资源、专用资源，外包从核心能力的角度分为核心业务外包、互补能力外包和非核心业务外包，控制变量为 Grant（1991）的理论框架。提出资源与外包之间的关系：企业业务或行为能力的资源越珍贵和稀缺，企业越不外包；

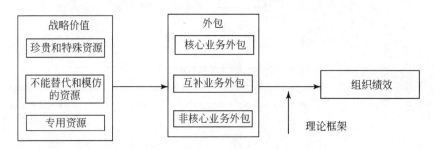

图 2.24　Tomas 和 Padron-Robaina 的基于资源观外包框架

资料来源：Tomas F E-R，Padron-Robaina V. 2006. A review of outsourcing from the resource-based view of the firm. International Journal of Management Reviews，8（1）：49-70.

企业业务或行为能力的资源越难以模仿和替代，企业越不外包；企业资源专用性越强，越不外包。外包企业的核心业务将降低企业绩效，外包企业的非核心或互补业务将提升企业绩效。

二 关系理论角度

社会理论角度的落脚点主要是关系建立和治理机制，大部分实证文章从外包关系的建立和运行步骤着手，聚焦在关系的属性和建立维度上。总体来说，外包关系的实证研究主要从社会学和心理学角度进行探讨。大部分的研究围绕外包管理因素、结构和这些因素之间的联系展开，大致可分为三种思路：一是外包关系的建立步骤和流程（Klepper，1995），即关系的演变过程；二是外包关系的影响因素，大致可归结为契约因素和社会因素（Lee et al.，1999）；三是外包关系的管理，即现有合作关系下的重要因素和管理机制。研究的缺陷是学者的研究结论不太一致，主要原因是对契约的定义和运作理解不同，造成很多因素之间的交叉和重复，如沟通的定义，分别被理解为契约结构要素（Willicocks et al.，1998）、关系建立（Kem，1997）、关系质量测度之一（Lee et al.，1999）、关系质量的属性（Klepper，1995；Grover et al.，1996）。这些不一致的定义大量相近的应用造成得出一致研究结论的困难（Dibbern，2004）。

Klepper（1995）探讨了外包供应商和企业之间长期关系的治理问题，并从交易成本和社会交换理论角度总结信息系统外包模型。Klepper（1995）建立了信息系统外包中的关系发展和管理模型。该模型由四个部分组成：①意识；②探索；③扩展；④承诺（图2.25）。在最后三个阶段，同时还包括吸引、交流、沟通、议价、能力、规则和期望的发展。同时，Klepper采用两个案例说明外包中的关系管理：第一个案例围绕合同编程供应商关系管理；第二个案例围绕硬件和软件供应商关系管理。在探索和扩展阶段，企业强调合理的价格、明智的控制权利、清晰预期结果，建立指导外包行为的制度和规则。

与Klepper（1995）的研究相似，Grover等（1996）探讨了信息系统外包关系治理中的服务质量和合作关系问题，模型如图2.26所示。在该模型中，外包强度主要由五项外包活动决定：应用开发和实施、系统操作、电信和网络管理、最终用户的支持、系统计划和管理，五项外包行为的预算总和即为外包程度（Loh et al.，1992）。外包绩效包括隐性和显性绩效，通过客户满意度决定，从战略（聚焦核心业务、IT竞争力）、技术（有技能员工、关键技术路径）和经济角度（人力资源规模经济、技术资源规模经济、信息系统费用控制、风险回避）测度。统计结果表明，IT外包与外包绩效正相关。其中应用开发和实施、系统

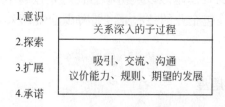

图 2.25　Klepper 的外包关系治理步骤

资料来源：Klepper R. 1995. The management of partnering development in IS outsourcing. Journal of Information Technology，（10）：249-258.

操作、电信和网络管理等外包行为程度越大，外包绩效越高；而最终用户的支持、系统计划和管理与外包绩效无关系。服务质量和合作伙伴的信任、合作和沟通对外包成功作用影响较大。

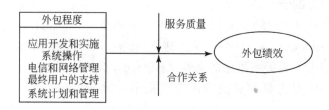

图 2.26　Grover 等的关系管理模型图

资料来源：Grover V，Cheon M J，Teng J T C. 1996. The effects of service quality and partnership on the outsourcing of information systems functions. Journal of Management Information Systems，12（4）：89-116.

而供应商-客户之间的关系这一重要问题是由 Kem（1997）提出的。他在社会交换理论和契约理论的基础上建立概念模型，该模型聚焦在合同的运作和合同外部信息交换的规则上。整个模型通过案例证实，案例分析结果表明外包的成功不仅仅依赖于服务水平，更重要的是客户和供应商之间的关系。虽然案例未充分说明模型，但是为关系探索提供了依据。

在 Kem（1997）研究基础上，Willicocks 和 Kem（1998）进一步通过案例说明外包关系管理的流程和方式。该研究共采取两个荷兰公司案例：第一个案例主要分析外包决策的影响因素和风险，如公共区域外包项目的政治和技术的不确定性、风险回避的必要性和长期外包依赖的潜在风险等。第二个案例主要在第一个案例的基础上深入分析外包风险，风险主要从两个层次上来分析：契约层和合作层（合作层即合作关系）。在契约层，信息交换（如沟通）帮助双方完成项目、避免冲突、取得预期成效和提高满意度。在契约层，对突发和预想不到的事件的灵活性处理也同样重要。在合作层，沟通增加彼此之间的信任使交流更加有效，可避免冲突，有利于达到预期成效。沟通包括双方目标是否达成一致，影响客户-供应商之间的承诺。承诺促进企业社会和文化的适应性，建立客户-供应商之间的社会和个人约束力。Willicocks 和 Kem（1998）的总体结论是契约的合理性是外包成功的必要条件之一，有效的合作关系（如战略性外包）是外包成功的关键要素。

Kern 和 Willcocks（2002）从"交互"的角度探讨外包关系。交互模型建立在 Hakansson（1982）研究的基础上，来自跨组织理论，从市场营销和采购中的交易成本理论衍生出来。交互模型分为长期合作关系和短期交换情景，包含四个主要组成部分：①交互流程；②包含组织和个人的团体；③交互发生的环境；④影响交互的氛围（承诺、合作、冲突、信任、权利和依赖性）。交互模型的核心是交互流程：产品和服务的交换、信息交换、财务交换和社会交换（图2.27）。他们通过对 12 家企业深入的访谈收集到的数据表明：交互流程和氛围对促进彼此之间的关系起到重要作用；而交互的环境、团体及企业的机构和适应能力对外包关系有一定的局限性。

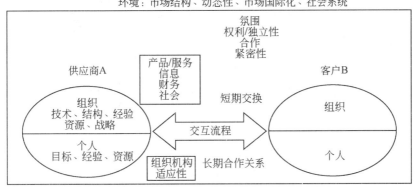

图 2.27 Kern 和 Willcocks 的交互理论的概念图

资料来源：Kern T，Willcocks L P. 2002. Exploring relationship in information technology outsourcing：the interaction approach. Euopean Journal of Information Systems，（11）：3-19.

Marcolin 和 Mclellan（1998）在 Fitzgerald 和 Willcocks（1994）概念模型的基础上探讨了外包关系的存在条件。通过对六家银行的案例描述性分析，发现外包关系组成主要由三个方面决定：契约的严谨性、数据解释的严谨性和不确定。在该框架中每个位置意味着企业的不同特性，如当不确定性存在时，契约的严谨性非常低，数据解释的严谨性高，冲突较多。该论文是 Fitzgerald 和 Willcocks（1994）工作的扩展，其中也指出与外包契约相关的行为重要性。

Lee 和 Kim（1999）一反往常的经济学角度，而从社会和政治的角度理解外包关系，并区分外包关系成功和外包成功因素。Lee 和 Kim（1999）重点探讨的是信息系统的外包，即将企业部分或全部的信息系统外包给外部服务供应商（Grover et al.，1996）。信息系统（IS）外包主要分为两种：资产外包，包括如硬件、软件、人员等资产转移到外部；服务外包，在资产未发生转移时系统集成和管理服务外包。因此，Lee 和 Kim（1999）建立了两个概念模型。模型 1 从社会学和权力学角度介绍合作伙伴关系的影响因素。社会学理论主要考虑的是合作者之间行为的动态过程；权力学角度则探讨合作者之间的依赖程度（图2.28）。

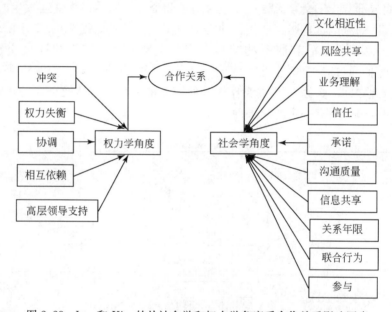

图 2.28 Lee 和 Kim 的从社会学和权力学角度看合作关系影响因素

资料来源：Lee J N，Kim Y G. 1999. Effect of partnership quality on IS outsourcing success: conceptual framework and empirical validation. Journal of Management Information Systems，15（4）：29-61.

Lee 和 Kim（1999）的模型 2 主要探讨关系质量对外包的影响，构建"前因-关系质量-外包成功"模型（图 2.29）。外包关系质量测量可分为三个维度：动态、静态和情景因素。动态因素通过参与、联合行为、沟通质量、协调、信息共享等评测。同时，关系的年限和相互依赖性也列入静态指标。企业文化和高层领导的支持列入情景因素。他们通过对韩国 36 家组织进行问卷调查，结果表明参与程度、沟通质量、信息共享和高层领导的支持与外包关系质量成正比。当然，部分因素（如联合行为、协调、年限、文化相近性等）未证实与外包关系质量有关系。

Lee 和 Kim（2005）从三方面探讨了外包关系质量的影响因素。模型 1 建立

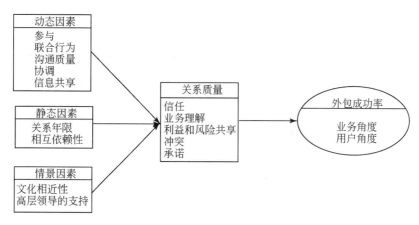

图 2.29　Lee 和 Kim 的关系质量对外包影响概念模型图

资料来源：Lee J N，Kim Y G. 1999. Effect of partnership quality on IS outsourcing success：conceptual framework and empirical validation. Journal of Management Information Systems，15（4）：29-61.

在（Kappelman et al.，1992）"行为-态度理论"基础上，构建"行为-心理-外包"概念模型（图 2.30）。模型中的行为包括知识共享、相互依赖和操作链（相互协同与合作）；心理采用 Henderson（1990）心理模型中的主要情景因素：相互利益的感知、承诺的感知、意向的感知。模型 2 是单一模型，将模型 1 的六个要素作为外包的前因。模型 3 是模型 1 的反面，将模型 1 中的行为变成中间变量，心理变成自变量，构建"心理－行为－外包"概念模型。他们通过对 225 家韩国企业的调研发现，模型 1 拟合效果最好，统计结果表明外包行为影响到外包心理，从而影响外包成功率。知识共享程度、相互依赖性、操作链与相互利益的感知、承诺的感知、意向的感知分别为正向关系，心理因素与外包也呈正相关。

先前外包关系研究主要分为两种类型：交易类型和合作类型（ Henderson，1990；Fitzgerald et al.，1994；Grover et al.，1996）。交易类型是通过正式合同产生的，按合同所规定的双方责任、承诺及解决问题、惩罚的条款。合作类型主要指的是风险和利益的共享，在没有确定目标的前提下需要了解彼此之间的改变、建立监控和行为实施机制。随着供应链和经济的发展，客户和供应商之间的关系由自我利益转成双赢局面，学者为此讨论了很多与外包关系相关的影响因素，但结论均缺乏清晰的理论依据，并混淆过程导向的关系成功（如高信度、高承诺、利益和风险共享、冲突少）和产出导向的外包成功（如降低成本、提高竞争力、客户满意度高）。

以上学者均从企业角度探讨了外包关系的建立和管理，Ang 和 Slaughter（1998）则从个人角度探讨外包关系，研究对象为同一个企业内实施外包和未实

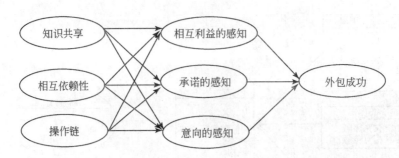

图 2.30　Lee 和 Kim 的基于行为-态度理论的外包机理图

资料来源：Lee J N，Kim J W. 2005. Understanding outsourcing part. IEEE Transactions on Engineering Management，52（1）：43-58.

施外包的员工在外包过程中组织心理和绩效的不同。在个人-组织理论的基础上，作者调研大型国际组织的分支机构，概念模型主要针对心理框架和工作态度、个人行为和个人绩效评价。统计结果表明，内部员工和外包人员在关系感知和心理契约上不同。

Aubert 等（1999）从项目角度探讨了外包关系中的风险。外包的风险指的是：①可能出现的不满意结果；②企业潜在的流失。其通过案例证实了回避风险的四种策略：监督（低/低）、谨慎（高/低）、容忍（低/高）和混合战略（高/高），为风险预测和规避提供了理论框架。

三　知识理论角度

知识是企业重要的战略资源，知识的获取不仅仅来自企业内部，而且来自企业的外部。近年来，企业如何通过战略外包获得知识越来越受到关注，并根据其特性分为显性知识和隐性知识。

Lee（2001）从知识的角度探讨了知识共享、组织能力和关系质量对外包的影响（图 2.31），探讨了知识与外包的关系，并考虑关系质量和组织能力的调节作用。统计结果表明，显性知识和隐性知识对外包有正向作用，显性知识因比较容易理解和接受、共享，对外包影响更大，企业应更加注重隐性知识的吸收和传播。企业组织能力和外包的关系质量对"知识-外包关系"起到正向调节作用，企业组织能力越强，关系质量越好，吸收、集成、平衡知识能力越强，越有助于企业管理能力的提升。

吴锋和李怀祖（2004a）从知识管理角度构建信息技术与信息系统（ITPIS）外包成功性模型，指出 ITPIS 外包成败的原因有三个：一是外包企业与 ITPIS 供应商之间知识流动的顺畅性，包括供应商知识到客户以及客户到供应商之间

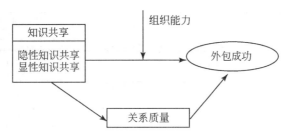

图 2.31 Lee 的知识共享与外包关系

资料来源：Lee J N. 2001. The impact of knowledge sharing, organizational capability and partnership quality on IS outsourcing success. Information & Management，(38)：323-335.

双向流动；二是外包合作双方和谐关系；三是环境动态性（图 2.32）。流畅的知识流动、和谐的客户供应商关系以及稳定的环境是外包成功的保证。依据产品本身和产品制造过程中的知识流动属性，即封装性和交互性，他们将外包环境下知识流失风险分为四个区域：①交互性高，封装性差，知识保持难度大，知识流失风险高。外包中需要采取强控制策略，包括建立长期的战略伙伴关系，有些重要的部件甚至需要通过资本融合、控股的方式加强控制。②封装性高，交互性低，属于外包低风险问题。宜采用低控制外包策略，如简单采购外包策略。③交互性高，但封装性也高，可以采取次低控制的外包策略。④交互性和封装性均低，属外包中度风险区，可采用中度控制外包策略，如松散联盟外包策略。按照知识的不同属性，即显性知识和隐性知识以及合作中知识流动的方向，将外包环境中的知识流动分为四种类型：单向显性知识流直接封装控制、双向显性知识流直接封装控制、单向隐性知识流监督控制、双向隐性知识流监督控制。

Tiwana 和 Keil（2007）从组织控制的角度探讨了外围知识（peripheral knowledge）在外包过程中的作用。外围知识指的是企业外包行为领域中的知识（Brusoni et al.，2001；Takeishi，2002），而外包中的知识和控制又密不可分，如果企业不具备深入的专业知识，企业则很难控制外包行为（Jensen et al.，1992）。而外围知识和核心业务知识同等重要，因此如何控制外包外围知识成为企业研究焦点。对此，他们提出两种控制方式：产出控制和过程控制（Henderson et al.，2002）。产出控制指的是根据事先期望获得外包结果而不考虑过程；过程控制指的是在外包执行过程中详细描述其思想和步骤。对 59 家软件外包企业数据的分析结果表明，外围知识与控制并不互补，外围知识对产出控制有效，对过程控制不利。

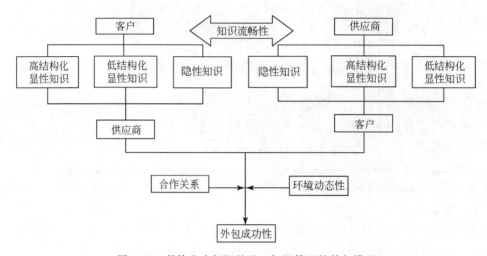

图 2.32　吴锋和李怀祖的基于知识管理的外包模型

资料来源：吴锋，李怀祖.2004a.外包环境下的知识管理与控制.研究与发展管理，16（4）：31-37.

四　外包控制能力角度

Tomas 和 Padron-Robaina（2006）总结了学者对外包的定义，并将其内涵归为三类：①外包意味着长期的、稳定的合作关系，供应商是与企业交换信息和利益的合作伙伴（Mol et al.，2005）；②外包代表企业非核心、可外包的服务或行为（Quinn，1994）；③外包是一种计划、责任、知识和行为管理转移的契约（Greaver，1999）。外包企业必须有能力识别出可以外包的业务流程或行为，才能交给技术和能力比自己更好的外包供应商去完成。也就是说，企业外包过程中更重要的是企业的外包控制能力，只有通过业务流程或行为挖掘才能成为企业的竞争优势。

国内外学者从资源、知识、关系的角度探讨了外包过程中能力的重要性，比较典型的是 Lee（2001）从知识的视角探讨组织能力对外包关系的影响。从知识的角度来看，影响外包的组织能力指的是知识（如日常行为规则、技能、技术诀窍）获取、搜索、消化和探索能力。Badaracco（1991）则把知识链（knowledge link）作为组织从外界获取知识的重要管理能力。Lewis（2006）在2001年研究的基础上，从信息共享的角度，探讨了外包中信息共享和外包的关系（图 2.33）。

Lewis（2006）的统计结果表明，信息共享对企业外包绩效起到正向作用，企业的组织能力对外包关系影响不大；产出满意度和沟通影响外包关系。

Shi 等（2005）从信息外包管理角度，探讨了外包管理的三种重要能力：

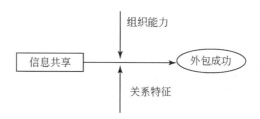

图 2.33 Lewis 的信息共享与企业外包的关系研究

资料来源：Lewis A. 2006. The effects of information sharing, organizational capability and relationship characteristics on outsourcing performance in the supply chain：an empirical study. The PHD thesis, The Ohio State University.

①信息购买能力，IS 资源的竞争力（有能力选择合适的 IS 资源战略、根据业务需求决策、理解企业的技术标准）、IS 资源市场分析（分析外部有效的 IS 服务资源、理解内部 IS 服务选择）、IS 购买领导力（投标过程、合同过程、服务管理过程）；②合同管理，合同执行（流程、根据行业标准制定的供应商成就考评机制、合同标准化）、合同完善和加强（经常讨论新的外包计划、经常讨论现有计划完善）、供应商责任（提高服务标准、完善功能）；③关系管理，合同结构（用户方和供应商）和供应商发展（挖掘双赢机会、使供应商理解业务、共同成长）。通过对 205 家 IS 外包企业的数据分析发现，这三种外包能力对 IS 系统外包起到重要作用。

Kim（2005a）探讨了外包治理能力与关系质量、外包绩效之间的关系（图 2.34）。外包治理能力包括外包管理能力、技术能力和跨组织的协调能力。外包管理能力指供应商合同的管理；技术能力指 IT 技术的追踪、评价和更新；跨组织协调能力指外包过程中不同意见协调和冲突的解决方法。对 50 家企业的调研数据分析结果表明：关系质量对企业外包绩效起到正向作用，外包管理能力和协调能力与企业外包绩效正相关，与外包关系质量正相关；而技术能力与企业关系质量负相关。

Han 等（2008）在 Shi 等（2005）基础上，从外包过程的视角，探讨了企业能力对 IT 外包成功的作用机制（图 2.35）。企业能力主要从三方面测度：①企业的 IT 能力，由企业的技术 IT 能力和管理 IT 能力组成。技术 IT 能力包括应用开发所需的知识和技能；管理 IT 能力指的是寻求和发展满足企业战略目标的知识体系，可以有效地监管供应商工作。②组织关系能力，即协调 IT 和业务部门之间的能力。③供应商管理能力，即超出合同之外的，与供应商保持良好的长久关系的能力，可以创造双赢的局面。Han 等（2008）的整体思想是指企业能力影响到外包交互行为，而交互行为影响到关系质量，从而影响外包绩效。对 45 家韩国企业的数据统计分析结果表明，企业的组织能力和供应商管理

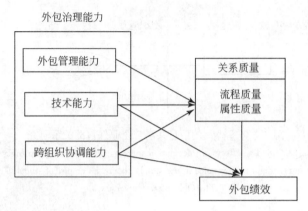

图 2.34　Kim 的外包治理能力、关系质量和外包绩效之间的关系模型

资料来源：Kim J Y. 2005. Understanding outsourcing partnership：a comparison of three theoretical perspectives. IEEE Transactions on Engineering management，52（1）：43-58.

能力对外包交互行为起正向作用；技术和 IT 能力对外包交互行为无作用；交互行为对关系质量是正向作用，关系质量对外包绩效正相关。

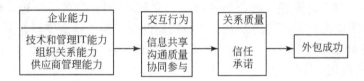

图 2.35　Han 等的企业能力与外包绩效关系模型

资料来源：Han H S, Lee J N, Seo Y W. 2008. Analyzing the impact of a firm's capability on outsourcing success：a process perspective. Information & Management，45（1）：31-42.

Bardhan 等（2006）从信息技术的角度，探讨了信息技术、产品外包和生产制造绩效之间的关系（图 2.36）。他们先探讨了流程外包的前因：IT 投入和企业战略，然后探讨产品外包、供应商集成能力对企业绩效的影响。企业战略分为低成本战略、高质量战略和混合战略，企业的绩效分别从成本和质量进行评价。供应商的集成能力指的是有效地适应、集成、重构企业内外部资源、发展与不断变化的需求和环境相匹配的竞争力

对美国 326 家外包企业的统计数据分析结果表明：IT 投入大的企业倾向于产品外包；低成本战略和混合战略不倾向于产品外包；高质量战略倾向于产品外包；产品外包有利于企业成本降低，但不一定提高质量；供应商集成能力有利于企业提高质量，不一定降低成本。

Li 等（2008）从知识管理、社会交换理论和联盟风险角度，探讨了企业外包合作隐性知识、控制机制和创新绩效之间的关系（图 2.37）。在模型中，创新

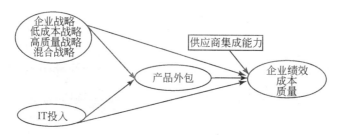

图 2.36　Bardhan 等的 IT 投入、企业战略、产品外包与企业绩效的关系模型

资料来源：Bardhan I, Whitaker J, Mithas S. 2006. Information technology, production process outsourcing, and manufacturing plant performance. Journal of Management Information Systems, 23（2）：13-20.

绩效分为渐进型和突破型创新绩效；控制机制分为社会控制和正式控制两种模式。通过对中国 585 家企业离岸外包调查，统计结果表明：外包联盟中隐性知识的获取动机与社会控制和正式控制正相关；社会控制与突破性创新正相关，与渐进型创新负相关；正式控制与渐进型创新正相关，与突破型创新负相关。

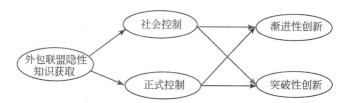

图 2.37　Li 等的外包隐性知识获取与创新绩效的关系模型

资料来源：Li Y, Liu Y, Fang L M, et al. 2008. Transformational offshore outsourcing：empirical evidence from alliances in China. Journal of Operations Management，（26）：257-274.

五　小结

研发外包的运作机理文献综述如表 2.6 所示。

从外包的运作机理看，外包对企业绩效的作用机理主要围绕资源、社会、知识和能力四个方面展开，但存在如下局限性。

1. 缺乏对外包特性的解构

大部分的研究从信息外包（Yoon et al.，2008）、物流外包（Cho et al.，2008）、业务流程外包（Bardhan et al.，2006，2007；Chanvarasuth，2008）、业务外包（如财务、广告、装配 、生产等）（Gilley et al.，2000；Manjula et al.，2008）方面开展。但是几乎没有文献剖析研发外包的结构体系，只有 Arnold（2000）以核心能力理论为基础对企业的业务进行划分，建立一个外包结构模型，分为外包主体（subject）、外包对象（object）、外包合作伙伴（partner）和外包设计（design），但并未从外包特性角度阐述外包本质结构。

表2.6 外包运作机理研究综述

作者	研究问题和样本	概念模型		结论
		变量	测度（来源）	
Murray等（1995）	外包战略与资源相关因素对企业绩效的影响（104家企业）	因变量：企业绩效	财务绩效（销售回报率和投资回报率）和战略绩效（份额和销售增长率）（Kotabe and Omura, 1989）	产品和流程创新、交易频率与企业财务绩效负相关；资产专用能力对企业财务绩效的无影响；该资产专用性越高，外包越促进企业内部财务和市场的绩效；资产专用性和产品、流程创新决定企业战略
		自变量：外包战略资源相关因素	外包战略：内部战略/外部战略；资源相关因素：谈判能力（Porter, 1980）；专利技术（产品和流程创新）成本（Buckley and Casson, 1976; Teece, 1986）；资产专用性，交易频率（Williamson, 1979）	
		因变量：外包绩效	战略绩效（聚焦核心业务、IT竞争力）、技术绩效（有技能员工、关键技术路径）和经济绩效（人力资源规模经济、技术资源规模经济、信息系统费用控制、风险回避）（Loh and Ventatraman, 1992）	
Grover等（1996）	IT外包中服务质量和合作伙伴的影响（188家企业）	自变量：外包程度	五种外包行为：应用开发和实施、系统操作、电信和网络管理、最终用户的支持、系统计划和管理，通过预算总和表示外包程度（Bailey and Pearson, 1983; Baroudi and Orlikowski, 1988; Ives et al., 1983）	IT外包与外包绩效正相关，其中应用开发和实施、系统操作、电信和网络管理等外包行为程度越大，外包绩效越高；而最终用户的支持、系统计划和管理与外包绩效无关系；服务质量和合作伙伴的信任、合作关系、合作和沟通对外包成功作用的影响较大
		控制变量：服务质量和合作关系	服务质量：有形的测度（物理设施、如先进的设备、吸引人的设施，衣着光鲜的雇员、服务到位）、可靠性（承诺、记录准确性、服务时间保证）（Parasuraman et al., 1985, 1988）；合作关系：合作关系、信任、合作和满意度（Henderson, 1990）	

续表

作者	研究问题和样本	概念模型		结论
		变量	测度（来源）	
Poppo 和 Zenger (1998)	资源交换特性对外包和绩效的影响（152家韩国信息公司，1368个信息服务交换项目）	因变量：绩效	客户满意度：总体成本、服务或产出的质量、对问题的反应速度	资源专用性越强，业务结果越难评估；外包成本、质量自制比自制差、应无影响；技能库越企业绩效；企业越倾向于外包，越应自制
		自变量：资源交换属性（高/低）	资产专用性：人力资本、特殊技能或知本、评估困难：对员工评估困难程度、技术不确定：技能不确定程度、软硬件配置变化程度；技能库：拥有大量知识和技能员工程度；规模经济性：企业内部功能有效完成的程度	
Lee 和 Kim (1999)	关系质量的前因及其对 IS 外包的影响（74家韩国外包企业，36家发包方，54家承包方）	因变量：外包成功	业务角度（战略利益、经济利益、技术利益）（Grover et al.，1996；Loh and Ventatraman，1992）；用户角度（用户满意度）（Bailey and Pearson，1983；Baroudi et al.，1986）	参与程度、沟通质量、信息共享和高层领导的支持与外包关系质量成正比、部分因素（如联合行为、协调、年限、文化相近性等）未证实；高层领导支持与外包关系质量有关系
		中间变量：关系质量	信任、业务理解、利益和风险共享、冲突、承诺	
		自变量：关系质量的前因	动态因素（参与、联合行为、沟通质量、协调、信息共享）；静态因素（关系年限、相互依赖性；情景因素（文化相近性和高层领导支持）	
Klaas 等 (2000)	企业特征对 HR 外包的影响（美国一家大型 PEO 企业下的 502 个客户）	因变量：外包绩效	成本满意度（成本降低、节约成本）和总体满意度（成功率高、满意、继续合作、需求反应强、管理能力强、提升企业绩效，工作上手快）；HR 实施质量	企业特征中增长模式、以人力资源同题、合同特征、价值一致性、应用与成本满意度和总体满意度正相关；企业规模、代表对总体满意度存在影响；人力资源独特性、关系时间对成本满意度和总体满意度都不存在影响
		自变量：企业特征	增长率、HR 过去存在问题、HR 异质性、合同特点、雇主-客户关系、价值一致性	

续表

作者	研究问题和样本	概念模型		结论
		变量	测度（来源）	
Lee (2001)	知识共享与外包的关系（195个韩国政府组织）	因变量：外包绩效	业务角度（战略利益、经济利益、技术利益；用户角度（用户满意度）	显性知识和隐性知识对外包较容易理解和接受，对外包影响更大。企业组织知识和外包能力对知识—外包关系质量的关系起到正向调节作用
		中间变量：关系质量	关系质量（信任、业务理解、利益和风险共享、利益和风险共享、承诺）	
		调节变量：组织能力	组织能力（搜索能力、获取能力、探索能力、消化能力）	
Klaas 等 (2001)	组织特性对人力资源外包的影响（432家企业）	因变量：人力资源外包类型	共划分12种人力资源行为，根据主成分分析法得出四种类型：一般行为（计划、员工关系、安全、分配）；交易行为（毅力、HRIS、报表）、人力资本（培训、员工帮助）、招聘和选择	HR外包与HR实施异质性、HR参与程度、HR产出、提升机会、需求不同，而支付水平相关，支付水平不同HR外包模式的HR外包行为不同
		自变量：组织特性	HR行为异质性、HR产出（员工激励、合作、绩效）、晋升机会、需求不确定性、支付水平（引导市场为1，否则为0）、企业规模、竞争者者外包、产业	
Aubert 等 (2003)	资源特性对外包影响（335家企业）	自变量：资产专用性、不确定性、技术诀窍、业务技能	资产专用性（客户投资、人力资源专用性、人力培训延迟、供应商投资、交流设备、一般调量方法）、不确定性（规则、标准、任务复杂新任务难度）、技术诀窍（IT操作、操作系统、软件维护、系统维护、硬件维护等）、业务技能（产品支持服务、IT操作、应用操作、软硬件维护等）	资源不确定性是外包的主要影响因素。当企业的业务复杂程度较低，比较容易评估，不确定程度较低时越容易外包。与技术诀窍相关程度越高，业务越依赖外部供应商完成，而资产专用性与外包能与外包无关系。而资产专用性，即资产专用性越高，企业越倾向于自外包
		因变量：外包水平	外包水平	

续表

作者	研究问题和样本	变量	概念模型 测度（来源）	结论
Lee 和 Kim (2005)	外包行为和心理因素对外包的影响	因变量：外包绩效 自变量：外包行为 中间变量：外包心理	业务角度（战略利益、经济利益、技术利益；用户角度（用户满意度） 知识共享（信息集成、知识共享和科技共享），相互依赖性（独立性、相互依赖性），共同努力（共同计划、共同行动）(Bensaou and Venkatraman, 1995) 相互利益的感知（利益和风险共享、相互利益），承诺的感知（承诺、灵活性和承诺、意向的感知）	知识共享程度、相互依赖性、操作链、承诺的感知、心理因素与相互利益的感知、承诺的感知、意向的感知分别为正向关系、与外包也是正相关
Kim (2005a)	外包治理能力、关系质量和外包绩效之间的关系（韩国50家外包企业）	因变量：外包绩效 自变量：外包治理能力 中间变量：关系质量	战略绩效（核心任务）、技术绩效（增强IT竞争力、IT技术人员增加、技术壁垒降低）、经济绩效（IT成本控制） 外包管理能力（清晰规则和步骤（供应商评价步骤，员工遵循规则和步骤监控供应商行为，员工遵循规则和步骤评价供应商绩效）；技术能力（技术反求能力、追踪能力、理解能力、成功关键要素把握、协调能力（与合同中相关其他部门保持紧密联系、利益共识、有效的合作、产权共识） 流程质量（承诺、协同、信息共享；属性质量（整体、信任、承诺、冲突、相互理解）	关系质量对企业外包绩效起到正向作用，外包管理能力和协调能力与外包绩效正相关，外包绩效、与外包关系质量相关；而技术能力与企业关系质量负相关
Lewis (2006)	信息共享与外包绩效的关系（117家外包企业）	因变量：外包绩效 自变量：信息共享 调节变量：组织能力和关系特征	业务角度（战略利益、经济利益、技术利益；用户角度（用户满意度） 长期计划、服务需求改变的预知、内部信息共享、控制，月、季总结报告 关系特征（供应商特殊投资、供应商声誉、产出的满意度、机会注意）；组织能力（搜索能力、组织注意、机会注意）、组织能力（搜索能力、获取能力、探索能力、消化能力）	信息共享对企业的组织投资起到正向作用。企业特殊投资和声誉对关系影响不大，供应商特殊投资和声誉对关系影响大，企业证明；产出的满意度和沟通调节信息共享与外包绩效的关系。企业的满意度和沟通能力未调节信息共享与外包绩效的关系

续表

作者	研究问题和样本	概念模型		结论
		变量	测度（来源）	
Bardhan 等（2006）	产品外包与生产制造的关系（326家美国企业）	因变量：生产制造企业绩效	生产成本（劳动力、原材料和日常开销）、质量（现在的和三年前一流质量数据）	IT投入大的企业倾向于产品外包；低成本战略和混合战略倾向于产品外包；高质量战略倾向于产品外包；产品外包有利于企业成本降低，但不一定提高质量；供应商集成质量，不一定降低成本
		自变量：IT投入、企业战略、供应商集成能力	IT投入：IT投入占年销售额的比率（包括硬件、软件、通信、支持业务）；企业战略（低成本战略、高质量战略和低成本—高质量混合战略（0—没有集成，1—高度集成）；供应商集成成本和低成本—高质量成本能力（0—没有集成，1—有，1—无）；供应商集成	
		中间变量：产品外包	外包强度（0—没外包，1—外包），从企业的流程、装配和制造三方面测度	
		控制变量	规模、年限、产品系列、联合经营、制造流程	
Tiwana 和 Keil（2007）	外围知识与外包控制对联盟绩效的影响（59家美国软件企业）	因变量：外包联盟绩效	按时完成、接近预算、工作质量、满足项目目标、工作完成出色、团队操作、整体有效性、效益	外围知识与外包控制并不互补，外围知识对产出控制有效，对过程控制不利
		自变量：外围知识	外包项目中知识的程度：程序设计语言、详细技术说明、技术设计约束、代码测试和纠错、应用的效率、系统完善	
		中间变量：外包控制	产出控制、重点测量如下指标：项目时间进度、预算、需求是否满足、项目目标是否达到；过程控制、在外包过程中考察外包供应商是否遵循如下步骤：接近项目完成目标；确保系统满足企业需求；确保项目成功	

续表

作者	研究问题和样本	概念模型		结论
		变量	测度（来源）	
Han 等(2008)	企业能力对外包绩效的影响（45家韩国企业）	因变量：外包绩效	业务角度（战略利益、经济利益、技术利益）；用户角度（用户满意度）	企业的组织能力和供应商管理能力对外包交互行为起正向作用；技术和IT能力对交互行为为无作用；交互行为对关系质量是正向作用，关系质量对外包绩效正相关
		自变量：企业能力	组织关系能力、供应商管理能力、技术和IT能力	
		中间变量：交互行为和关系质量	交互行为：信息共享、沟通质量、协同参与；关系质量：信任、承诺	
Li 等(2008)	隐性知识获取、外包控制与创新绩效的关系（585家中国企业）	因变量：创新绩效	渐进型创新（新产品、改进现有产品和流程、挖掘现有的技术）；突破型创新（突破性产品、突破性新技术、突破性新概念、企业是新技术创造者）	外包联盟中隐性知识获取动机与社会控制和正式控制正相关；社会控制与突破性创新正相关，与渐进型创新负相关；正式控制与渐进型创新正相关，与突破型创新负相关
		自变量：隐性知识获取	从合作者获取市场知识、从合作者学习操作管理、从合作者学习新产品和服务的知识、从合作者获取新信息的重要信息	
		中间变量：社会控制和正式控制	正式控制（详细合同、合同规范化、任合作过程、考察财务和市场指标、详细合作条款）；社会控制（信任、共享愿景和价值观、对供应商有信心、供应商出色任务、经常沟通）	

2. 缺乏对外包运作与实施机理的深入分析

现有的文献大部分直接探讨知识、资源、关系对外包的影响程度，忽视了外包过程中企业对外包的掌控和驾驭能力。研发的外部化对企业的技术管理和创新管理提出更高的要求，企业不仅要能发现、识别外界有用的资源和知识，梳理外包企业和供应商之间的关系，而且要具备将它们整合进企业能力体系的能力。有部分学者探讨了组织能力（Lee，2001）、协调能力（Kim，2005b）、控制能力（Han et al.，2008；Li et al.，2008）、集成能力（Bardhan et al.，2006），但未与外包特性（结构）相结合（刘建兵和柳卸林，2005），缺乏"结构-能力-绩效"的机理分析。

3. 缺乏对外包的动态研究

在快速变化的环境下，企业更需要不断整合内部和外部的能力，采取不同战略模式，以改善、调整和改变组织的经营流程。外包是企业技术获取和技术变革的新型战略，该战略极具动态性，尤其是结合企业发展的生命周期，如何动态选择不同外包模式等问题尚未解决，无法为企业实践提供直接的参考。

本 章 小 结

本章首先回顾了研发外包理论在经济学、管理学、社会学的起源和发展脉络，然后介绍了研发的发展历程，并阐述研发外包的内涵、动因、特性和流程，分析和总结现有的外包与企业绩效的关系和运作机理的文献，提出了本书的研究切入点。

基于现有研究，我们不难发现，外包与企业绩效的关系模糊不清，研究结论有正向、负向、无关系和混合关系等多种形式，其根本原因在于未区分外包的不同模式（Chanvarasuth，2008；Calabrese et al.，2005）。因此，研发外包模式的清晰划分是研发外包与企业创新绩效关系研究的重要前提。

外包对企业绩效的作用机理主要围绕资源、社会、知识和能力四个方面展开。而外包本身是一个包含供应商、企业、客户的复杂关系网络，如何深入挖掘研发外包过程中的跨组织行为，特别是外包运作过程中的跨组织协调能力（Kim，2005a），提升企业创新绩效是企业亟待解决的重要问题。

外包策略在企业发展的不同时期、不同阶段会有所改变，如何动态地选择合适的外包模式，实现外包模式的协同与平衡是企业外包管理和实施的重要内容。

在接下来的四章中，本书将通过探索性案例研究、理论分析和实证检验的方式分别解答"研发外包模式是什么"、"如何运作"、"如何演变"三大问题，为企业研发外包决策、实施和创新绩效提升提供切实可行的理论框架。

第三章 研发外包的模式与机理探索性案例研究

本章在第二章文献综述基础上，针对上述问题从大量调查案例中选取四个具有典型意义的案例展开深入的探索性案例研究，通过案例内分析和多案例之间的比较，构建研发外包的模式、机理的概念模型。

第一节　探索性案例的研究方法和步骤

一　案例研究方法概述

案例研究是一种完整的研究方法，包含了特有的设计逻辑、特定的资料收集及独特的资料分析方法，案例研究适合回答"是如何改变的"、"为什么改变成这样"及"结果如何"等问题。根据研究目的，案例研究可以划分为探索性（exploratory）、描述性（descriptive）及因果性（causal）三大类（Yin，1994）。探索性案例研究尝试寻找对事物的新洞察，或尝试用新的观点去评价现象。描述性案例研究主要是对人、事件或情景的概况作出准确描述。解释性案例研究的目的在于对现象或研究的发现进行归纳，并最终得出结论，适于对相关性或因果性的问题进行考察（Eisenhardt，1989）。评价性案例研究侧重于就特定事例作出判断，提出自己的意见和看法。各种案例研究方法的主要目的和研究侧重点如表3.1所示。

表 3.1　案例研究方法

案例研究类型	主要研究目的	研究侧重点
探索性案例研究	寻找对事物的新洞察，或尝试用新的观点去评价现象	侧重于提出假设
描述性案例研究	对人、事件或情景的概况作出准确的描述	侧重于描述事例
解释性案例研究	对现象或研究发现进行归纳，并最终得出结论，对相关性或因果性的问题进行考察	侧重于理论检验
评价性案例研究	对研究的案例提出自己的意见和看法	侧重于就特定事例作出判断

资料来源：余菁. 2004. 案例研究与案例研究方法. 经济管理，（20）：24-29；孙海法，刘运国，方琳. 2004. 案例研究的方法论. 科研管理，24（2）：107-112. 经作者整理.

由于本书的主要目的在于探讨企业研发外包的模式及其运作的机理，明晰研发外包的构成要素及作用路径。研究内容是在现有研究基础上的拓展与补充，因此适合作为基于理论构建的探索性案例分析（Eisenhardt，1989）。

二 案例研究步骤

在案例研究的设计上，Eisenhardt（1989）提出了适合于探索性案例分析的八个步骤，分别是：案例开始→案例选择→设计测量工具与访谈提纲→进入案例现场→分析数据→形成理论假设→文献展开→案例结束，具体如表 3.2 所示。

表 3.2　案例研究步骤

步骤		活动	原因
准备阶段	启动	界定研究问题 找出可能的前导观念	努力聚焦 提供变量测量的基础
	研究设计与案例选择	不受限于理论与假说，聚焦于特定的族群	维持理论与研究弹性 限制额外变异，强化外部效度
	研究工具与方法选择	理论抽样 采用多元资料收集方法 精制研究工具，掌握质化与量化资料 多位研究者	聚焦于理论框架的案例 透过三角验证，强化研究基础证据的综合 采纳多元观点，集思广益
执行阶段	资料收集	反复进行资料收集与分析，现场笔记 采用弹性随机应变式的资料收集方法	随时分析，调整资料的收集 帮助研究者掌握浮现的主题与独特的案例
	资料分析	案例内分析 采用发散方式，寻找跨案例的共同模式	熟悉资料，进行初步理论建构 通过各种角度查看案例
	形成假设	针对各项构想，进行证据的连续复核 横跨各案例的逻辑复现，寻找变项关系的原因或"为什么"之证据	精炼定义、效度和测量 证实、引申及精炼理论 建立内部效度
对话阶段	文献对话	与矛盾文献相互比较	建立内部效度，提升理论层次并强化构想定义
		与类似文献相互比较	提升类推能力、改善构想定义及提高理论层次
	结束	尽可能达到理论饱和	当改善的边际效用越来越小时，则结束

资料来源：Eisenhardt K M. 1989. Building theories from case study research. Academy of Management Review，（32）；543-576；陈晓萍，徐淑英，樊景立．2008. 组织与管理研究的实证方法．北京：北京大学出版社．经作者整理．

综合 Eisenhardt（1989）和 Yin（2003）的观点，本书在对现有相关文献进行分析评述的基础上形成了理论预设和研究构思，继而进行案例选择、数据收集和数据分析，从而得出初始研究假设。

第二节　探索性案例的选择和数据收集

一　研究问题和理论预设

研发外包作为一种新型的研发战略，减少了研发投资费用、分散了风险，缩短了研发周期，与外部研发网络实现资源共享、能力互补、完成企业的技术追赶和转化，促进企业的创新绩效。

理论界在探讨外包与企业绩效的关系时，其结论模糊不清，出现正向、负向、混合关系和无关系等多种形式，其根本原因在于未区分不同的外包模式（Chanvarasuth，2008；Calabrese et al.，2005）。虽有部分学者区分模式，结论也存在一定的分歧。因此，研发外包模式的清晰划分是研发外包与企业创新绩效关系研究的重要前提。

而现有的单维度的"核心论"和多纬度划分方法无法适应研发外包，因此研发外包模式的划分是本书研究的起点，也是解决研发外包与企业创新绩效"悖论"的先决条件。早在 1942 年，Schumpeter（1942）提出了企业创新的两种模式：渐进型创新（incremental）和突破型（radical）创新。无论企业的技术水平、业务能力多么强大，企业内部必然存在渐进型创新和突破型创新的平衡，这与 Christensen 和 Overdorf（2000）提出的持续型（sustaining）创新和破坏型（disruptive）创新概念一致。后来很多学者将此概念运用到不同领域，分别提出效率型、创新型、转变型外包模式（Balachandra et al.，1997；琳达·科恩和阿莉·扬，2007）、效率导向和创新导向的商业模式（Zott et al.，2007）。为此，本书预设研发外包模式为两种：效率型和创新型，并探讨这两种模式与企业创新绩效的关系（图 3.1），同时环境动态性也对两者的关系起到调节作用（Gilley et al.，2000）。

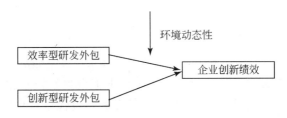

图 3.1　研发外包模式与企业创新绩效的关系理论预设

在确定外包模式的基础上，下一个问题是外包如何运作，其作用机理是什么。外包对企业绩效的作用机理主要围绕资源、社会、知识和能力四个方面展开。Arnold（2000）的外包结构图划分主要基于外包内容、外包决策角度，从资源观（核心能力）、社会观（伙伴关系）两方面进行探讨，为本书奠定了理论基础。综观国内外学者观点，结合研发外包的知识密集性、控制复杂性和系统集成性等特点（伍蓓等，2009），本书从资源维、关系维和知识维三方面划分研发外包结构。

而外包本身是一个包含客户、供应商、合作伙伴、竞争对手在内的跨组织网络团体，其成功运作管理主要依赖于组织的各种重要的技能和能力（Bardach，1998）。外包包括供应商和外包企业之间的交互行为，存在很多风险，如业务不确定性、过时的技术、没经验的外包供应商、外包管理薄弱、目标不明确、隐藏成本、组织学习缺乏、创新能力缺乏、外部竞争者等（Earl，1996）。因此，为有效控制外包风险，企业内部必须具备某些重要的能力（Lacity et al.，1996）。特别是，外包中的协调能力尤为重要（Chen et al.，2003），即外包企业如何将企业目标与供应商关系管理有效地集成能力（Feeny et al.，1998a）。

综上所述，本书将"研发外包协调能力"这一中介变量引入研发外包特性与外包绩效的关系模型中，探讨研发外包的"结构-能力-绩效"的运作机理（图 3.2），并对比在效率型和创新型模式下运作的差异性，为企业正确选择外包模式、有效进行外包管理提供切实可行的理论方案。

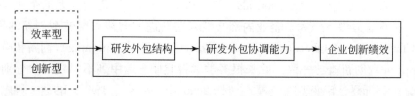

图 3.2　研发外包运作机理的理论预设

二　案例选择

Eisenhardt（1989）认为 4～10 个案例是使用原始案例的理想个数。考虑到研发外包的理论框架和案例的研发特征，本书最终选择了汽车、医药、软件和服务业四家企业作为探索性案例研究对象，具体选择标准如下。

（1）为了使选取的案例符合研究主体，本书根据研发外包的知识密集性、控制复杂性和系统性特征，特挑选了具有研发外包代表性的四个行业，分别为汽车制造业、医药制造业、软件制造业和服务业，从而拓展和丰富本书的理论。

（2）为了降低案例研究的差异性，本书将案例企业限定在中国本土的企业，特别是经济发达的浙江省。

（3）为了保证案例研究的代表性，本书选择的案例企业具有一定的行业分散度，既有技术推动型产业，又有市场推动型产业和两者兼有产业，同时兼顾高技术产业与传统产业，其所在行业包括汽车制造业、医药制造业、软件制造业和服务业，以达到多重验证的效果，同时兼顾了信息的可获得性和企业的代表性。

三 数据收集

根据 Yin（2003）的建议，本书在资料收集时遵循了以下原则。

1. 多形式收集数据，以提高研究效度

在每个探索性案例研究中，主要的访谈对象是企业的高层管理人员、研发部门、技术管理部门、采购部门和销售部门等的主管人员（访谈提纲请参见附录 1）。访谈过程中，首先对研发外包的模式、机理和动态演化概念进行解释，然后由企业研发主管介绍其研发流程。在了解企业的研发过程后，对符合研发外包的样本再深入访谈和填写问卷。在访谈之后，还通过电话、E-mail 或者再次会面等形式，与被访谈人员进行再度沟通，以补充相关信息。此外，本书还通过索取、查阅企业内部文档和资料，并借助企业网站、宣传手册、业界新闻等公开信息，对企业的二手资料进行收集和整理。

2. 建立案例资料库，以提高研究信度

案例资料库包括案例访谈的笔记、录音资料，网站收集到的视频、语音或文字资料，以及对案例企业的调研所生成的表格、文字叙述和分析材料等。一般在访谈前，先从网上收集案例企业的相关公开资料，如企业简历、企业文化部门、企业组织部门、企业大事件、企业产品及研发信息；然后，在具体访谈时，对访谈过程进行录音和现场笔录，并在访谈结束后进行整理和分析；此外，还向被访人员索取企业宣传材料，如企业汇报、企业内部刊物等。同时，把这些资料统一归档到案例资料库，并进行分类和编码，以备下一步数据分析之用。

3. 用案例资料建立证据链

在案例数据整理基础上，根据本研究的理论模型和框架再进行深入分析，从而对研究问题进行考证，得出结论。

案例企业的资料来源和访谈时间、对象如表 3.3 所示。

表 3.3　案例企业资料来源

企业	访谈		文档资料	观察方式
	时间	对象		
JL 汽车制造业	2007 年 5 月 2009 年 4 月	集团总裁、分公司总经理、研发总经理、技术规划部部长	企业内部资料、集团杂志、企业网站、国研网等	座谈，时间一般为一上午；实地考察，参观生产现场；与企业内部员工非正式交流；开展相应的技术创新咨询服务项目
HZ 医药业	2009 年 5 月	技术委员会主任、技术中心副主任	企业内部资料、集团杂志、企业网站、国研网等	座谈，包括研发技术人员；实地考察，参观生产现场
WX 软件业	2008 年 5～7 月 2009 年 5～6 月	集团总裁、集团人力资源总监、分公司副总裁、分公司研发经理	企业内部资料、集团杂志、企业网站、国研网等	与高层领导座谈；与各分公司研发、技术人员交流；开展相应的技术创新咨询服务项目
BC 服务业	2008 年 9～10 月 2009 年 4～5 月	技术部门副总、技术总管	企业内部资料、集团杂志、企业网站、国研网等	与技术部门副总和相关人员多次正式交流

四　数据分析方法

本书的案例分析总体采取分析性推演的方法，分为案例内分析（within-case analysis）和案例间分析（cross-case analysis）。前者把每个案例看成是独立的整体进行全面深入的分析，后者则是在前者的基础上，对所有的案例进行比较、分析、归纳和总结，从而抽象出理论模型和假设（Eisenhardt，1989）。

首先，本书对每个案例进行案例内分析。在对每个案例企业数据访谈和分析的基础上，对企业的研发外包模式、特性、协调能力、企业创新绩效和外包绩效等主要变量进行编码，并把这些编码制成表格，从而识别各个案例的变量特征，为下一步开展案例间分析做好准备工作。

其次，进行案例间比较。先将第一个案例模型与预设的理论模型进行对比，判断两者差异性，并不断完善和修改初始模型；然后将此模型与第二个案例进行比较分析，如此反复，直至理论的匹配，从而提出初始研究假设，得到各变量之间的相关性与因果关系（项保华和张建东，2005）。

第三节 探索性案例的背景及介绍

本书选取了四个探索性研究的案例，各案例基本情况如表 3.4 所示。为了尽量保护企业的商业信息，文中隐去企业的具体名称，用字母代码及其主营业务所在行业表示，以下进一步对各个企业进行逐步介绍。

表 3.4 案例企业简介

企业情况	JL 汽车制造业	HZ 医药业	WX 软件业	BC 服务业
成立年份	1997	1956	2001	1913
员工总数	近 6000 人	近 3000 人	近 5000 人	近 1 万人
研发人员数量	900 余人	1000 人	3000 人	100 余人
企业产权性质	民营	股份有限公司	股份有限公司	国有
近三年销售额	10 亿～30 亿元	30 亿元左右	40 亿元左右	＞10 亿元
研发费用（占销售总额的比重）	5%～10%	2%～5%	2%～5%	1%
主营业务	30 多个品种整车产品；拥有 1.0～1.8 升八大系列发动机及八大系列手动与自动变速器	抗肿瘤、心血管系统、抗感染、抗寄生虫、内分泌调节、免疫抑制、抗抑郁药物的生产和试制	软件项目管理、机电工程总包（EPC和业务支持系统）、国际计算金融、IT服务	企业存款业务、贷款业务、融资业务、财务顾问等中间业务、研发资金业务新产品
行业特点	高精度、高密度、技术工艺要求高；产品多样化，技术多元化；企业掌握整车装配、测试能力；技术和市场变化快	高成本、高风险、高度依赖基础研发；环保、安全、健康一体化（EHS）	知识密集型；现代信息技术咨询服务集团，以自身强大的计算机应用能力，为通信、金融、电力等行业（X）提供广泛服务	客户服务型；顾客需求和市场变化快；核心技术变化不大；企业掌握核心业务流程；注重技术与管理结合
产品市场	除国内市场外，在海外已建有 18 家代理商和 108 个销售服务网点（截至 2005 年年底）	80% 以上的原料药产品销往 30 多个国家，特别是在欧美地区拥有领先的市场份额	除国内市场外，在美国、日本等国家有技术合作项目	中国最早的外汇外贸专业银行，有着丰富的国际资本市场运营经验、遍布全球的分支机构及先进的金融技术

续表

企业情况	JL 汽车制造业	HZ 医药业	WX 软件业	BC 服务业
是否拥有国外供应商? 提供的服务	有，提供车型设计、车模具、核心零部件	有，提供技术设备和技术支持、研发合作	有，提供技术设备和技术支持、研发合作	有，主要提供技术设备和技术支持

一 JL 汽车业简介

JL 汽车股份有限公司是中国汽车行业十强企业，也是中国最早、最大的民营汽车生产企业。公司于 1999 年 3 月 3 日注册成立，1999 年 8 月正式动工建厂，2000 年 5 月 17 日第一辆汽车下线。公司注册资本 8280.28 万美元，总资产逾 20 亿元，占地面积 67 万平方米，目前拥有员工 1800 余人。公司拥有冲压、焊装、涂装、总装等整车四大工艺的生产车间，以及发动机、模具制造中心、变速器等研发、生产车间。1997 年进入轿车市场领域以来，凭借灵活的经营机制和持续的自主创新，取得了快速的发展，资产总值超过 140 亿元。连续六年进入中国企业 500 强，连续四年进入中国汽车行业十强，被评为首批国家"创新型企业"和首批"国家汽车整车出口基地企业"，是"中国汽车工业 50 年发展速度最快、成长最好"的企业。

公司总部设在杭州，在浙江临海、宁波、路桥和上海、兰州、湘潭建有 6 个汽车整车和动力总成制造基地，拥有年产 30 万辆整车、30 万台发动机和变速器的生产能力。现有八大系列 30 多个品种整车产品，拥有 1.0～1.8 升八大系列发动机及八大系列手动与自动变速器。上述产品全部通过国家的 3C 认证，并达到欧Ⅲ排放标准，部分产品达到欧Ⅳ标准，并拥有上述产品的完全知识产权。

公司在国内建立了完善的营销网络，拥有近 500 个 4S 店和近 600 家服务站；投资近千万元建立了国内一流的呼叫中心，为用户提供 24 小时全天候快捷服务；率先在国内汽车行业实施了 ERP 管理系统和售后服务信息系统，实现了用户需求的快速反应和市场信息快速处理。汽车累计销售已经超过 120 万辆。

公司投资数亿元建立了汽车研究院。目前，研究院已经具备较强的整车、发动机、变速器和汽车电子电器的开发能力，每年平均可以推出 4.5 款全新车型和机型；自主开发的 4G18CVVT 发动机，升功率达到 57.2 千克，处于世界先进、中国领先水平；自主研发并产业化的 Z 系列自动变速器，填补了国内汽车领域的空白，并获得 2006 年度中国汽车行业科技进步唯一的一等奖；自主研发的 EPS，开创了国内汽车电子智能助力转向系统的先河；同时在 BMBS 爆胎安全控制技术、电子等平衡技术、新能源汽车等高新技术应用方面取得重大突破；目前已经获得各种专利718项，其中发明专利70多项，国际专利26项；被认定为国家级"企业技术中心"和"博士后工作站"，是省"高新技术研发中心"。

二 HZ 药业简介

HZ医药业是一家生物制药类上市公司，始创于1956年，坐落于中国东南沿海的港口城市——浙江省台州市，其前身为海门化工厂。公司占地90万平方米，员工3000多人，其中科技人员占1/3，公司建有国家级企业技术中心和博士后科研工作站，目前该公司已成为中国领先的原料药生产企业。

2000年，HZ医药业在上海证券交易所上市。作为中国最大的抗生素、抗肿瘤药物生产基地之一，HZ医药业致力于利用自己的研发资源，为全球客户提供更好的服务。2001年，HZ医药业建立了国内一流的研发中心，为同类科研机构树立了行业标准。该中心拥有专职研究人员150多名，设有50多个单元实验室，每年保持10位博士后进站工作，有20多位来自美国、德国、意大利等海外高级研究人员和技术顾问在多个领域提供技术和信息支撑。研发领域涵盖生物技术、化学合成、微生物发酵、天然植物药等系列原料药及其制剂的研究开发，产品涉及抗肿瘤、心血管系统、抗寄生虫、降血脂、抗感染、内分泌调节、免疫抑制剂、抗抑郁等治疗领域。

HZ医药业还创造了国内三个医药领域第一：FDA、COS认证产品最多，单个企业出口创汇最多，抗生素抗肿瘤药物系列品种最多。因此，有专家直接把HZ誉为"中国制药工业的脊梁"。2007年年初，HZ被浙江省医药协会评为"2006年度浙江省医药工业十强企业"；2007年11月，被列为浙江省首批创新型示范企业；国家统计局公布的2007年度中国大企业集团竞争力500强名单中，名列第271位。

三 WX 软件业简介

WX集团有限公司（简称WX集团）创建于2001年，2005年，WX集团实现签约合同额近100亿元，实现销售收入逾60亿元，历年累计上缴税收超过7亿元，拥有近5000名员工。

作为一家有高校背景的高科技集团企业，WX集团采用战略控制型的集团管控模式，经过五年多的发展，初步形成了包括IT服务、机电总包、创新地产等三大业务单元的多元化经营格局。WX集团在财务管理、投融资管理、人力资源管理、国际合作和产学研管理、品牌和平台服务与管理等五大方面，为所属业务单元提供有力支持，推动相关公司成为所在行业的领先企业。同时，WX集团秉持"着眼国际化，整合高科技，服务大客户"的发展战略，紧紧抓住发展机遇，不断拓展集团的发展空间。

从IT产品分销与服务、IT软件外包，到以EPC模式进行电厂脱硫脱硝、风能发电、轨道交通乃至复合地产，WX集团员工致力于为遍及全国各地的客户以创新的方法解决问题。几年来的实践表明，正因为WX集团的事业与国家利益、国家意志保持高度一致，在高科技服务社会的进程中有所贡献，WX集团得到了社会的认可，树立了自己良好的企业形象，并从中找到了发展的机会。WX集团将继续以"Computer＋X"作为产业选择的基本导向，"整合高科技，服务大客户"，致力于成为中国信息技术咨询服务的领先者。

6月12日，国家工业和信息化部、国家统计局共同发布了"2009年中国软件业务收入前百家企业"和"2009年中国自主品牌软件产品前十家企业"，WX集团连续六年跻身中国软件收入前十强，位列浙江省软件收入榜首。同时，WX集团位列"2009中国自主品牌软件产品前十家企业"前三甲，WX集团品牌影响力和行业地位进一步得到巩固。

四 BC服务业简介

BC银行现有员工14 300多人，全辖共有11家分行、89家支行、216家经营性支行、306家分理处。截至2007年6月底，全行各项人民币存款余额2114.47亿元，各项外汇存款余额37.35亿美元。各项人民币贷款余额为1905.12亿元，各项外汇贷款余额为26.05亿美元。存贷款增长率在省内同行中名列前茅，业务规模和资产质量名列全国银行系统前茅，并连续25年保持较高的盈利水平。

作为中国最早的外汇外贸专业银行，BC银行有着丰富的国际资本市场运营经验、遍布全球的分支机构及先进的金融技术。BC银行资金业务涉及外汇交易、本外币金融衍生产品、本外币债券投资、贵金属、商品期货、代客融资及代客理财等各项领域；根据市场状况，为客户提供各项资金产品报价；研发资金业务新产品；为客户提供市场信息、动态等。

BC银行主要是办理一些传统业务，如存取款、结售汇、票据的结算与清算、托收、资金的往来划拨等，近几年根据市场和客户需求，分别开通了个人金融、信用卡、资金业务、公司业务、金融机构、电子银行和国际结算等业务，为集团企业提供全新智能化现金管理解决方案，大幅提升企业财务管理水平和理念，提高资金使用效率，降低资金使用成本等，荣获"2008年度中国银行业文明规范服务示范单位"、"2008最佳融资银行"等称号。

第四节 探索性案例的数据描述及信息编码分析

本节将对各个案例中所收集的数据作初步分析，用定性的数据分别对每个案例中的研发外包维度结构、研发外包模式、研发外包协调能力以及企业创新绩效和研发外包绩效进行描述分析，以得出结构化、编码化的数据信息供进一步深入分析变量间关系之用。

一 研发外包的模式

在四个案例中，一种模式的外包技术为成熟技术，创新性较低，企业目标是降低成本；另一种模式的外包，企业注重开拓新市场，转变商业模式，外包的技术是前瞻性、未来技术，具有较高的创新性。因此，本书从战略、技术、市场角度划分效率型外包模式和创新型研发外包模式。

以 JL 汽车制造业为例，JL 集团的主打产品中除车型外观由自己和跨国设计团队共同设计外，车身结构、汽车的安全系统、电子系统、制动系统、动力系统、悬挂系统等均外包给供应商。凡是标准化的技术（如汽车悬挂系统、电子导航设备），企业会给出详细的技术参数和设计要求，供应商根据明确的参数、性能和技术设计书完成研发和制造，属于效率型研发外包模式。而某些核心部件（如发动机、变速箱、动力转向系统），其设计内容复杂，产品的设计和理念是模糊、不确定的，需要供应商和制造商之间进行多方面的信息交流（技术、商业、项目计划、进展），由供应商独立研发、生产，并在技术上有所突破和创新，属于创新型研发外包模式，表 3.5 给出了汽车外包主体内容和模式。

表 3.5 汽车研发外包的主体内容和模式

系统名称	系统配置	应用的技术	外包模式
动力系统	动力装置	电喷；涡轮增压；柴油喷射；混合动力；氢动力；压缩天然气；燃料电池；五气门发动机；柴油电控共轨喷射；柴油增压中冷技术	效率型
	动力转向系统	机械液压动力转向；液压转向；电动转向；	创新型
	变速箱	手动/自动变速箱；自动变速箱；CCVT 变速箱	创新型
悬挂系统	悬挂装置	可调式液压减振阻尼悬架；空气悬挂装置；复合式悬架；五连杆后悬架；电子控制悬挂系统	效率型
安全系统	安全装置	前后吸能保险杠；车门防撞杆；安全气囊；侧翻滚保护装置；乘员保护装置；ABS＋EBD	效率型

续表

系统名称	系统配置	应用的技术	外包模式
电子系统	车载电子系统	GPS 卫星导航系统；CCS 汽车巡航系统；ITS 智能运输系统；语音控制系统；黑匣子记录器；电子导航装置；电子紧急救援系统；诊断及保养提示装置；座椅调节记忆装置；后视镜调节记忆装置；车内设施遥控操纵	创新型/效率型结合
	空调系统	氢化物汽车空调系统；固体吸附制冷汽车空调系统；吸收式汽车空调系统	效率型
制动系统	制动装置	ABS 防抱死制动系统；ASR 牵引力控制系统；ESP 电控行驶平稳系统；VDSC 车辆动力学稳定性控制系统；4WS 四轮驱动转向系统；发动机	创新型
车身结构	外观	飞翼式镀铬前格栅；车灯；隔热玻璃；刚轮圈；备胎；保险杠；材料	效率型
	内饰	中控面板；把手；座椅；方向盘；空调；装饰环	效率型

资料来源：林一平 . 2003. 汽车研发中的创新整合设计思想. 汽车情报，32（7）：7-12. 企业访谈，经作者整理.

在四个案例中，JL 制造业和 BC 服务业两种研发外包模式均有，HZ 医药业和 WX 软件业更倾向于效率型研发外包模式。BC 服务业的传统业务，如存取款等交易性业务属于效率型研发外包；而涉及客户（特别是大客户）的理财产品，如结构性理财产品属于创新型研发外包。HZ 医药业外包内容主要为分子筛选、分子合成、安全性检验、临床试验、小试、中试等业务，需求明确，技术含量较低，效率型研发外包模式居多。WX 软件业外包主要在现有的技术平台基础上进一步完善、修改，满足某些个性化需求，其核心技术平台未改变，对原有产品的进一步完善和改进，创新性不高，效率型研发外包居多。

当然，不是每个企业都存在这两种模式，即使存在两种模式，在企业发展的某个阶段一种模式可能会占主导地位。从案例的访谈中，我们发现大部分企业先从效率型研发外包模式开始，随着企业技术、市场、需求的不断变化，逐步演变到创新型模式，后又变成效率型，再创新，如此反复，在企业发展过程中不断交替出现，协同平衡。

二 研发外包的机理-维度结构

根据研发外包的知识密集性、控制复杂性和系统集成性等特点（伍蓓等，2009），本书从资源维、关系维和知识维三方面划分研发外包维度结构。资源维反映了企业现有的资源配置和技术、研发水平，其资源的专用性、本身具备的技术和专业技能、需求和产出的确定性决定外包控制水平和能力，从而影响外包控制和决策；关系维体现外包双方的在外包过程中的相互依赖、相互作用的协调体系，为外包双方的关系管理架构、沟通机制和协调发展提供理论依据；知识维体现外包双方显性和隐性知识的共享程度。

在案例研究中发现，各企业的研发外包行为与资源、关系和知识维度密切相关。以 JL 汽车制造企业为例，集团目前拥有 5 个产品平台、42 个产品，建有 6 个汽车整车和动力总成制造基地，拥有年产 30 万辆整车、30 万台发动机和变速器的生产能力。目前，JL 企业汽车技术与技能已达到一定水平，进入全面整合和转型。转型的核心是向中高端进军，技术上有重大突破、产品线不断拓宽。在该阶段的一个显著特征是，JL 集团对外承包业务不断扩大，企业更专注整个产品的整合、集成和测试能力，形成以汽车厂商为龙头、关键部件供应商为核心、小型零部件供应商为基础的金字塔形产业链。JL 企业先后与济南汽车研究院合作，成立开发式研发实验室，与韩国大宇合作设计汽车外观，与上海华普联合开发海域 ME 电子制动系统，与意大利郎第伦索 Omegas 合作生产燃气系统，并吸收了瑞典 ABB、美国李尔、韩国浦项、德国 SIMENS 和 BOSCH、中国宝钢、万向等大型供应商共同开发汽车，大大提高了汽车研发能力。

JL 企业对供应商的选择主要由采购部门进行资格审查。供应商必须通过 TS16949、ISO 2000 认证，配套半径符合系统生产标准，并设立供应商能力指数（专业人才、设备、技术力量）和综合评价（价格、售后服务、重大贡献）指标。若审查合格，则成为"潜在"供应商，其可以提供小批量（100～200 件）产品，在经过反复实验测试后确认产品合格无误则上升为"合格"供应商。在"合格"供应商中，又分为 ABC 三个等级，分别由每年的业绩和质量决定升降。截至 2007 年底，JL 企业共完成 466 家关键件和非关键件供应商的评审工作。B 级供应商由 37% 上升到 65%，增长了 28%；C 级供应商由 56% 下降到 30%，减少了 26%，并力争在 2008 年年底实现集团关键件配套体系 100% 通过 ISO/TS16949 认证。

JL 企业供应商的质量考评由质量部监控，实施"优质优价，低质低价，劣则出局，同步研发，同步发展，动态平衡"的发展策略。每年定期派人到供应商处检查其经营状况、质量保证状况，如发现问题马上整改；每年对故障率较高的前四位重新审核，从制造工艺、技术参数、工艺要求等方面检测供应商能力指数；在风险控制上主要通过合同、协议控制，对延期供应商进行严格的金额处罚，在每个项目交付时间上都留用余量，避免不必要的损失，同时对比较重要的零部件采取双轨/三轨管理方式，加强供应商之间的相互竞争与合作，大大提升了供应商品质。JL 企业为保证研发顺利进行，在整个项目研制过程中推行供应商的同步化工程，从产品的项目启动、战略评估、目标设定到产品协议、工程设计、验证测试均需要供应商参与并保证时间的一致性。

HZ 药业研发外包的知识维度水平较高，注重知识的积累和获取，提供网络信息资源使用权限，可查阅世界上 31 个国家和地区自 1907 年以来约 8000 种科技期刊，专利、论文和学术报告文摘。WX 软件业研发外包的关系维度水平较高，以客户为中心，运用 computer＋X 的模式，为用户构造一个开放的技术平台，使得外包双方有机地融合在一起，构造一个更加优秀的解决方案，为用户带来商业价值。BC 服务业资源纬度水平较高，研发外包重在维护企业正常运营，并能根据动态多变的市场和需求，不断完善业务流程，满足客户需求，各案例的具体内容如表 3.6 所示。

表 3.6　案例企业的研发外包维度结构

案例	资源维度	关系维度	知识维度
JL 汽车业	拥有 5 个产品平台、42 个产品，建有 6 个汽车整车和动力总成制造基地。JL 汽车业先后与韩国大宇、上海华普、意大利郎第伦索 Omegas 合作设计汽车的外观、ME 电子制动系统、燃气系统，并与德国 SIMENS、BOSCH、瑞典 ABB 等国际领先供应商合作研发。	供应商必须通过 TS16949、ISO2000 认证，配套半径符合系统生产标准，并设立供应商能力指数（专业人才、设备、技术力量）和综合评价（价格、售后服务、重大贡献）指标。供应商考评分为合格、非关键、核心三种类型；实施"优质优价，低质低价，劣则出局，同步研发，同步发展，动态平衡"发展策略；同步化工程	定期培训、召开项目会议、双方及时沟通和传递市场和技术信息；同步化工程促使外包双方开发进度一致
HZ 药业	国家级企业技术中心，拥有 6 大研发部门、1 个多功能中试车间，拥有 50 多个单元实验室，设立了化学合成、微生物发酵、基因工程、植物化学、制剂研发、环保研究、菌种鉴定与保藏、仪器分析和动物试验等九大平台。该中心拥有专职研究人员 150 多名，设有 50 多个单元实验室，每年保持 10 位博士后进站工作，有 20 多位来自美国、德国、意大利等国的海外高级研究人员和技术顾问在多个领域提供技术和信息支撑	与企业、高校、科研院所结盟或合作过程中，双方都秉承了相互信任、相互谅解的方针，双方之间建立了良好的信任基础，都能遵守相互的约定；与外包供应商为合作伙伴关系，在企业的战略、使命及价值观上保持一致；与美国接受礼来公司和普渡大学制订了 CGMP（现行药品生产管理规范）培训课程	提供网络信息资源使用权限，可查阅世界上 31 个国家和地区自 1907 年以来约 8000 种科技期刊，专利、论文和学术报告文摘。每年投入 50 多万元用于增订、续订各类科技图书、科技期刊及化学文摘杂志，目前资料室收集各类科技图书、科技文献 100 多种 7000 余册，每年还投入信息使用费 20 多万元，成为"中国医药数字图书馆"高级会员单位和美国 Delphion 网站注册无限制用户

续表

案例	资源维度	关系维度	知识维度
WX 软件业	采用战略控制型的集团管控模式，初步形成了包括 IT 服务、机电总包、创新地产等三大业务单元的多元化经营格局。全国拥有 7000 余家代理商，直接重要客户 7000 余户，分支机构遍及全国 25 个大中城市和纽约、东京、香港。拥有包括道富集团、富士电机、日立、东京证券交易所、野村证券等一批稳定的客户资源，位列国内软件出口第 5 位。在 IT 业务单元，是联想、CISCO、华为 3COM、MICROSOFT、INTEL 等国际公司在中国的重要合作伙伴；在机电总包业务单元，德国沃尔夫、意大利 IDRECO 和法国阿尔斯通等公司的技术，为企业提供了先进的整体解决方案	以用户为中心，运用 computer＋X 体系为用户构造一个开放的技术平台，使得外包双方有机地融合在一起，构造一个更加优秀的解决方案，为用户带来商业价值。通过技术创新快速满足用户不断发展的动态需求。构建一个互动学习的环境，与用户的沟通更加通畅，彼此相互尊重、相互信任，形成忠诚的用户群体；外包双方在价值观、企业战略规划等方面趋于一致	通过定向实训和订单实训等方式，培养了一大批具备较强实战型软件开发能力和较高职业素养的中高端人才。围绕客户需求，提供多种培训解决方案。开发了仿真项目实训平台，内容包括人才遴选机制、IT 语言和开发工具、项目监理、业务流程案例教学、岗位技能评测、积分点卡晋级机制等内容；集团高、中、低层定期会议、项目交流汇报；员工内部交流；年培训 1 万人次/年
BC 服务业	BC 银行现有员工 14 300 多人，全辖共有 11 家分行、89 家支行、216 家经营性支行、306 家分理处。与 IBM、Microsoft、联想等公司保持长期的合作关系，提供技术支持与服务。IT 使用程度高、外包经验丰富，主要为信息技术服务外包和信息系统开发外包。内容包括小型机、网络设备、ATM 等自助设备维护服务；应用系统或网络增值服务的一些业务承包给专业软件开发公司和专业技术服务公司，如客户关系管理、影像系统、IP 语音网建设、视频会议系统等。生产中心、同城异地备份中心和异地灾难备份中心已初步具备运营能力；客户信息采集补录、账户清理工作加快进行，数据质量显著提高，核心银行系统用户手册编写完毕；试点行投产准备工作稳步推进，数据迁移通过多轮验证，首轮切换演练顺利完成；对核心银行系统消化与吸收的进程进一步加快，面向全行各级管理者及广大员工的培训普遍展开；集成测试工作进入回归测试阶段，用户验收测试进入筹备阶段	外包供应商对外包业务负责度较高，全力支持企业的核心业务，并和企业一起挖掘客户的市场和新产品；外包双方沟通比较及时、准确、可行性高、完整性强；能彼此提供帮助、信守合同、价值观、使命和目标一致；共担风险、共同责任感；利润贡献度分析（PA）项目顺利投产，对公和高端个人客户的利润贡献度、盈利结构和忠诚度分析在全行的应用全面展开，为建立健全以客户为中心的服务模式、客户经理与产品经理考核机制提供了信息支持	项目组成员的定期汇报和沟通制度以及相应的技术培训、参观学习等方式；员工间相互的磋商，节假日的相互问候，以及利用各种网络通讯技术的相互咨询等各种活动，为合伙伙伴之间的显性和隐性知识的传递提供了便利的条件；数据下传平台、报表平台和征信系统的功能进一步完善，数据质量大幅提高。总账、财务管理、企业级客户单一视图、管理信息服务平台等配套项目建设顺利推进

资料来源：作者根据 JL 汽车业、HZ 药业、WX 软件业和 BC 服务业案例访谈整理．

三 研发外包的机理-协调能力

为有效控制外包风险，企业内部必须具备某些重要的能力（Lacity et al.，1996）。特别是，外包中的协调能力尤为重要（Chen et al.，2003），即有效地适应、集成、重构企业内外部资源，发展与不断变化的需求和环境相匹配的竞争力（Lee，2001）。

本书将外包协调能力分外内部协调（供应商管理、合同控制）和外部协调能力（信息共享、共同解决问题、协同参与），各案例的研发外包的协调能力如表 3.7 所示。JL 制造业重视内外协调能力，特别是供应商管理，将供应商分为合格、潜在和核心供应商，分别进行管理，强调核心供应商的培育，注重关系治理和共同发展。HZ 制药业较注重内部协调能力，外包管理流程规范，制定了《采购与施工协议》、《外包管理等细则》，注重药品的质量和供应商管理细则。对外也加强合作伙伴的联系，互派学习，相互促进。WX 软件业善于资源整合，因此特别注重外部协调能力，签署了《全球战略合作伙伴备忘录》，促进外包双方致力于在人才技术培训、软件外包等项目的协调和控制。BC 服务业注重外部协调能力，外包双方共同挖掘市场和客户的潜力，相互帮助、共同解决问题；外包中出现任何影响业务的信息，会相互提醒并相互协作，如外包软件项目，企业委派一名开发人员作为项目副经理，参与项目计划制定、实施等全过程。

表 3.7　案例企业的研发外包协调能力

案例	内部协调能力	外部协调能力
JL 汽车业	供应商必须通过 TS16949、ISO2000 资格认证。供应商的审查有潜在、合格、优质三个等级，评定的标准包括技术力量、设施设备、价格、售后服务和重大贡献供应商的质量考评由质量部监控，实施"优质优价，低质低价，劣则出局，同步研发，同步发展，动态平衡"发展策略。外包项目管理严格，有标准的流程和规章制度，合同规范；制订了《研发项目管理细则》、《外包合同规范》制度	推行供应商同步工程，从产品的预研、设计、开发、工程设计、验证测试等各环节要求供应商参与并确保时间同步。供应商采取定期回访和定期检查方式，对供应商经营状况、技术水平、质量等进行检测，如发现问题立即整改。提升优质供应商的创新能力，让他们参与企业的产品设计和开发；劣质供应商则淘汰出局，特别重要的零部件采取双轨/三轨管理方式，加强供应商之间相互竞争与合作，大大提升了供应商品质

续表

案例	内部协调能力	外部协调能力
HZ 药业	研发过程从坚持环保概念"前延后伸"严格管理，在产品研发阶段就开始介入环保治理，不仅仅要求拿出合格的样品，还要拿出"三废"处理的思路和方法以及工艺；对于采购产品，除实施"样品-分析单-杂质-技术包-药政注册文件"（EHS 体系）一步到位外，还要综合衡量环保-健康-安全 EHS 体系，对外包供应商环保、质量要求高；外包管理流程规范，制订了《采购与施工协议》、《运作服务协议》、《外包管理等细则》	与上海医药工业研究院建立了长期的合作伙伴关系。一旦上海医药工业研究院研发出新的产品，也会第一时间通知 HZ，HZ 企业一旦有什么技术上的难题也会第一时间告知上海医药工业研究院，看对方能否解决自己的难题；坚持源头控制、中间预处理、末端治理、持续改进环环相扣、层层推进，有效地控制药品研制的每个环节
WX 软件业	外包项目管理具有清晰的流程和项目管理进度；合同管理规范，根据合同考评、监控和评估外包产出；供应商资质审查严格，大都与世界 500 强企业共事；外包双方共同挖掘市场和客户的潜力	外包双方充分了解行业信息（金融、机电等），熟悉客户的业务流程；签署了《全球战略合作伙伴备忘录》，促进外包双方致力于在人才技术培训、软件外包、基于 Net 平台的解决方案开发、技术合作、战略投资等方面开展全面合作
BC 服务业	合同管理有明确的规程和步骤，并根据合同规则和步骤监控、评估供应商行为；供应商选择有标准流程、充分使外包供应商了解外包的流程，制订《信息科技第三方安全管理规范》、《应用系统项目外包管理办法》、《外包管理实施细则》等条例	外包双方相互帮助、共同解决问题；外包中出现任何影响业务的信息，会相互提醒并相互协作；在项目具体实施时，企业均有指定人员全程参与，同时起协调、监督作用

四 研发外包的机理——企业创新绩效

JL 制造业在国内建立了完善的营销网络，拥有全球鹰、帝豪、英伦三大子品牌的 500 多家 4S 店和近千家服务站；投资数千万元建立了国内一流的呼叫中心，为用户提供 24 小时全天候快捷服务；率先在国内汽车行业实施了 ERP 管理系统和售后服务信息系统，实现了用户需求的快速反应和市场信息快速处理。汽车累计社会保有量已经超过 150 万辆。自 2000 年以来，年销售额稳步增长，从 2000 年的 10 万辆增长到 2006 年的 20 万辆，销售增长率超过 100%。在技术研制上，从以丰田 8A 发动机为样板 JL479Q 发动机到自动变速箱、电子助力转向器、CVVT 发动机、防爆胎技术（BMBS），从"土制生产线"到自动流水线，技术创新不断突破。目前已经获得各种专利 718 项，其中发明专利 70 多项、国际专利 26 项；被认定为国家级"企业技术中心"和"博士后工作站"，是省

"高新技术研发中心"。

HZ 药业近年来陆续开展了国家火炬项目新型高效生物兽药磷酸替米可星、省级技术创新亚胺培南项目，基本完成国家发展和改革委员会"国家认定企业技术中心创新能力国家补助基金"项目中的"哺乳动物细胞规模培养生产基因重组药物技术平台建设"计划的要求。另外，"年产 5000 吨聚乳酸树脂及制品高技术产业化示范工程"还被国家发展和改革委员会列入生物质工程专项等。在过去 40 多年，特别是 1990 年以来，产品销售额年均递增 27%，利润总额年均递增 42%，净资产年均递增 33%。

WX 是一家以"创新、健康、睿智"为基本经营理念的高科技软件产业集团，并先后与国际 10 余家国际著名企业建立了战略合资、战略合作关系。目前，WX 是国内最大的网络产品分销商、中国主要的软件出口商之一，在 2004 中国电子信息百强中排名第 48 名，位居 2004 中国软件百强第 7 名，居全国电信行业系统集成商第 1 名，全国信息产品分销、网络集成服务前 5 强，是浙江省唯一"中国电子政务 10 强企业"，并在中国上市企业科技百强等排名中名列前茅。随着 IT 应用服务成为 IT 业的业务主体，WX 目前已形成以分销集成、应用软件、自有品牌产品三大基本业务和以软件出口、机电工程、移动数字娱乐等三大新增业务为主体的互动增值业务体系，在业内具有重要影响力。WX 在应用与服务领域积累了大量成功的案例，可提供的解决方案包括基于网络的 CAD/CAM、数字电视及流媒体技术方案、网上医疗、电信增值服务系统、网上教育、电子商务与电子政务、企业信息化、数字社区与数字家电等。WX 于 2001 年成立，2007 年主营收入 54.5 亿元。7 年来，公司主营业务年复合增长率超过 38%。

BC 银行成立于 1912 年，是中国历史最悠久的银行，连续 12 年被列为《财富》世界 500 强大企业之一。BC 银行以丰富的经验、广阔的渠道、灵活的手段、先进的设备、高效的服务，为客户提供全方位的金融服务。BC 银行致力于建立一个良好的公司治理机制；以高科技为依托，向大公司、大零售业务并重的方向迈进。2008 年，BC 银行致力于为公司客户量身定做全套金融服务方案。在省内同业中率先推出了人民币双向黄金交易，为市民提供了一条使用人民币参与国际黄金市场投资的渠道。为了拓宽市民投资理财渠道，在现有"双向外汇宝、黄金宝"产品功能的基础上，增加了人民币黄金交易功能，投资者可直接用人民币作为保证金，24 小时进行纸黄金的买多卖空交易。研发并推广"大额外币活期存款分层累进计息产品"、"大额无固定期限定期外币存款产品"、"大额外币 7 天、14 天定期存款产品"等大额外币公司存款产品。在全球推出"融易达"供应链融资产品，依托 TSU 电子化网络，在匹配买卖双方单据信息后，占用购货商的授信额度为物产国贸提供融资。开发大公司客户来账信息查询系统和跨境现金管理系统。以汇利达、融信达为代表的"达"系列贸易金融新产品发展迅猛；相继推出买方付息国内信用证、世界银行下属国际金融公司（IFC）担保项下福费廷、出口双保理项下第三方融资等新产品；海外代付、福费廷等海内外合作产品实现跨越式发展；与 SWIFT 组织合作的"TSU 领军银行计划"、参与 IFC 项下的全球贸易融资项目（GTFP）进展顺利；欧洲复兴开发银行（EBRD）、亚洲开发银行（ADB）、泛美开发银行（IDB）项下相关贸易促进计划项目继续推进。基于当前的经济与金融环境，2009 年 BC 行贷款增速预计将达到 17％左右。BC 银行大力发展个人中间业务，积极整合个人外汇及结算业务，提供"一站式"金融服务；扩大"中银汇兑"网点，提升品牌认知度，推广"侨汇通"业务，拓宽境外汇款来源，个人结售汇、国际汇款业务继续保持市场领先地位；加强三级财富管理体系建设；正式推出"中银财富管理"品牌，全年新建理财中心 159 家，财富管理中心 50 家，私人银行 10 家。截至2008 年末，中高端客户和金融资产余额分别较上年末增长 16.44％和 15.97％。

五　案例数据信息编码

在对案例数据描述分析的基础上，本书针对各案例企业的现实情况对其研发外包的维度结构、内外部协调能力和企业创新绩效进行了评判打分，并请被采访人员及专家作出审核和修正，用很差、一般、高、较高、很高五个等级依次从低到高表示了案例企业各项指标的水平，四家企业的数据分析结果如表 3.8 所示。

表 3.8　案例企业研发外包纬度结构、内外部协调能力与创新绩效的汇总与编码

	变量	JL 汽车业	HZ 医药业	WX 软件业	BC 服务业
研发外包维度结构	资源维度	一般	一般	一般	较高
	关系维度	较高	较高	很高	较高
	知识纬度	较高	很高	一般	一般
研发外包协调能力	内部协调能力	较高	较高	较高	一般
	外部协调能力	很高	高	高	较高
企业创新绩效		较高	高	高	一般

第五节　探索性案例的讨论与初始假设命题提出

一　研发外包的模式与企业创新绩效关系

本书在预设模型中提出了效率型和创新型研发模式，而这两种模式对企业

创新绩效的影响不同，下面将通过探索性案例研究支持并细化这一理论预设。

研发外包是企业合理利用研发资源、快速响应市场需求的重要手段之一。JL 汽车业将标准化的技术（如汽车悬挂系统、电子导航设备）外包，企业会给出详细的技术参数和设计要求，供应商根据明确的参数、性能和技术设计书完成研发和制造，缩短市场反应时间。WX 软件业在做好市场调研和系统整体规划后，将代码编写和调试外包给供应商，从而提高研发速度，缩短研发时间。BC 服务业的传统业务，如存取款等交易性业务，日常交易业务的维护和管理交给供应商处理，大大降低人力成本。HZ 医药业通过外包分子筛选、分子合成、安全性检验、临床试验、小试、中试等业务，缩短研发时间。因此，总体来看，企业通过研发外包，提高研发速度，缩短研发时间，提高企业创新绩效。

但是过多地依赖研发外包，特别是前瞻性、未来技术的创新型研发外包，企业将失去自身的核心竞争力，从长远看，企业会丧失研发优势，很难实现技术追赶和技术转换。因此，JL 汽车业在企业发展的同时，加强自身研发能力培养，成立 JL 研究院，拥有 1.0～1.8 升八大系列发动机及八大系列手动与自动变速器的完全知识产权。因此，过多地利用外部技术资源可能影响企业内部研发部门的战略地位，造成对外部技术的过度依赖，导致在关键技术上受到合作伙伴的控制，反而降低企业创新绩效。

同时，环境动态性也对研发外包模式与企业创新绩效的关系起到调节作用。环境变化较大，市场需求日益更新，随着企业的业务扩大，外包强度增大。例如，JL 汽车业 1997 年进入轿车市场领域以来，现在已拥有 5 个生产基地，八大系列 30 多个品种整车产品，研发外包的范围也在扩大。BC 服务业致力于为公司客户量身定做全套金融服务方案，创新了"投资－建设－移交"项目融资结构和协议架构，推广资结构性产品；量身定制汽车企业上游供应商结算融资平台、下游经销商双重结算与融资平台，融资业务从上游企业进一步延伸至终端消费者；研发并推广"大额外币活期存款分层累进计息产品"、"大额无固定期限定期外币存款产品"、"大额外币 7 天、14 天定期存款产品"等大额外币公司存款产品。因此，环境动态性大大促进了企业业务发展和外包强度，提高新产品研制速度，加快对市场的反应。而在稳定环境下，市场需求小，相应的新产品较少，企业与供应商知识、技术传递频率降低，外包强度也降低。

为此，本书提出如下假设，如图 3.3 所示。

模式_命题 1：不同研发外包模式对企业创新绩效的影响不同。

模式_H1a：效率型研发外包模式下，对企业创新绩效起到促进作用，强度越高，创新绩效越好。

模式_H1b：创新型研发外包模式下，研发外包强度不一定对企业创新绩效起到促进作用，超过某一阈值后，反而会降低企业的创新绩效。

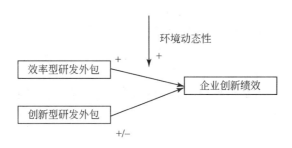

图 3.3 研发外包模式与企业创新绩效的关系

模式_命题 2：环境动态性对研发外包与企业创新绩效的关系起到调节作用。

模式_H2a：环境变化程度越大，效率型研发外包与企业创新绩效的关系越密切，越有可能促进企业创新。

模式_H2b：环境变化程度越大，创新型研发外包与企业创新绩效的关系越密切，越有可能促进企业创新。

二 研发外包的机理-维度结构与企业创新绩效

从表 3.8 中的数据以及上述关于研发外包维度结构与研发外包的协调能力、企业创新绩效的分析可以看出，企业的研发外包资源、关系、知识特性与创新绩效有正向相关关系（图 3.4）。企业的研发外包专用和互补资源，外包双方的信任、相互依赖、沟通、承诺和认知感，隐性知识和显性知识获取，内外部协调能力均有助于提升企业创新绩效。在本案例中，四个案例的资源、关系和知识维度都较高，因此企业创新绩效也较高。

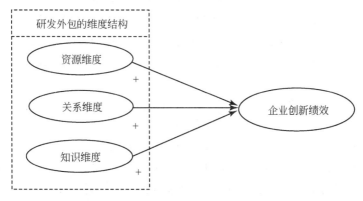

图 3.4 研发外包的维度结构与企业创新绩效的关系

因而，本书提出以下初始假设命题。

机理 _ 命题1：企业研发外包的维度结构（资源、关系和知识）对企业的创新绩效有正向影响。

机理 _ H1a：企业研发外包的资源维度对企业的创新绩效有正向影响。

机理 _ H1b：企业研发外包的关系维度对企业的创新绩效有正向影响。

机理 _ H1c：企业研发外包的知识维度对企业的创新绩效有正向影响。

三 研发外包的机理-维度结构与内外部协调能力

本书在预设模型中提出企业在研发外包关系中所形成的研发外包特性影响研发外包协调能力，从而影响企业创新绩效，下面将通过探索性案例研究支持并细化这一理论预设。

首先，研发外包的资源特性包括专用资源和互补资源。JL 汽车业通过与外包供应商密切合作，只用半年时间快速研制 3G10 发动机，这与 JL 企业本身技术部门详细周密的研发计划和研发水平密不可分，通过系统策划、分包工作、系统合成、测试等环节，快速研制新产品。JL 汽车有限公司积极地与韩国大宇合作，共同设计汽车外观；与济南汽车研究院合作，成立汽车研发实验室，从事汽车的车型、车身、安全测试等开发性设计实验；并与世界顶尖供应商德国 SIMENS、BOSCH、中国宝钢、万向、瑞典 ABB、美国李尔、韩国浦项等合作，提升汽车设计水平和研发能力。HZ 药业每年保持 10 位博士后进站工作，有 20 多位来自美国、德国、意大利等国的海外高级研究人员和技术顾问在多个领域提供技术和信息支撑。WX 软件业是联想、CISCO、华为 3COM、MICROSOFT、INTEL 等国际公司在中国的重要合作伙伴；在机电总包业务单元，德国沃尔夫、意大利 IDRECO 和法国阿尔斯通等公司的技术，为企业提供了先进的整体解决方案。BC 服务业与 IBM、Microsoft、联想等公司保持长期的合作关系，提供技术支持与服务。各企业通过自身和外界资源获取，不断提升自己的研发水平和能力，从而促进外包协调能力的提高，更好地控制外包行为，保证外包顺利进行。

其次，外包的关系治理是外包成功与否的关键。外包关系的建立主要从两方面入手：一是包含任务需求和规则的正式契约；二是以企业信任和属性为基础的心理契约，这些要素对外包关系的影响有着重要作用。JL 汽车实施"优质优价，低质低价，劣则出局，同步研发，同步发展，动态平衡"发展策略；与外包供应商采取同步化工程，共同解决外包过程中的问题。HZ 企业与企业、高校、科研院所结盟或合作过程当中，双方都秉承了相互信任、相互谅解的方针，双方之间建立了良好的信任基础，都能遵守相互的约定；与外包供应商为合作伙伴关系，在企业的战略、使命及价值观上保持一致，促进外包双方在合同管理、供应商管理及问题解决上保持一致性。WX 企业运用"computer＋X"体系为用户构造一个开放的技术平台，使得外包双方有机地融合在一起，通过技术创新快速满足用户不断发展的动态需求；构建一个互动学习的环境，与用户的沟通更加通畅，彼此相互尊重、相互信任，形成忠诚的用户群体，促进外包能力（包括技术能力）提升。BC 企业外包供应商对外包业务负责度较高，全力支持企业的核心业务，并和企业一起挖掘客户的市场和新产品；外包双方沟通比较及时、准确、可行性高、完整性强；能彼此提供帮助，促进外包内外部协调能力的提高。外包双方关系维系的好坏，很大程度上影响外包进度，各企业通过正式或非正式手段，彼此之间相互理解、共同解决问题，有效地提升外包协调能力，促进外包顺利进行。

研发外包与人力资源外包、生产制造外包不同，它更多是知识的传递、创造和获取（陈劲和童亮，2004）。知识日益成为外包整体运作效率的关键性要素之一，各企业采用各种手段获取知识，如 JL 企业定期培训、召开项目会议、双方及时沟通和传递市场和技术信息，帮助员工学习知识。HZ 企业提供网络信息资源使用权限，可查阅世界上 31 个国家和地区自 1907 年以来约 8000 种科技期刊，专利、论文和学术报告文摘；每年投入 50 多万元用于增订、续订各类科技图书、科技期刊及化学文摘杂志，是"中国医药数字图书馆"高级会员单位和美国 Delphion 的无限制用户。WX 企业通过定向实训和订单实训等方式，围绕客户需求，提供多种培训解决方案；开发了仿真项目实训平台。BC 企业采取项目组成员的定期汇报和沟通制度以及相应的技术培训、参观学习等方式；利用各种网络通信技术的相互咨询等各种活动，为合伙伙伴之间显性和隐性知识的传递提供了便利的条件。通过企业内部和外部知识的获取、吸收、消化，企业加强与外包供应商之间的知识传递和沟通，外包双方研发能力提升，易于了解、控制外包进度，促进内外部外包协调，保证外包顺利进行。

因此，本书提出如下命题假设，如图 3.5 所示。

机理＿命题 2：企业研发外包的资源维度水平与研发外包的协调能力密切相关，资源维度水平越高，研发外包协调能力越强，越促进外包绩效提高。

机理＿H2a：企业研发外包的资源维度水平有助于提高研发外包的内部协调能力，资源维度水平越高，内部研发外包协调能力越强，越促进外包绩效提高。

机理＿H2b：企业研发外包的资源维度水平有助于提高研发外包的外部协调能力，资源维度水平越高，外部研发外包协调能力越强，越促进外包绩效提高。

机理＿命题 3：企业研发外包的关系维度水平与研发外包的协调能力密切相关，关系维度水平越高，研发外包协调能力越强，越促进外包绩效提高。

机理＿H3a：企业研发外包的关系维度水平有助于提高研发外包的内部协调

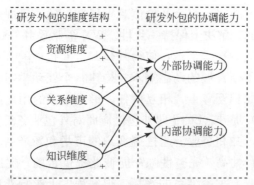

图 3.5　研发外包的维度结构与内外部协调能力的关系

能力，关系维度水平越高，内部研发外包协调能力越强，越促进外包绩效提高。

机理 _ H3b：企业研发外包的关系维度水平有助于提高研发外包的外部协调能力，关系维度水平越高，外部研发外包协调能力越强，越促进外包绩效提高。

机理 _ 命题 4：企业研发外包的知识维度水平与研发外包的协调能力密切相关，知识维度水平越高，研发外包协调能力越强，越促进外包绩效提高。

机理 _ H4a：企业研发外包的知识维度水平有助于提高研发外包的内部协调能力，知识维度水平越高，内部研发外包协调能力越强，越促进外包绩效提高。

机理 _ H4b：企业研发外包的知识维度水平有助于提高研发外包的外部协调能力，知识维度水平越高，外部研发外包协调能力越强，越促进外包绩效提高。

四　研发外包的机理-内外部协调能力与企业创新绩效

本书在预设模型中提出企业的研发外包内外部协调能力对企业创新绩效有重要影响，这一预设在探索性案例研究中得到了有力的支持和验证（图 3.6）。

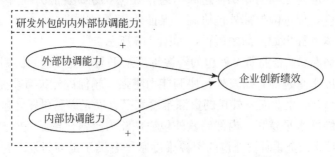

图 3.6　研发外包的协调能力与企业创新绩效的关系

外包不是企业的单独行为，它涉及企业、供应商、客户等上下游整个网络。企业对组织内外活动的协调能力越强，越能促进外包实践的灵活经营，快速开发新产品，降低研发费用，完成企业战略目标，整合外部资源以获得长久的竞争优势（Lejeune et al.，2005），从而弥补企业外包所造成的创新能力的下降。在本书案例中，JL 企业通过供应商的同步化工程，从产品的项目启动、战略评估、目标设定到产品协议、工程设计、验证测试均需要供应商参与并保证时间的一致性，缩短新产品开发时间，降低研发成本，提高企业创新绩效。HZ 企业坚持源头控制、中间预处理、末端治理、持续改进环环相扣、层层推进，有效地控制药品研制的每个环节，实施"样品-分析单-杂质-技术包-药政注册文件"（EHS 体系），对外包供应商环保、质量要求高，产品创新表现一般。WX 企业和 BC 企业充分了解行业信息（金融、机电等），熟悉客户的业务流程，外包双方共同挖掘市场和客户的潜力，不断开发新产品，满足市场和客户的动态需求，促进企业的创新绩效。

通过上述分析，本书提出如下初始假设命题。

机理_命题 5：企业研发外包的内外部协调能力与创新绩效密切相关。

机理_H5a：企业研发外包的内部协调能力有助于提高创新绩效，研发外包内部协调能力越强，企业的创新绩效越高。

机理_H5b：企业研发外包的外部协调能力有助于提高创新绩效，研发外包外部协调能力越强，企业的创新绩效越高。

本 章 小 结

本章通过对四个中国企业的案例探索性研究，探析了在开放式创新背景下，研发外包的模式、运作机理及对创新绩效的作用机制，认为不同研发外包模式对企业创新绩效的影响不同，环境动态性对其关系起到调节作用。研发外包的资源、关系、知识特性促进了研发外包的协调能力，进而提升企业的创新绩效。

1. 通过探索性案例推出研发外包的模式初始假设命题

模式_命题 1：不同研发外包模式对企业创新绩效的影响不同。

模式_H1a：效率型研发外包模式下，对企业创新绩效起到促进作用，强度越高，创新绩效越好。

模式_H1b：创新型研发外包模式下，研发外包强度不一定对企业创新绩效起到促进作用，超过某一阈值后，反而会降低企业的创新绩效。

模式_命题 2：环境动态性对研发外包与企业创新绩效的关系起到调节作用。

模式_H2a：环境变化程度越大，效率型研发外包与企业创新绩效的关系越密切，越有可能促进企业创新。

模式_H2b：环境变化程度越大，创新型研发外包与企业创新绩效的关系越密切，越有可能促进企业创新。

2. 通过探索性案例推出研发外包的机理初始假设命题

机理 _ 命题 1：企业研发外包的维度结构（资源、关系和知识）对企业的创新绩效有正向影响。

机理 _ H1a：企业研发外包的资源维度对企业的创新绩效有正向影响。

机理 _ H1b：企业研发外包的关系维度对企业的创新绩效有正向影响。

机理 _ H1c：企业研发外包的知识维度对企业的创新绩效有正向影响。

机理 _ 命题 2：企业研发外包的资源维度水平与研发外包的协调能力密切相关，资源维度水平越高，研发外包协调能力越强，越促进企业创新绩效提高。

机理 _ H2a：企业研发外包的资源维度水平有助于提高研发外包的内部协调能力，资源维度水平越高，内部研发外包协调能力越强，越促进企业创新绩效提高；反之，内部研发外包协调能力越弱，企业创新绩效下降。

机理 _ H2b：企业研发外包的资源维度水平有助于提高研发外包的外部协调能力，资源维度水平越高，外部研发外包协调能力越强，越促进企业创新绩效提高；反之，研发外包外部协调能力越弱，企业创新绩效下降。

机理 _ 命题 3：企业研发外包的关系维度水平与研发外包的协调能力密切相关，关系维度水平越高，研发外包协调能力越强，越促进企业创新绩效提高。

机理 _ H3a：企业研发外包的关系维度水平有助于提高研发外包的内部协调能力，关系维度水平越高，内部研发外包协调能力越强，越促进企业创新绩效提高。

机理 _ H3b：企业研发外包的关系维度水平有助于提高研发外包的外部协调能力，关系维度水平越高，外部研发外包协调能力越强，越促进企业创新绩效提高。

机理 _ 命题 4：企业研发外包的知识维度水平与研发外包的协调能力密切相关，知识维度水平越高，研发外包协调能力越强，越促进企业创新绩效提高。

机理 _ H4a：企业研发外包的知识维度水平有助于提高研发外包的内部协调能力，知识维度水平越高，内部研发外包协调能力越强，越促进企业创新绩效提高。

机理 _ H4b：企业研发外包的知识维度水平有助于提高研发外包的外部协调能力，知识维度水平越高，外部研发外包协调能力越强，越促进企业创新绩效提高。

机理 _ 命题 5：企业研发外包的协调能力与创新绩效密切相关。

机理 _ H5a：企业研发外包的内部协调能力有助于提高创新绩效，研发外包内部协调能力越强，企业的创新绩效越高。

机理 _ H5b：企业研发外包的外部协调能力有助于提高创新绩效，研发外包外部协调能力越强，企业的创新绩效越高。

以上初始命题假设是本书提出的研究假设和概念模型的重要基础，在下面的章节中，本书将进一步对这些假设命题进行文献展开和论述。

第四章

研发外包的模式划分及其对企业创新绩效的影响

通过第三章的探索性案例分析，本书提出了效率型和创新型研发外包模式，及其与企业创新绩效影响的初始命题。本章将针对这些命题，结合已有的相关研究展开理论探讨和实证分析，深入探讨研发外包与企业创新绩效的关系及环境动态性对两者关系的调节作用。

第一节　研发外包的模式：效率型和创新型研发外包

━ 研发外包的模式划分综述

研发过程包括市场调研、产品概念形成、产品计划、产品开发、中试、发布、大批量生产几个部分。因研发外包的驱动因素不同，其外包模式也多种多样，大部分学者从技术、外包内容和对象、外包程度、外包契约关系等角度进行了探讨。

1. 单纬度划分方式

1）从技术角度

企业采取研发外包策略是为了获取外部技术资源，根据技术的复杂程度，可分成技术基础型研发外包模式、技术发展型研发外包模式和前瞻型研发外包模式（Lan Stuart et al.，2000）。技术基础型指的是技术接近"核心技术"，围绕现有的产品和工艺进行改进，其外包技术是成熟技术（mature technology）。技术发展型即技术是新兴技术（emerging technology）或已开始影响企业产品或工艺设计技术，其外包技术有可能与企业的核心技术相重叠，可能来源于互补型应用技术（complementary applied technology）。前瞻型研发主要是探索前沿技术和跟踪前瞻性技术。

根据技术分享特点，可分为成分享创意和研发规划的外包模式、例行设计任务外包模式和与供应商合作启动新设计项目模式。在分享创意和研发规划（如掌上电脑、移动计算和通信领域）模式下，外包从原始设计开始，一般是潜在的技术、产品和市场。例行设计任务外包模式下（如通信行业），外包从平台设计开始（架构设计），一般是成熟技术、产品和市场。与供应商合作启动新设计项目（消费电子市场）是战略性开发协议，一般是前瞻性、战略性、主导设计（沈辛，2006）。

2）从外包内容和对象划分

大部分学者将研发外包内容分为核心业务外包（core outsourcing）和边缘业务外包（peripheral outsourcing）模式（Gilley et al.，2000；Quinn，2000）。Tomas and Padron-Robaina（2006）在"核心论"基础上提出核心业务外包（core outsourcing）、互补型业务外包（complementary outsourcing）和非核心业务外包（non-core outsourcing）模式。

按外包对象可划分为早期研发外包、基础研发外包和高级研发外包。基础研发外包一般外包给大学、研究所等科研机构；早期阶段研发外包主要在半导体、航空航天、计算机与食品等产业实施，对这些产业而言，任何一家公司的实力无法超越其他公司的创新总和。高级研发外包一般由技术实力雄厚、创新成效显著的少数企业完成，通常以最低费用、更快速度、更小的风险赢得成功（徐姝，2006b）。

3）从外包程度划分

按外包程度可划分为完全研发外包和部分研发外包模式。完全研发外包将研发的整个过程全部外包给其他企业和大学与研究所，企业直接享用其他单位的研究成果。部分研发外包即企业自主承担新产品开发过程中部分系统或模块设计的工作，将其余部分交其他单位完成（林菡密，2004）。

4）从外包契约关系角度划分

根据外包合同中管理控制权和产权排他性程度的不同，可分为内制模式（高控制高产权）、市场模式（低控制低产权）和混合模式（一定程度的控制权和产权）。内制模式将供应商看成内部资源，对相应的研发项目过程有完全的控制权，对研发成果具有排他专有权。市场模式即供应商对研发具体过程不控制，研发成果除自用外，不反对供应商使之商业化出售给其他企业。混合模式是企业对供应商的研发过程进行一定程度的控制，并拥有对项目成果的相对所有权（Ulset，1996；楼高翔等，2007）。

2. 多纬度划分

1）从技术、市场、创新角度划分

Balachandra 和 Friar（1997，1999，2007）分别从技术（熟悉或不熟悉）、市场（新或旧）和创新（渐进或突破）三个纬度将研发外包划分为八种模式（图4.1、表4.1）。

2）从资源整合和企业战略划分

企业采取研发外包策略并不意味着企业放弃研发，相反，要不断加强内部研发，达到内外研发资源的整合。按照企业运营结果和经营效果，可以将资源利用方式分为接入、管理、优化和创新四种模式。因此，其研发外包模式可分为效率型、增强型和转变型。效率型关注运营效率，通过削减成本或成本控制提高运营效率；增强性主要是对现有服务或业务流程优化，从而使企业获得竞争优势；转变型直接影响企业经营战略，通过显著的商业模式转变为企业带来新的市场和技术（琳达·科恩和阿莉·扬，2007）。

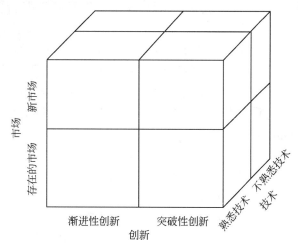

图 4.1　Balachandra 和 Friar 的研发外包模式

表 4.1　Balachandra 和 Friar 研发外包不同模式

序号	创新性	市场	技术	事例
1	渐进性	存在	熟悉	清除牙垢的牙膏
2	渐进性	存在	不熟悉	WINDOW95 软件
3	渐进性	新市场	熟悉	纯净水卫生系统
4	渐进性	新市场	不熟悉	微波废物处理系统
5	突破性	存在	熟悉	连续铸铁机
6	突破性	存在	不熟悉	MPP 超能计算机
7	突破性	新市场	熟悉	家用热牛奶咖啡壶
8	突破性	新市场	不熟悉	数字视频光盘

资料来源：Balachandra R，Friar J F. 1999. Managing new product development processes the right way. Information Knowledge Systems Management，1（1）：33-43. 经作者整理.

3）从供应商能力和企业战略划分

企业研发外包成功与否取决于供应商的能力，特别是战略性研发外包模式要求供应商具有较高的技术、知识和市场运作能力，研发风险大。因此，按供应商开发能力（知识、技术诀窍、经验）和开发风险划分为常规研发、重大研发、短期研发（arm's length）、在战略研发模式。战略研发模式下，研发风险高，供应商参与度高。供应商较早介入产品的开发概念阶段，而该阶段产品的设计和理念是模糊、不确定的，需要供应商和制造商之间进行多方面的信息交流（技术、商业、项目计划、进展）。重大研发模式下研发风险高，供应商参与程度不高。供应商主要参与研究界面设计、工作片段连接、传输机制等环节，与制造商之间交换的信息主要是市场信息和技术信息。短期的研发模式下研发风险不高，制造商给予的研发内容明确详细，供应商参与研发具体设计，与制造商交换信息较少。日常研发模式风险低，供应商参与程度低，制造商控制整个研发技术或原材料采购标准，监控并保证整个项目进展顺利，避免系统建设或测试误差（Finn et al.，2000）。

按外包的内容及在整体战略中的重要性划分为效率模式、能力模式和战略模式。效率模式指的是外包标准化的服务，每一个环节都有自己的既定目标；针对研发活动中的某一特定工作或环节的行为；合作伙伴不需要太多专业知识，接受的委托条款较少，注重费用、能力、是否满足客户需求。能力模式即公司内部具备极好的能力，外包只是对能力的补充。合作伙伴规模有大有小，注重其能力、服务。战略模式，即合作伙伴具备较多专业知识，注重技术、管理、应变能力，长期合作（邱家学和袁方，2006）。

二 效率型和创新型研发外包模式

如上所述，在探讨外包模式划分的研究中，有的学者采用理论模型，如Balachandra 和 John（1997）从技术、市场和创新型三方面划分了八种外包模式；Dibbern（2004）从外包程度（全部、选择性和不外包）、模式（单一或多个供应商）、所有权（核心企业或外包商部分拥有知识产权）、时间（长期或短期）进行划分。琳达·科恩和阿莉·扬（2007）从企业战略和资源整合角度提出三种模式。

一般来说，大部分学者根据"核心论"的思想，将外包模式划分为"核心"和"非核心"两种模式（Quinn et al.，1994；Gilley et al.，2000；Arnold，2000；Espino-Rodriguez et al.，2006）。然而，"核心"和"非核心"的划分方法并不适合研发外包。研发外包本身是与企业"核心"技术和知识密切相关的业务，很难用"核心"和"非核心"加以区分。同时，多维度的划分方式太复杂，很难准确描述研发外包。因此，需要从技术、市场、资源的角度重新划分研发外包模式。

首先，本书从研发的特征和本质出发发现，成功的企业，无论其技术能力、研发水平多高，总是致力于两种创新模式：渐进性和突破性创新（Christensen et al., 2000）。Schumpeter（1942）指出，企业总是置身于创新的两难境地：渐进性创新和突破性创新。Christensen（1997）也提出颠覆性创新和持续创新两种模式。因此，后续学者以创新类型为契机，探讨不同外包行为。例如，Azoulay（2004）提出两种外包模式：信息性（data-intensive）外包和知识性（knowledge-intensive）外包。信息性外包指的是常规操作、仓储、信息转化，创新性不高；知识性外包指的是创新性概念、假设和偶发性协作，创新性较高。Azoulay 通过对 6826 例医疗实验的检验，结论表明"信息性的外包项目易于外包，而知识性外包项目不易外包"。Zott 和 Amit（2007）提出效率型（routine）和创新型（novel）商业模式。效率型商业模式的目的在于降低交易成本，其创新性低；而创新型商业模式目的在于转变经济模式，创新性高。通过对 190 家企业的数据分析，得出结论是"效率型商业模式对企业绩效无影响，而创新型商业模式与企业绩效正相关"。因而，本书从创新的平衡角度出发（unbundling the innovation），拟将研发外包划分为效率型和创新型两种模式。

效率型和创新型两种模式的划分角度主要基于三个方面：

（1）从研发的性质角度看，效率型和创新性替代核心和非核心划分方式。众所周知，研发本身代表企业的核心技术和知识，无法用"核心论"加以区分。而研发内容，有的是复杂、前沿及新型技术，创新性较高，称为"创新型"研发；有的是简单、不复杂成熟技术，创新性不高，称为"效率型"研发。

（2）从研发决策的角度看，效率型和创新型是企业外包与否的平衡点。针对效率型研发外包，企业的目标是降低研发成本和风险，加快研发速度，无论是"核心"还是"非核心"，均会外包；而创新型研发外包，如果是"核心"业务企业一般会保持在企业内部而防止技术和知识流失。如果是"非核心"的，是否外包则取决于企业现有的能力、战略和新产品周期。因此，效率和创新性研发外包划分有利于企业进行"自制或购买"（make or buy）决策。

（3）从企业创新绩效的角度看，效率型和创新型研发外包模式是区别企业创新绩效强度的重要因素。按照创新强度的不同，技术创新可以分为渐进性创新（incremental Innovation）与突破性创新（radical Innovation）。正如 Christensen（1997）所说，"企业永远处于创新的两难境地：颠覆性创新和持续创新"。因此，一个企业一方面要不断革新技术，实现技术突破和商业模式转变，另一方面又要持续改进、完善现有的技术，实现持续增长。效率型研发外包针对现有成熟技术、市场进行外包行为，一般代表渐进性创新；而创新型研发外包针对新兴、前沿技术及新市场进行外包行为，一般代表突破性创新。

其次，本书从第三章的探索性案例角度出发，探讨不同企业的研发外包模式（表4.2）。通过对四个案例的研发外包技术、市场、创新性及需求性分析，进一步验证了本书的研发外包模式划分标准。

表 4.2　案例企业的研发外包模式汇总

案例	效率型研发外包	创新型研发外包
JL 汽车业	外包的动因提高整车生产周期，缩短研发周期；供应商主要为国内；研发技术大部分为成熟技术且市场趋于稳定	外包的动因是研制新产品，占领市场；国内外供应商提供技术支持；核心技术（如传动装置、发动机）含量较高，包括未来技术；可开辟新市场；研发不确定因素多
HZ 药业	外包的动因是提高企业的运作效率，降低成本，加快新药的开发；研发需求很明确；成熟技术和市场；与研究机构、高校合作较多；企业整合能力强	外包动因自己能力不够，需借助外界研发机构；新药试制和研发；技术含量高，可作为企业的未来技术储备；一旦成功，可给企业带来很好的收益
WX 软件业	外包的动因是减少重复工作、降低成本（隐形的软件维护和服务成本）、减少二次开发；核心技术平台不变，原有技术或流程的完善和改进；研发需求明确	外包动因现有市场竞争激烈、利润较低，必须创新，引入新思想；通用基础平台设计与研发，为企业技术和市场长期规划；结合某个行业（如证券、金融市场），提出有创意的产品以改善业务流程
BC 服务业	外包的动因是提高企业的运作效率，节省人力、物力和财力，追求项目短、平、快完成；市场和客户成熟；技术要求不高，核心技术不变，平台升级；研发需求明确	战略的差异化、服务领先性（提高企业的竞争力，快速占领市场），不断满足市场和客户需求；业务创新性高；对企业现有流程进一步提升和革命性变革；新的商业模式，为企业带来巨大利润；研发需求不明确、研发结果难以阶段性评定

　　因此，基于以上学者的各维度划分，在借鉴 Balachandra 和 John（1997）、琳达·科恩和阿莉·扬（2007）分类的基础上，本书从企业战略、技术和创新性角度将研发外包模式分为以下两种：效率型（routine）和创新型（novel）（图4.2），既弥补原有业务相关的单维度划分方法，又简化了多维度划分的类型，使企业研发外包模式的界定更为清晰，丰富和完善了研发外包模式的内涵。

图 4.2　研发外包模式的分类

在效率型研发外包模式下,研发需求是确定的,研发目标是降低成本、提高企业运营效率;研发外包技术为成熟技术,市场成熟性高,创新性较低。其特征是:①主要应用于改进企业技术和市场,解决企业现有的人力、时间等问题;②可以产生容易度量的绩效,如研发成本降低、效率提高(短、平、快);③松散管理、重复性、可替代性强、附加值低;④研发需求确定、任务定位、结构化流程,不确定性低。效率型通常位于外包的低端,一般提供基础性的服务。企业在初始阶段采取效率型外包,目的主要在于在保持服务供应连贯性的同时实现成本控制或成本削减,并突出企业的主业。所以,一般效率型外包建立在确定服务需求或质量水平协议的基础之上,强调成本控制和提高稳定性(琳达·科恩等,2007)。

在创新型研发外包模式下,研发需求是不确定的,研究目标是企业获得新收益、新技术和新市场,从而实现商业转变;研发的技术是前瞻性、未来技术、具有较高的创新性。其特征是:①创建新市场、新技术,提高企业的竞争力;②其绩效难以预先测度,进度缓慢;需分阶段推进和完善;③紧密合作关系,研发内容可推广和延续、有所突破、附加值高、难以模仿和替代;④研发需求不确定,非结构化流程,不确定性高。创新型外包模式是外包的高层次的资源利用关系。它的目标在于通过创造新收益、战胜对手,甚至改变企业的运营基础促进企业竞争力的创新或极大改善。创新型外包内容往往涉及企业核心,因此与供应商之间是一种紧密的伙伴关系,双方达成对战略的共识,并拥有能及时融合双方目标的流程,成功实施与计划必须依靠企业与供应商之间的相互交流、相互信任的结果,从而形成一种全新的商业模式,强占市场和产品先机,两种模式的特点如表 4.3 所示。

表 4.3 效率型和创新型研发外包模式特征比较

项目	效率型	创新型
研发战略	防守型:成本(人力不足,时间紧;不想投入更多的人力物力);提高效率,短、平、快;追求效率	开拓型:差异化,领先性(提高企业的竞争力,快速占领市场)
研发特点	重复性;可替代性强;在原有平台基础上改进、更新、增加和完善,无系统结构变化;附加值低	设计原型多,环节多;进度缓慢;可推广和延续;有所突破;附加值高;难以模仿和替代
研发组织模式	单部门,简单/级别低(项目采购/费用申请)	多部门,复杂/级别高(高层管理人员、业务人员、技术人员参与)
研发计划与控制	以发包方计划控制为主,承包方实施;注重结果	以承包方为主,发包方辅助完成;注重过程

续表

项目	效率型	创新型
研发需求和内容	一次性，针对研发活动中的某一特定工作或环节的行为；研发内容明确详细，具体的研发设计	公司享有创意，能力不足，需要合作伙伴支持；产品的开发概念阶段，即产品的设计和理念是模糊、不确定的，需要供应商和制造商之间进行多方面的信息交流
研发项目评价	整体评价	设立阶段性目标，分阶段评价
研发项目流程	开发和测试	需求分析，系统架构，开发和测试
研发供应商选择	相对固定供应商，和现有产品有密切关系，基于原有平台改进和更新，如更换、转化成本高（对现有系统现状，整体架构，产品结合度熟悉程度）	不固定，新产品新市场，背景，合作经验不重要，关键是有成功案例，可借鉴，产品领先
与供应商关系	简单（买卖关系），松散	复杂（合作关系），紧密
研发知识管理	显性知识更多	隐性知识更多（品牌，能力，无形资产）
研发合同	短期	长期（分阶段）
技术/市场/客户	成熟/固定	新/不固定
研发人员	技术人员为主；灵活，临时组建，松散	核心的业务权威人士，核心技术人员，桥梁人物；固定人员，自己的团队，紧密

第二节　研发外包模式对企业创新绩效影响的理论分析

研发外包与企业绩效的关系研究中最具代表性的是 Gilley 和 Rasheed（2000）的研究，他们主要探讨外围业务外包和核心业务外包对公司财务和非财务绩效的影响。实证研究结果表明：外围业务和核心业务的外包与企业创新绩效无关，而公司战略、环境变化对外包与绩效的关系有调节作用。Arbaugh（2003）以中小企业为例也证实了这一点，企业外包与企业绩效无直接关系，而受到企业战略影响：在企业收购和合并策略下，外包与企业绩效正相关。Tomas 和 Padron-Robaina（2006）则从资源角度分别探讨稀缺资源、模仿资源、可替代资源对外包及企业绩效的影响。结果表明：核心和互补型外包（在不合理的决策框架下）与企业绩效负相关；而非核心业务外包与企业绩效正相关。这些研究均为分析研发外包与企业创新绩效的关系提供理论框架。研发外包对企业创新绩效的影响如何？效率型和创新型研发外包模式与企业创新绩效的关系有何区别？环境动态性是否有调节作用？这些均是企业亟待解决的问题。

一　研发外包对企业创新绩效的促进作用

在开放式的创新环境下，研发外包是企业获取技术支持、促进生产和销售的新手段（Frans et al.，2007）。在保持企业内部研发的基础上，企业应该密切地寻求外部技术，充分吸收和利用外部研发资源以弥补企业内部研发的空白。特别是对于复杂产品系统（如汽车、飞机），由于其涉及的技术和产品结构复杂，包含的零部件数量多，单个企业很难独立完成产品的研发过程（Teece，1986），必须将研发工作部分或全部外包出去。因此，研发外包逐渐成为企业削减研发成本、完成研发项目的重要手段之一。

研发外包对企业创新绩效的促进作用主要体现在如下几个方面：一是研发外包是企业合理利用研发资源，快速响应市场需求的重要手段之一。在竞争激烈的环境中，一个企业很难拥有全方位的资源优势。企业若将资源分散到各个环节，势必造成资源的浪费，也不利于自身竞争优势的培育（苏敬勤等，2006）。通过研发外包，企业将内部资源有针对性地重点投放在核心业务上，有效地支持企业核心能力战略的应用和实现（Quinn，1994）。同时，研发外包可以将庞大的研究项目化整为零，让众多的专业研发机构"承包"，从而降低研发风险，提高了研发速度（方厚政，2005）。二是研发外包是企业降低研发成本、获取新技术和技术变革的新型战略之一。随着全球市场竞争加剧，持续开发新的技术和产品变得尤为重要，研发成本也日益增加。因此，越来越多的跨国企业将研发交给符合他们标准的本土研发外包机构（CRO），以达到研发成本降低的目的。对于信息技术、医药等大型知识密集型企业，要维持自身在该行业的领先地位，企业必须持续创新和改进技术。因此，从外界不断获取创新所需的基础研究成果、新技术、新思路成为企业研发外包的一个重要原因。研发外包加速企业技术转换和技术追赶，特别是全球外包的企业，从全球领先技术企业筛选出与本企业业务最相关的核心技术，实现技术转换。

综上所述，研发外包帮助企业充分利用和整合企业内外部知识和技术资源，特别是前瞻性、未来技术，填补企业技术知识和技术机会空白，是企业竞争资源的互补（Quadros et al.，2007），带动整个产业链的提升（程源等，2004），从而促进企业创新绩效的提高。

二　研发外包对企业创新绩效的负面作用

实施研发外包，企业拓展自己的技术和知识层面，提高创新绩效，但过度的外包也会给企业绩效带来负面效应。Quinn（1994）指出企业外包所面临的三大风险是：失去关键能力或发展能力的风险、失去交互能力及对外包控制的风险。Earl（1996）提出外包面临的十大风险，其中包括失去创新能力、管理贫弱、资源外包的内部不确定等方面。

而研发外包与人力资源外包、生产制造外包不同，它更多的是知识的传递、创造和获取（Quinn，2000）。项目外包失败，其中一个很重要的原因是缺乏知识的流动和保护（吴锋等，2004a），而知识与外包控制是密不可分和互补的（Tiwana et al.，2007）。因此，研发外包的负面影响主要体现在四方面：一是外包管理失控。因接包商是企业外部独立运作的实体，双方是合作伙伴关系而不是隶属关系，如发包商高层管理人员无法对外包的内容和进度进行掌控，必将对业务失去控制（汪应洛，2007）。二是外包技术失控。如果企业将所有的技术创新活动外包，特别是前瞻性、未来技术外包，企业将失去自身的核心竞争力，从长远看企业会丧失研发优势，很难实现技术追赶和技术转换。同时，过多地利用外部技术资源可能影响企业内部研发部门的战略地位，造成对外部技术的过度依赖，导致企业在关键技术上受到合作伙伴的控制（陈钰芬，2008）。三是知识的流失。企业研发的机密信息诸如企业未来的研发战略、技术路径等可能被外包商泄露出去，这是委托方企业在研发外包时面临的另一个重要风险（方厚政，2005）。特别是以技术为基础的企业，当供应商掌握企业的核心技术后，可能转为自主开发或直接向竞争对手出售，给企业带来很大损失（苏敬勤等，2006）。四是隐藏成本。采取研发外包可削减企业高昂的研发费用，企业往往只注重短期成本的降低，而忽视了长期的、隐藏成本。隐藏成本主要包括对供应商的管理和监控成本、转换成本和环境动荡性成本。供应商管理与监控成本主要指企业投入研发外包管理的人力资源和运作成本；转换成本主要是培育、发展和完善供应商技术能力和研发能力的成本（汪应洛，2007）。在技术日益复杂、市场环境动荡变化的情况下，研发项目不确定性、技术的不连续性增加大量技术更新、转换成本，并需发包商花费大量时间帮助和辅导供应商制定研发方案，导致费用上涨。

综上所述，研发外包的实施需要企业投入一定的成本，过度的外包会使企业关键技术知识泄露，内部研发能力下降，从而降低企业的技术创新能力，可能给企业的创新绩效带来负面影响。

一般来说，对于效率型研发外包，其外包的目的主要是降低企业成本，提高企业的运营绩效。而且，效率型研发外包技术一般为成熟、标准性技术，其知识泄露和技术复杂程度较低，创新性较弱，企业对供应商的控制能力较强，因此，外包对企业的促进作用较大。

而创新型研发外包，其外包技术是前瞻性、未来技术，创新性较高。如果一味地依赖外包，必然从根本上破坏企业的技术创新能力，缺乏组织学习的载体，不能形成"研发工作—知识积累—研发工作"的良性循环（尹建华，2005），从长远看企业会丧失研发优势。

基于以上的分析，我们得出以下假设 H1。

模式 _ H1：不同研发外包模式对企业创新绩效的影响不同。

模式 _ H1a：效率型研发外包模式下，研发外包强度与企业创新绩效呈线性正相关的关系，强度越高，创新绩效越好。

模式 _ H1b：创新型研发外包模式下，研发外包强度与企业创新绩效存在倒 U 形的曲线关系，强度越高，创新绩效越好；但超过某一阈值后，强度越高，创新绩效越差。

三 环境动荡性的调节作用

环境动态性指的是环境变化的频率高低、是否有固定的模式可循，以及是否可预测性等特性，其主要的两个维度是环境变化的速度与环境变化的难以预测性（刘学峰，2007）。

环境动态性的形成主要有三方面的原因：环境的快速变化、构成环境的参与者的快速变化以及对上述两种变化进行预测的困难（Milliken，1987）。因此，一个动态的环境表现为动态化、难以预测、市场容量不断扩大或起伏不平，其核心就是变化。这种动态的环境造成了事件原因与结果之间关系的模糊性，因而企业无法继续仅依赖经验作出相关决策（Dess et al.，1984）。

环境的动态性也影响研发外包与企业创新绩效的关系。当环境动态性增加时，外包水平也会增加（Gilley et al.，2000）。而且，当新技术出现时，外包企业将技术探索费用或质量提高要求转移到供应商身上（Dess et al.，1995），企业越倾向于外包，从而降低技术和市场不确定的风险，提高企业创新绩效。在动态环境下，将出现新的技术和市场机会，创新源较多，为快速应对市场变化和加速技术开发，企业更倾向于利用新兴技术而不投资技术开发（Quinn，1994），外包强度更大。而在稳定的环境下，技术发展和产品市场需求变化较少，和技术密切相关的供应商优势很难体现，外包强度可能降低。同时，企业在外包时，其核心竞争优势主要体现在如何掌控和协调其内外部资源、技术和相关知识方面。在相对稳定的环境下，企业很难将技术和需求转变过程的相关经验、技能、知识传授给供应商，供应商已有的知识和技术体系不能适应快速变化环境，从而导致外包强度降低（Gilly et al.，2000）。

因此，本书提出如下假设 H2。

模式 _ H2：环境动态性对研发外包与企业创新绩效的关系有调节作用。

　　模式 _ H2a：环境变化程度越大，效率型研发外包与企业创新绩效的关系越密切，越有可能促进企业创新。

　　模式 _ H2b：环境变化程度越大，创新型研发外包与企业创新绩效的关系越切，越有可能促进企业创新。

第三节　研发外包模式对企业创新绩效影响的实证分析

　　为了深入、有效地分析研发外包与企业绩效的关系，本书进行了定量的实证研究。研究方法主要采取问卷调查形式，下面将详细阐述问卷设计、数据收集、变量测度及统计结果。

一　研究方法

1. 问卷的基本内容

　　本书的问卷设计，主要围绕着研发外包与企业绩效的关系，运用描述性统计分析、因子分析、回归分析对这些数据进行处理，探讨效率型和创新型研发外包与企业绩效的关系及环境动态性的影响。围绕这部分的研究目的和研究内容，所设计的调查问卷包括五个方面的基本内容（详见附录2）。

　　(1) 问卷填写者与企业的基本信息；

　　(2) 企业研发外包的类型；

　　(3) 企业研发外包的强度；

　　(4) 企业的绩效；

　　(5) 企业所面临的环境变化程度。

2. 问卷设计过程

　　量表的开发包括三个阶段：题项（item）产生、专家确认和预测试（pilot test）（Hinkin，1995）。在对研发外包的量表设计、分析和验证过程中，本书采取了以下步骤。

　　(1) 文献研究。在对企业研发外包、外包强度、模式、创新绩效、环境动态性等文献进行阅读分析的基础上，借鉴其中权威研究的理论构思以及被广泛引用的实证研究文献中的已有量表，并结合前述探索性案例研究中的访谈调研结果，本书对变量的各题项进行设计，形成了问卷初稿。

　　(2) 实践访谈。根据本书对研发外包的分类假设，对 10 家企业进行了半结构化的访谈，访谈提纲见附录 1。访谈的目的有三：一是初步验证对研发外包的模式分类；二是征询被访谈者对本书重要问题的意见，包括研究模型的表面有效性，检验本书主要问题的实际意义；三是深入挖掘研发外包强度的测度方法，并测试其正确性和合理性，对问卷进行了第一次修正。

（3）专家和学者的反馈。问卷征询了笔者所在的学术团队，包括数位教授、副教授、访问学者以及 20 多位博士生和研究生对初步问卷的意见，根据团队的建议对初始调查问卷进行了修改，对问卷进行了第二次修正。

（4）量表预测试。本书根据步骤（2）、（3）获得的量表编制问卷，采用李克特（Likert）七级量表，向外包企业发放。根据回收的数据，进行初步检验，对问卷作进一步的完善和修改，并形成了调查问卷的最终稿（附录 2）。

为提高问卷的客观性和准确性，减少因答卷者不了解所需答案而产生的负面作用。本书首先在问卷上对主要概念进行辨析，并选取在该企业工作两年以上，对企业整体情况较为熟悉的中层以上管理人员填写问卷。对于一些可能涉及企业商业机密信息或敏感性的问题，问题的答案设计成区间范围供被调查者选择，以提高回答者的响应率。在题项的安排上，尽量准确而简洁，避免双重意思、诱导性和依赖记忆才能回答的问题，确保答题的准确性。

3. 数据收集

本书中的调查对象确定为成立三年以上的大中型企业。为方便操作，我们按照《中国大名录》和浙江省省级技术中心企业名录单，采取随机抽样并辅助判断抽样的方法抽取部分企业。

本书的问卷调查主要通过三种途径进行：

第一种是以信函和电子邮件方式进行间接发放。问卷调查从 2007 年 6 月中下旬正式开始，在确定调查对象和答卷者的选择原则后，从《中国大名录》和浙江省省级技术中心企业名录中抽取 55 家企业，通过书信或电子邮件两种形式发放调查问卷，并附上简单的研究背景、调查目的和重要性、样本选择、被调查对象选择的基本要求等说明，请他们填写问卷。以书信形式发放的问卷信函中，随信附上了回邮信封和足额邮资，以期提高问卷的回收率。通过这种方式共回收问卷 30 份。

第二种形式是现场发放。研究者对原先有联系的 31 家符合条件的企业采用现场发放的形式请企业高层领导或技术中心负责人填写（部分现场回收，部分以邮寄方式返回），共回收 31 份。

第三种形式委托浙江工商大学、浙江大学的相关部门在 MBA、EMBA 的课堂上发放，从中选取了 38 家典型企业，共收到 21 份问卷，具体情况如表 4.4 所示。因此，共回收了 82 份问卷，但因 4 份没有区分研发外包类型，2 份填写内容全趋于一致，3 份部分题项未作答，共 9 份问卷无效，实际有效问卷为 73 份。样本基本特征的分布情况如表 4.5 所示。

表 4.4 问卷发放与回收情况

问卷发放形式	发放数量/份	回收数量/份	回收率/%	有效数量/份	有效率/%
笔者走访	31	31	100	31	100
E-mail 或邮寄	55	30	55	24	44
委托教育机构	38	21	55	18	47
合计	125	82	66	73	58

注：问卷回收率＝问卷回收数量/问卷发放数量；问卷有效率＝问卷有效数量/问卷发放数量。

表 4.5 样本基本特征的分布情况统计（$N=73$）

企业特征	企业分类	样本数/个	百分比/%	累计百分比/%
企业员工	500 人以下	37	50.7	50.7
	500～1000 人	7	9.6	60.3
	1000 人以上	29	39.7	100
企业时间	5 年以下	14	19.2	19.2
	5～10 年	19	26	45.2
	10 年以上	40	54.8	100
企业性质	国有	26	35.6	35.6
	集体	6	8.2	43.8
	民营	20	27.4	71.2
	三资	7	9.6	80.8
	独资	10	13.7	94.5
	其他	4	5.5	100
企业行业	电子技术	10	13.7	13.7
	通信	12	16.4	30.1
	软件	4	5.5	35.6
	生物制药与化工	6	8.2	43.8
	制造业、机电、纺织	28	38.4	82.2
	服务	13	17.8	100
研发费用	小于 500 万	19	26	26
	500 万～3000 万	17	23.3	49.3
	3000 万以上	37	50.7	100
国外供应商	有	26	35.6	35.6
	无	47	64.4	100
专利	有	28	38.4	38.4
	无	45	61.6	100

二　变量测度

本书建立的模型中解释变量为研发外包模式，被解释变量为企业创新绩效，调节变量为环境动态性，以及企业规模、时间、研发费用、国外供应商、专利等有关控制变量。因这些变量大多难以客观量化测度，本书采用李克特七级打分法予以度量。数字评分 1～7 依次表示从不同意到同意，或者从低到高的过渡，或者表明成熟（未来）技术，成熟（未来）市场，及创新程度高低等内容（详见附录 2），4 代表中立态度或中间状态。基于文献研究、实地调研和专家意见，本书分别应用多个题项对各变量进行度量。同时，为清晰地界定和测量研发外包，我们定义了研发外包的行为，引入强度指标。

1. 研发外包模式

本书基于上述研究成果，结合企业实地调研与专家意见，从技术、市场、资源和创新性 4 个题项来度量组织间的研发类型（表 4.6）。如果效率型研发外包分值高于创新型研发外包的分值，则认为企业是效率型研发外包为主导的模式，否则为创新型研发外包模式。通过对 73 个样本的分析，共有 48 个效率型研发外包模式和 25 个创新型研发外包模式，具体题项如表 4.6 所示。

表 4.6　变量度量——研发外包模式

研发外包模式	评分等级						
效率型研发外包（成熟的技术、成熟的市场、普通资源）	不同意——同意						
贵公司外包业务的技术是成熟技术	1	2	3	4	5	6	7
贵公司外包业务的市场是成熟市场	1	2	3	4	5	6	7
贵公司外包业务的资源是普通资源	1	2	3	4	5	6	7
贵公司外包业务的创新性较低	1	2	3	4	5	6	7
创新型研发外包（新/未来技术、新市场、稀缺资源）	不同意——同意						
贵公司外包业务的技术是新技术（未来技术）	1	2	3	4	5	6	7
贵公司外包业务的市场是新市场	1	2	3	4	5	6	7
贵公司外包业务的资源是稀缺资源	1	2	3	4	5	6	7
贵公司外包业务的创新性较高	1	2	3	4	5	6	7

2. 研发外包强度

研发外包的测度主要采用强度（intensity）指标，而国内外有关研发外包强度的文献，大部分集中在研发强度（R&D intensity）和外包强度（outsourcing intensity）研究上。外包强度的测度主要从两方面进行：一是单维度的测量方法。通常采用研发经费的比例（疏礼兵，2007）、销售额增加值的比率（纪志坚等，2007）、企业外包的行为程度（Arbaugh，2003；KLaas，1999，2000；Lever，1997）等方式进行测量。二是多维度的测量方法。学者分别从外包阶段维和程度维（苏敬勤等，2006）、操作维、职能维和应用维（Ang et al.，1997）、广度和深度（Motohashi et al.，2007；Gilley et al.，2000）方面进行探讨。大部分学者采取量表测试方法，但因产业、产品、外包方式不同出现了不同的测量方式（表4.7）。

表 4.7　外包强度的测度综述

测量维度	作者	主要测量方法
单维度	疏礼兵（2007）	用企业近3年的研发经费占销售收入的平均比例表征研发外包强度，并规定1%以下强度为1，1.1%～3%为2，3.1%～5%为3，5%以上为4
	纪志坚等（2007）	用销售额中的增加值所占的比率来测算，再对数值进行负向的归一化处理，就得到外包程度的指数。此值越大，资源外包的强度就越大
	Arbaugh（2003）	将外包行为分为10种：生产、销售、培训和发展、顾客服务、研发、配送、市场、工资和福利、会计、员工招聘。企业采取外包则计为1，没有外包则计为0。外包强度是整个企业外包行为的总和
	Klaas 等（1999，2000）	将人力资源外包分为福利、工资发放、人事管理、人员招聘、人才测评、绩效考核、员工培训、薪酬设计、人力资源信息系统、人力资源规划、企业文化，分别采用7级量表表征人力资源外包强度
	Lever（1997）	将企业外包行为分为6种：工资处理、福利、培训、HR信息系统、薪酬、招聘，外包程度由6点量表进行测量
多维度	Motohashi 和 Yun（2007）	科技外包强度也采用广度和深度表示。通过设计调查问卷，如果企业采取科技外包策略，则记为1，没采取科技外包记为0，将得数相加即为科技外包广度；而科技外包深度＝科技外包费用/整个科技费用
	苏敬勤和孙大鹏（2006）	从资源外包阶段维和资源外包程度维进行测度。阶段维通过专用设备、交易频率、沟通、信任程度、关注重点、伙伴数量、合约期限、信息共享程度、外包资源、退出成本等变量表征企业初级、中级和高级阶段；程度维通过企业价值链基本活动、企业价值链辅助活动外包、信息技术外包、其他外包活动评价
	Gilley 和 Rasheed（2000）	将企业日常活动分为14种，并设计问卷，由访谈者选取采取外包（至少25%业务交给供应商完成）的活动，从中得到外包广度。外包深度则由每项外包业务的程度（百分比）之和求平均数
	Ang 和 Slaughter（1997）	IT职能被分为三个具体维度：操作维度（operation perspective）、职能维度（function perspective）、应用维度（application perspective）。IT决策被分为内部控制、共同决策、外部决策，1表示完全内部决策、4表示共同决策、7表示完全外部决策，通过量表表征IT外包强度

资料来源：根据相关文献总结．

国内外学者测度主要从两方面进行：一是外包广度（breadth），即外包活动数量的多少。大部分学者首先界定企业的外包行为（Gilley et al.，2000；Klass，1999，2000；Arbaugh，2003），根据企业是否采取外包（采取选1，不采取选0；或用量表）测量企业外包广度。二是外包深度（depth），即企业每项外包活动被外包的比例。外包强度等于外包广度与外包深度的乘积，因此，在借鉴Gilley和Rasheed（2000）、Motohashi and Yun（2007）外包强度测试模型的基础上，我们得出研发外包强度的测量方法：研发外包强度＝研发外包广度×研发外包深度，其中，研发外包广度主要指的是研发外包活动数量的多少；深度主要指的是每项研发活动的被外包程度。

3. 研发外包行为

在借鉴林锐（2007）、海伦（2003）、陈劲和宋建元（2003）等学者的研发理论的基础上，我们将企业研发外包行为分为需求分析、市场方案与立项、目标/方案预研、目标/方案确定、设计与开发、功能（模块）划分、验证、系统测试、系统维护9个部分，分别从研发外包的广度和深度角度进行测量。

参照Gilley和Rasheed（2000）的外包测度方式，本书分别从研发外包的广度和深度角度进行测量。研发外包的广度取决于该项研发活动企业是否外包（外包记为1，无则记为0），研发外包的深度则是每项研发外包活动的程度（百分比）。两者的乘积即为研发外包强度。

4. 企业创新绩效

在外包的实证研究中，大部分企业绩效根据两方面衡量：一是财务绩效；二是市场绩效。研发外包与生产外包、流程外包及IT外包有所不同，它将产生新产品、新思想、新模式，给企业创造新的市场机会，带来新技术，提高企业的竞争力和创新力。因此，研发外包环境下的企业绩效还应该考虑创新绩效。

Cooper（1985）采用8个题项测量创新绩效：①过去5年开发的新产品占目前公司销售额的比例；②过去五年开发产品成功的比例；③过去五年中产品开发失败与中途停止的比例；④过去五年开发中新产品开发计划达成目标之比例；⑤该计划对公司销售额及利润增加之重要性；⑥新产品所获得的效益超过投入成本之程度；⑦计划相对于竞争者之成功程度；⑧计划整体之成功程度。Cooper和Kleinschmidt（1996）用财务绩效、市场的影响和机会窗口3个方面的指标来衡量产品的创新绩效，其中，财务绩效包括产品创新的利润目标达成度、销售目标的达成度、获利的满意程度、投资回收期间、与其他产品的获利率与销售力比较；市场的影响包括国内市场占有率的变化、国外市场占有率的变化、新产品占公司销售额的比例变化、实际销售额与理想目标的差距、实际获得利润与理想目标的差距；机会窗口包括打开新市场机会的程度、打开新产品类型的程度。我国学者韦影（2005）、张方华（2006）从创新效率的角度对技术创新绩效进行度量，考虑了新产品开发速度与成功率。

在上述研究的基础之上，结合我国企业技术创新的实际情况，我们从创新效益（Cooper，1985；Cooper et al.，1996；韦影，2005；张方华，2006；王飞绒，2008）和外包效益（Lee et al.，1999，2003，Lee et al.，2005）两个方面采用六个题项度量企业的技术创新绩效，如表4.8所示。

表4.8　变量测度——企业创新绩效

变量	测度题项	测度来源
企业创新绩效	年新产品数 新产品销售率 新产品开发速度 新产品开发成本（一般越低越好） 研发项目的成功率 研发项目的满意度	Cooper（1985） Gilley 和 Rasheed（2000） Lee 和 Kim（1999） Lee（2001） Lee and Kim（2005）

5. 环境动态性

本书用七个测度指标来衡量企业业务领域所面临的技术变化程度和市场动荡程度。其中衡量技术动荡程度的三个测度指标是：公司产品技术改变程度、技术转变预测程度、产品设计的速度。衡量市场动荡程度的四个测度指标是：市场实践的变化程度、竞争者行为预测程度、顾客需求的预测程度、顾客需求的稳定性。测量指标如表4.9所示。

表4.9　变量测度——环境动态性

变量	测度题项	测度来源
环境动态性	市场实践的变化程度 产品设计的速度 竞争者行为预测程度 产品技术改变程度 顾客的需求预测程度 技术转变预测程度 顾客需求的稳定性	Miller（1988） Gilley 和 Rasheed（2000）

6. 控制变量

企业规模是影响企业行为和决策的重要属性，企业规模越大，所拥有的资源就越多，外包效应越明显，则企业各方面的绩效可能越好。企业规模可作为外包的社会因素，并且企业规模反映企业过去和现有的绩效（Chanvarasuth，2008）。

本书将从企业员工人数入手，分别按<500人、500~1000人、>1000人比例分为大、中、小三种规模进行测度。

企业的年限代表了企业多年建立的品牌、信誉和供应商相处的时间，一般来说，企业的年限作为研发外包与企业绩效关系的控制变量，但影响不大（Chanvarasuth，2008）。在本书中，划分＜5 年、5～10 年、＞10 年三个阶段。

企业产业不同，其外包的倾向和外包程度必然不同。本书中，主要分成四大类：通信和高科技信息技术、制造业、服务业和生物化工业。企业年龄也可能是影响企业外包决策的重要因素，经营时间较长的企业往往能积累更多的知识与能力，比较适合研发外包。在本书中，从企业成立时间测量，分成＜5 年、5～10 年、＞10 年。为区分各企业的研发特征，本书还增加了行业类别（分成 4 类）、研发费用（＜500 万、500 万～3000 万、＞3000 万）、国外供应商和研发专利（有/无）等控制变量。

三　信度和效度分析

首先，本书对所有变量进行描述性统计分析，统计各变量测度的最大值、最小值、中位数和标准差，其统计结果如表 4.10 所示。其次，我们对数据进行信度和效度检验。

表 4.10　变量的描述性统计分析（N=73）

	项目	最小值	最大值	均值	标准差
外包类型	外包技术	1	7	2.493	1.3242
	外包市场	1	7	2.959	1.4948
	外包资源	1	7	3.027	1.5182
	创新性	1	7	3.233	1.4862
外包强度	需求分析	0	0.8	0.226	0.2230
	方案立项	0	0.8	0.127	0.1895
	预研	0	0.7	0.138	0.2158
	确定	0	0.5	0.104	0.1775
	设计与开发	0	1	0.749	0.2358
	功能划分	0	1	0.522	0.3400
	验证	0	1	0.364	0.2781
	系统测试	0	1	0.255	0.2304
	系统维护	0	0.8	0.227	0.2399

续表

项目		最小值	最大值	均值	标准差
企业创新绩效	新产品数	1	6	3.164	1.1787
	销售率	1	6	3.342	1.3563
	开发速度	1	6	3.151	1.0229
	成本	1	6	2.603	1.0239
	成功率	2	6	4.671	1.0145
	满意度	2	7	4.822	1.2173
环境动态性	市场变化	1	6	2.890	1.2311
	产品变化	1	5	2.671	0.8669
	竞争者行为	1	5	2.370	0.8581
	技术改变	1	6	2.973	0.7812
	需求预测	1	5	2.808	0.7575
	技术预测	1	5	2.740	0.8980
	客户需求	1	6	2.932	0.9765

1. 信度检验

信度（reliability），即可靠性，是为一种现象测度提供稳定性和一致性结果程度。根据经验判断方法，题项-总体相关系数（CITC）应大于 0.35，并且测量变量的一致性指数（Cronbach's alpha）应大于 0.70。

本书以 Cronbach α 系数为评判标准（Nunnally，1978；李怀祖，2004），从量表的构思层次化入手，根据其内部结构的一致性程度，对研发外包类型、研发外包强度、创新绩效和环境动态性四个子量表的内部一致信度进行检验，检验结果如表 4.11 所示。保留在变量测度题项中除"新产品开发成本"外，其余题项（Item-Total）的相关系数都大于 0.35，各潜变量的测度变量的 Cronbach α 系数值都超过了 0.7，符合 Item-Total 相关系数应该大于 0.35、Cronbach α 系数值应大于 0.7 的判断标准（Nunnally et al.，1994）。检验结果表明，研发外包类型、研发外包强度、环境动态性子量表中各变量之间具有较高的内部结构一致性，量表设计符合信度要求。创新绩效开发成本一项，应填写时要求填写者"越低越好"，部分问卷填写未注意，导致结果不吻合，故将该题项去除。

表 4.11　变量的信度检验结果 ($N=73$)

变量类别	题项	Cronbach's alpha	item Cronbach's alpha	CITC
外包类型	外包技术	0.861	0.834	0.684
	外包市场		0.777	0.815
	外包资源		0.804	0.753
	外包创新性		0.870	0.594
外包强度	需求分析	0.816	0.811	0.394
	方案立项		0.795	0.564
	预研		0.777	0.704
	确定		0.797	0.558
	设计与开发		0.807	0.435
	功能划分		0.810	0.486
	验证		0.782	0.630
	系统测试		0.797	0.524
	系统维护		0.804	0.467
企业创新绩效	年新产品数量	0.810	0.732	0.771
	新产品销售额		0.715	0.815
	新产品更新速度		0.816	0.388
	新产品开发成本		0.853	0.177
	外包项目的成功率		0.765	0.650
	外包项目的满意度		0.761	0.652
环境动态性	市场实践的变化程度	0.834	0.821	0.578
	产品设计的速度		0.799	0.671
	竞争者行为预测程度		0.792	0.718
	顾客的需求预测程度		0.824	0.503
	产品技术改变程度		0.802	0.675
	技术转变预测程度		0.839	0.401
	客户需求的稳定性		0.804	0.630

2. 效度检验

效度（validity），是指测量工具能正确测量出想要衡量的性质的程度，即测量的正确性。效度衡量包括内容效度（content validity）和构思效度（construct validity）两方面。本书参考了经典实证研究中的问卷设计，并结合实地调研与专家意见加以修订，故认为问卷具有较高的内容效度。

本书采用因子分析检验构思效度，用因子分析提取测度题项的共同因子，若得到的共同因子与理论结构较为接近，则可判断测度工具具有构思效度（吴明隆，2003）。同时，因子分析还可以判断同一变量的不同测度题项之间是否存在较强的相关性，可以合并为几个因子，以达到简化数据的目的。一般来说，Bartlett 球体检验（Bartlett test of sphericity）统计值的显著性概率小于等于 α 时，KMO（Kaiser-Meyer-Olkin）值大于或等于 0.7，各题项载荷系数大于 0.5 时，可以通过因子分析将同一变量的各测试题项合并为一个因子进行后续分析（马庆国，2002）。通过主成分法因子分析，本书各变量的因子载荷系数均大于 0.5，KMO 值均大于 0.7，表明测量模型具有较高的效度，检验结果如表 4.12 所示。

表 4.12　变量的效度检验结果（$N=73$）

变量	题项	均值	标准差	因子负荷系数	KMO 值	累计方差贡献率/%
外包类型	外包技术	2.493	1.3242	0.827	0.801	70.971
	外包市场	2.959	1.4948	0.909		
	外包资源	3.027	1.5182	0.874		
	创新性	3.233	1.4862	0.751		
外包强度	需求分析	0.226	0.2230	0.506	0.768	42.927
	方案立项	0.127	0.1895	0.696		
	预研	0.138	0.2158	0.836		
	确定	0.104	0.1775	0.707		
	设计与开发	0.749	0.2358	0.514		
	功能划分	0.522	0.3400	0.579		
	验证	0.364	0.2781	0.732		
	系统测试	0.255	0.2304	0.655		
	系统维护	0.227	0.2399	0.598		
企业创新绩效	新产品数	3.164	1.1787	0.860	0.749	53.928
	销售率	3.342	1.3563	0.921		
	开发速度	3.151	1.0229	0.501		
	成本	2.603	1.0239	0.244		
	成功率	4.671	1.0145	0.795		
	满意度	4.822	1.2173	0.839		
环境动态性	市场变化	2.890	1.2311	0.722	0.804	52.070
	产品变化	2.671	0.8669	0.765		
	竞争者行为	2.370	0.8581	0.818		
	技术改变	2.973	0.7812	0.630		
	需求预测	2.808	0.7575	0.782		
	技术预测	2.740	0.8980	0.540		
	客户需求	2.932	0.9765	0.754		

注：KMO 值范围为 0.720～0.82，Bartlett test of sphericity 显著（$P<0.001$）；因子提取方法：主成分分析法（principal component analysis）；迭代收敛次数 25。

因子分析结果显示，量表中的研发外包类型、强度、企业创新绩效和环境动态性归为一个因子。其中企业创新绩效中的"开发成本"题项的因子负荷系数较小（0.244＜0.35），说明其内容效度不够严谨，可以考虑将其删除（吴明隆，2003）。所以，在本书中，删除"开发成本"这个题项，这也与一致性系数检验的结果相吻合，其余题项均通过效度检验。

四 研发外包模式与企业创新绩效关系的回归分析

1. 变量的描述性统计及三大问题检验

为了保证正确使用多元线性回归模型并得出科学的结论，需要检验回归模型是否存在多重共线性、序列相关和异方差三大问题（马庆国，2002）。多重共线性可用方差膨胀因子（variance inflation factor，VIF）指数衡量，一般认为，当 0＜VIF＜10 时，不存在多重共线性问题；当 VIF≥10 时，存在较强的多重共线性（朱平芳，2004）。序列相关问题可通过计算回归模型的 D.W. 值来判断，本书所有的模型 D.W. 值均接近于 2，且样本是截面数据，可判定不存在序列相关问题。至于异方差的检验，可通过对各回归模型以被解释变量为横坐标进行了残差项的散点图分析，结果表明所有的回归模型中均不存在严重的异方差问题。

本书计算了被解释变量、解释变量、中介变量和控制变量的描述性统计与上述变量两两之间的简单相关系数，结果如表 4.13 所示。结果显示，外包强度与企业创新绩效有正向且显著的相关系数，环境动态性也与外包强度、企业绩效有正向且显著的相关系数。这初步说明了本书的假设预期，后文将采用回归分析方法对这些变量之间的关系作更为精确的验证。

表 4.13　各变量的相关系数表（$N=73$）

变量	均值	标准差	1	2	3	4	5	6	7	8	9	10
员工	1.890	0.9510										
时间	2.356	0.7883	0.664**									
性质	2.740	1.6161	−0.172	−0.166								
研发费用	2.247	0.8462	0.604**	0.408**	−0.227							
行业	4.548	2.2672	0.202	0.216	−0.58**	0.001						
国外供应商	0.356	0.4822	0.329**	0.027	−0.040	0.360**	0.099					
专利	0.384	0.4896	0.062	0.145	0.145	0.372**	−0.342**	0.002				
研发外包强度	2.704	1.3853	0.142	0.141	−0.152	0.024	0.212	0.066	−0.103			
创新绩效	3.830	0.9248	0.162	0.149	−0.162	0.058	0.095	0.044	0.042	0.274*		
环境动态性	2.769	0.6528	−0.029	−0.077	−0.078	−0.151	0.060	0.057	−0.160	0.275*	0.095	

＊＊表示显著性水平 $P＜0.01$（双尾检验）；＊表示显著性水平 $P＜0.05$（双尾检验）。

2. 研发外包和企业创新绩效的关系回归分析

根据本书的问题特性，选用多元线性回归来验证研发外包强度、其与企业创新绩效的关系及环境动态性的调节作用。

表 4.14 给出了多元线性回归分析的结果，共估计了 7 个模型。模型的被解释变量均为企业创新绩效。模型 1 的解释变量仅仅包括控制变量，以验证企业的规模、时间、性质、行业、研发费用、国外供应商、专利对企业创新绩效的影响。模型 2 和模型 3 是全样本检测（$N=73$），在控制变量的基础上加进了研发外包强度和研发外包强度的平方，判断研发外包强度与企业是正相关还是负相关。模型 3 在模型 2 基础上增加了环境动态性，验证其是否具有调节作用。

模型 4 和模型 5 是专门针对效率型研发外包样本（$N=48$），模型 4 在控制变量的基础上增加了效率型研发外包强度和效率型研发外包强度的平方，验证效率型研发外包强度与企业创新绩效的关系，即假设模式 _ H1a 是否成立。模型 5 在控制变量的基础上加进了环境动态性，验证环境动态性是否对效率型研发外包强度与企业创新绩效关系有调节作用，即假设模式 _ H2a。

模型 6 和模型 7 是专门针对创新性研发外包样本（$N=25$），模型 6 在控制变量的基础上加进了创新性研发外包强度和研发外包强度的平方，验证创新型研发外包强度与企业创新绩效的关系，即假设模式 _ H1b 是否成立。模型 7 增加了环境动态性，验证环境动态性是否对创新型研发外包强度与企业创新绩效关系有调节作用，即假设模式 _ H2b。

为避免多重共线性的存在，在验证调节变量的调节作用时，研发外包强度、企业创新绩效和环境动态性三个变量的值均经过中心化处理后，带入回归方程（温忠麟等，2005）。

从表 4.14 中模型 2 可知，研发外包强度的系数为正但不显著（$\beta=1.113$，$P>0.1$），研发外包强度平方系数为负也不显著（$\beta=-0.883$，$P>0.1$），整个模型 F 值为 1.199 但不显著，说明研发外包强度与企业创新绩效不存在正向或负向的线性关系。在模型 3 中，增加了环境动态性，研发外包强度的系数为正并且显著（$\beta=0.810$，$P<0.001$），研发外包强度平方系数为负并且显著（$\beta=-0.476$，$P<0.001$），说明研发外包强度可能与企业创新绩效存在曲线关系。增加了环境动态性这一调节变量后，R^2 增大（由 0.146 增加到 0.551，R^2 调整值由 0.024 到 0.471），整个模型 F 值为 6.819 且显著，但环境动态性及其乘积项均不显著（$\beta_1=0.123$，$\beta_2=-0.068$，$P>0.1$），说明环境动态性有一定的调节作用，但调节作用不显著。模型 2 和模型 3 的数据结果表明，研发外包强度与企业创新绩效的关系不是简单的线性正向或负向关系，从而进一步证实了研发外包模式不同，其外包强度与企业绩效关系不同。

表 4.14　研发外包与企业创新绩效关系的回归分析

变量	模型 1 (N=73)	模型 2 (N=73)	模型 3 (N=73)	模型 4 (N=48)	模型 5 (N=48)	模型 6 (N=25)	模型 7 (N=25)
常数项	4.021***	3.060***	4.415***	4.310***	4.680***	7.242**	5.578***
控制变量							
员工	0.180	0.185	0.300*	0.465*	0.364*	0.526	0.031
时间	0.059	−0.021	−0.054	−0.347*	−0.251	−0.026	0.070
性质	−0.193	−0.189	−0.211	−0.131	−0.192	−0.429*	−0.277*
行业	−0.171	−0.192	−0.073	−0.081	−0.188	−0.575	−0.134
研发费用	−0.034	−0.041	−0.067	0.087	0.019	−0.561	−0.234
国外供应商	0.040	0.038	0.006	−0.198	−0.107	0.254	0.226
专利	0.102	0.146	0.029	0.172	0.178	−0.386	−0.237
自变量							
研发外包强度		1.113	0.810	0.749***	0.702***	0.817**	0.790***
研发外包强度平方		−0.883	−0.476	−0.148	−0.172	−0.535*	−0.572**
调节变量							
环境动态性			0.123		−0.283**		0.511*
环境动态性 X 研发外包强度			−0.068		0.061		−0.293*
模型统计量	模型 1	模型 2	模型 3	模型 4	模型 5	模型 6	模型 7
R^2	0.062	0.146	0.551	0.645	0.709	0.648	0.897
调整后的 R^2	−0.039	0.024	0.471	0.561	0.620	0.437	0.811
D. W.	1.300	1.443	1.487	1.361	1.538	1.296	1.681
F 值	0.613	1.199	6.819***	7.684***	7.982***	3.069**	10.346***

注：被解释变量为企业创新绩效；* 表示 $P<0.05$；** 表示 $P<0.01$；*** 表示 $P<0.001$；系数为 Standardized Coefficients（BETA）值。

　　模型 4 和模型 6 则分别针对效率型和创新型研发外包模式建立回归方程。模型 4 的自变量是效率型研发外包，样本数为 48，从表 4.14 中可以看出，效率型研发外包强度的系数为正并且显著（$\beta=0.749$，$P<0.001$），效率型研发外包强度平方系数为负不显著（$\beta=-0.148$，$P>0.1$），整个模型 F 值为 7.684 且显著（$P<0.001$），说明效率型研发外包强度与企业创新绩效是正的线性关系，即外包强度越大，企业创新绩效越高，模式＿H1a 成立。

　　模型 6 的自变量是创新型研发外包，样本数为 25，从表 4.14 中可以看出，创新型研发外包强度的系数为正并且显著（$\beta=0.817$，$P<0.001$），创新型研发外包强度平方系数为负并且显著（$\beta=-0.535$，$P<0.05$），整个模型 F 值为 3.069 且显著（$P<0.05$），说明创新型研发外包强度与企业创新绩效是非线性关系，即外包强度越大，企业创新绩效不一定越高，而其曲线的趋势和走向如何，须通过非线性回归进一步证实，模式＿H1b 未完全通过验证。

　　本书采用多元回归方法验证环境动态性与研发外包强度和企业创新绩效的关系。模型 5 和模型 7 分别是针对效率型和创新型研发外包模式建立的环境动态性调节作用的回归方程。模型 5 探讨了环境动态性对效率型研发外包强度的调节作用，设置了环境动态性、环境动态性与效率型研发外包强度的乘积项。表 4.14 的结果显示，环境动态性系数为负且显著（$\beta=0.511$，$P<0.001$），增加了环境动态性这一调节变量后，R^2 增大（由 0.645 增加到 0.709，R^2 调整值由 0.561 到 0.620），整个模型 F 值为 7.982 且显著（$P<0.001$），说明环境动态性有调节效应（温忠麟 et al.，2005），即环境动荡对企业创新绩效有负面的影响。而环境动态性与效率型研发外包的乘积项系数为正不显著（$\beta=0.061$，$P>0.1$），说明环境动态性对两者关系调节作用不明显，模式＿H2a 未通过验证。

　　模型 7 探讨了环境动态性对创新型研发外包强度的调节作用。表 4.14 的结果显示，环境动态性系数为负且显著（$\beta=-0.283$，$P<0.001$），增加了环境动态性这一调节变量后，R^2 增大（由 0.648 增加到 0.897，R^2 调整值由 0.437 到 0.811，整个模型 F 值为 10.346 且显著（$P<0.001$），说明环境动态性有调节效应（温忠麟 et al.，2005），即环境越动荡，对企业创新绩效越有负面的影响。环境动态性与创新型研发外包的乘积项系数为负且显著（$\beta=-0.293$，$P<0.1$），说明环境动态性对两者关系有显著的负向调节作用，即环境越动荡，创新型研发外包强度越大，企业创新绩效会减弱；环境越稳定，创新型研发外包强度越大，企业创新绩效会加强，模式＿H2b 未通过验证。

　　3. 非线性回归方程

　　1）效率型研发外包与企业创新绩效的关系

　　以创新绩效为因变量，以效率型研发外包强度为自变量，利用 SPSS 软件进行非线性的回归分析，结果如表 4.15 所示。

表 4.15　效率型研发外包模式与企业创新绩效关系的回归参数估计表（N＝48）

	非标准化系数		标准化系数	T 检验	显著性
	B	标准差			
外包强度	1.250	0.175	0.730	7.153***	0.000
外包强度** 2	−0.570	0.391	−0.149	−1.458	0.152
常数项	0.263	0.131		2.000	0.052
模型统计量					
R^2			0.535		
调整后的 R^2			0.515		
F 值			25.916***		

注：被解释变量为企业创新绩效；＊表示 $P < 0.05$；＊＊表示 $P < 0.01$；＊＊＊表示 $P < 0.001$。

　　由表 4.15 可知，效率型研发外包对企业创新绩效的估计值为 1.250，标准化估计值为 0.730，T 检验值为 7.153，显著性概率为 0.000＜0.0001，说明效率型研发外包对企业创新绩效有显著的正相关影响，强度每增加一个标准差，创新绩效平均增加 0.730 单位。效率型研发外包强度的平方对企业创新绩效的估计值为 −0.570，标准化估计值为 0.391，T 检验值为 −1.458，显著性概率为 0.152＞0.05，说明效率型研发外包强度的平方对企业创新绩效无显著的影响。因此，数据结果表明效率型研发外包强度对企业创新绩效存在正线性相关关系（图 4.3），模式_H1a 在 0.05 显著性水平下得到实证支持。

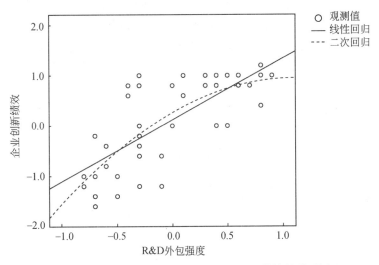

图 4.3　效率型研发外包模式与企业创新绩效的关系图

2）创新型研发外包模式企业创新绩效的关系

以创新绩效为因变量，创新型研发外包强度为自变量，利用 SPSS 软件进行非线性的回归分析，结果如表 4.16 所示。

表 4.16　创新型研发外包模式与企业创新绩效关系的回归参数估计表（N＝25）

	非标准化系数		标准化系数	T 检验	显著性
	B	标准差			
外包强度	7.916	2.785	6.222	2.842	0.009
外包强度＊＊2	−0.776	0.293	−5.804	−2.651	0.015
常数项	−15.428	6.427		−2.401	0.025
模型统计量					
R^2			0.386		
调整后的 R^2			0.330		
F 值			6.904＊＊		

注：被解释变量为企业创新绩效；＊表示 $P < 0.05$；＊＊表示 $P < 0.01$；＊＊＊表示 $P < 0.001$。

　　由表 4.16 可知，创新型研发外包对企业创新绩效的估计值为 7.916，标准化估计值为 6.222，T 检验值为 2.842，显著性概率为 0.009＜0.01，说明创新型研发外包对企业创新绩效有显著的正相关影响，强度每增加一个标准差，创新绩效平均增加 6.222 单位。而研发外包强度的平方对企业创新绩效的估计值为 −0.776，标准化估计值为 −5.804，T 检验值为 −2.651，显著性概率为 0.015＜0.05，说明创新型研发外包对企业创新绩效有显著的负相关影响，强度每增加一个标准差，创新绩效平均减少 5.804 单位。结果表明，创新型研发外包强度与企业创新绩效存在曲线相关的关系，外包强度增加，创新绩效增加，但增加到一定程度以后，创新绩效将随着研发外包强度的增加而下降（图 4.4），模式_H1b 在 0.05 显著性水平下得到支持。

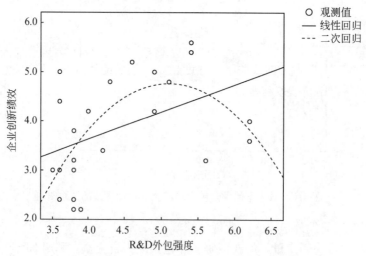

图 4.4　创新型研发外包模式与企业创新绩效的关系图

五 分析与讨论

本书的结果表明，研发外包与企业创新绩效的关系并非直接正向或负向关系，它取决于企业采取何种研发外包模式，不同的模式对企业创新绩效的影响不同。因此，研发外包强度与企业创新绩效无直接关系，这一点与 Gilley 和 Rasheed（2000）结论相似，但 Gilley 未继续深入探讨下去，本书在此基础上继续探究了企业研发外包模式对企业创新绩效的影响。

效率型研发外包对企业创新绩效的估计值为 1.250，标准化估计值为 0.730，T 检验值为 7.153，显著性概率为 0.000<0.0001，说明效率型研发外包与企业创新绩效显著正相关，强度每增加一个标准差，创新绩效平均增加 0.730 单位。效率型研发外包强度的平方对企业创新绩效的估计值为 −0.570，标准化估计值为 0.391，T 检验值为 −1.458，显著性概率为 0.152>0.05，说明效率型研发外包强度的平方对企业创新绩效无显著的影响。因此，数据结果表明效率型研发外包强度对企业创新绩效存在正线性相关关系。因此，效率型研发外包模式下，研发外包强度与企业创新绩效呈线性正相关的关系，强度越高，创新绩效越好。

创新型研发外包对企业创新绩效的估计值为 7.916，标准化估计值为 6.222，T 检验值为 2.842，显著性概率为 0.009<0.01，说明创新型研发外包对企业创新绩效有显著的正向影响，强度每增加一个标准差，创新绩效平均增加 6.222 单位。而研发外包强度的平方对企业创新绩效的估计值为 −0.776，标准化估计值为 −5.804，T 检验值为 −2.651，显著性概率为 0.015<0.05，说明创新型研发外包对企业创新绩效有显著的负向影响，强度每增加一个标准差，创新绩效平均减少 5.804 单位。结果表明，创新型研发外包强度与企业创新绩效存在曲线相关的关系，外包强度增加，创新绩效增加，但增加到一定程度以后，创新绩效将随着研发外包强度的增加而下降。因此，创新型研发外包强度与企业创新绩效存在倒"U"形的曲线关系，强度越高，创新绩效越好；但超过某一阈值后，强度越高，创新绩效越差。

为验证企业环境动态性调节作用，建立 3 个回归模型（模型 3，模型 5、模型 7），从模型 3 到模型 5、模型 7，R^2 值在不断增大（分别为 0.551、0.709、0.897），各模型的 F 值显著（$P<0.001$）说明环境动态性对模型有一定的调节作用。而只有创新型研发外包与环境动态性乘积项的回归系数为负且显著异于零（$\beta= -0.293$，$P<0.05$），说明环境动态性对创新型研发外包与企业创新绩效有显著的调节作用，即环境越动荡，创新型研发外包强度越大，企业创新绩效会减弱；环境越稳定，创新型研发外包强度越大，企业创新绩效会加强。环境动态性对效率型研发外包与企业创新绩效的调节效应不明显。

本 章 小 结

对于效率型的研发外包，研发外包技术为成熟技术，市场成熟性高，创新性较低。效率型通常位于外包的低端，一般提供基础性的服务。其主要应用于改进企业技术和市场，解决企业现有的人力、时间等问题；产生容易度量的绩效，如研发成本降低、效率提高（短、平、快）。企业在初始阶段采取效率型外包的目标主要在于，在保持服务供应连贯性的同时实现成本控制或成本削减，同时突出企业的主业。所以一般效率型外包建立在确定服务需求或质量水平协议的基础之上，强调成本控制和提高稳定性（琳达·科恩和阿莉·扬，2007）。统计分析结果也表明，效率型研发外包与企业创新绩效存在正相关关系，外包强度越大，企业创新绩效越高，这结论与琳达·科恩和阿莉·扬（2007）的结论完全一致。

创新型研发外包模式指的是研发需求是不确定的，研究目标是企业获得新收益、新技术和新市场，从而实现商业转变；研发的技术是前瞻性、未来技术、具有较高的创新性。创新型外包模式是外包的高层次的资源利用关系。它的目标在于通过创造新收益、战胜对手，甚至改变企业的运营基础促进企业竞争力的创新或极大改善。创新型外包内容往往涉及企业核心，因此与供应商之间是一种紧密的伙伴关系，双方达成对战略的共识，并拥有能及时融合双方目标的流程，成功实施与计划必须依靠企业与供应商之间的相互交流、相互信任，从而形成一种全新商业模式，抢占市场和产品先机。从整体上看，创新型研发外包也会促进企业创新绩效。但过多依赖外包，特别是与企业核心技术相关的研发外包，必然从根本上破坏企业的技术创新能力，缺乏组织学习的载体，不能形成"研发工作—知识积累—研发工作"的良性循环（尹建华，2005），从长远看企业会丧失研发优势。因此，创新型研发外包强度与企业创新绩效存在倒"U"形的曲线关系，强度越高，创新绩效越好；但超过某一阈值后，强度越高，创新绩效越差。

同时环境的动态性也影响研发外包与企业创新绩效的关系。当环境动态性增加时，外包水平也会增加（Gilley et al.，2000）。而且，当新技术出现时，外包企业将技术探索费用或质量提高要求转移到供应商身上，企业越倾向于外包，外包强度更大，易刺激创新型研发外包的出现；但如果强度过大，若企业未及时控制外包，或外包能力不强，易导致外包失败，降低企业创新绩效。而在稳定的环境下，技术发展和产品市场需求变化较少，和技术密切相关的供应商优势很难体现，外包强度可能降低，效率型研发外包增多，但对企业创新绩效影响不大。

因此，我们可以得到如下结论，假设检验结果如表 4.17 所示。

表 4.17　研发外包模式与企业创新绩效关系的假设验证汇总

研究假设	验证
模式_H1：不同研发外包模式对企业创新绩效的影响不同	通过
模式_H1a：效率型研发外包模式下，对企业创新绩效起到促进作用，强度越高，创新绩效越好	通过
模式_H1b：创新型研发外包模式下，研发外包强度不一定对企业创新绩效起到促进作用，超过某一阈值后，反而会降低企业的创新绩效	通过
模式_H2：环境动态性对研发外包与企业创新绩效关系起到调节作用	
模式_H2a：环境变化程度越大，效率型研发外包与企业创新绩效的关系越密切，越有可能促进企业创新	未通过
模式_H2b：环境变化程度越大，创新型研发外包与企业创新绩效的关系越密切，越有可能促进企业创新	未通过

（1）研发外包与企业绩效的关系并非直接正向或负向关系，它取决于企业采取何种研发外包模式，不同的模式对企业绩效的影响不同。效率型研发外包模式与企业绩效存在线性正相关的关系；而创新型研发外包与企业绩效存在非线性相关关系。

（2）环境越动荡，越容易产生创新型研发外包。效率型研发外包模式下，外包的技术和市场成熟，外包供应商资源丰富，创新性较低，环境影响不大；创新型外包模式下，外包的技术、市场变化程度大，资源稀缺，环境影响大。但企业必须具备高超的分包能力、集成能力和外包流程的出色管理能力才能保证外包顺利实施，否则将会带来负面效应。

（3）研发外包是企业在开放式创新环境下，整合外部技术资源，降低研发成本，提高研发速度的一种新型研发模式。而外包并不意味企业放弃研发，企业在外包同时必须注重自身研发水平的提高，不断学习和吸收先进技术，进入"研发工作—知识积累—研发工作"的良性循环（尹建华，2005），从而增强企业的研发优势。研发外包战略必须与企业内外部互补资源协同合作、构建开放的研发体系，才能有效地提升企业研发能力。

本章将研发外包模式作为输入变量、企业创新绩效作为输出变量，分析了研发外包模式的划分、如何测度、不同研发外包模式对企业创新绩效的影响等问题。并没有深层次地探讨研发外包的机理和作用机制，揭示研发外包对企业创新绩效的本质过程。本书第五章将在第三章探索性案例分析的基础上，打开研发外包的"黑箱"，剖析如何进行研发外包才能促进企业创新绩效，并探讨研发外包的结构体系、研发外包能力各要素之间的关系脉络，建立研发外包的机理模型。

研发外包的机理：模型构建与理论假设

第一章和第二章的分析已阐明了本书的主要研究内容和国内外关于该领域的主要研究成果，第三章从案例入手，揭示了企业研发外包的模式、形成和作用机制，并在第四章对企业研发外包模式与创新绩效的相关关系进行了深入研究。本章将进一步打开研发外包的"黑箱"，对研发外包维度、内外部协调能力和作用机理进行阐述。

第一节　研发外包的维度结构：资源维、关系维和知识维

众多学者在对外包的理论研究中，或明确或隐含地提出了外包的划分维度，但由于学者们从经济学、管理学和社会学等不同学科角度进行了理论演绎，所以至今没有得到学者们普遍认可的、统一的维度划分标准。根据当前外包的研究进展，可以得出两个判断：第一，尽管没有明确的划分标准，但很多学者基于不同的研究理论、应用不同的研究方法，对外包进行了界定。但仅表明了外包的某个层面，尚缺乏系统性的概念及其维度划分。第二，大多数学者都意识到了外包中资源、关系和知识的重要性，对外包控制过程及其作用机制进行了深入研究，但是对外包的内在构成、构成要素之间相互影响的研究不够深入，特别缺乏清晰的、统一的划分标准。因此，本书将打开研发外包的"黑箱"，探索研发外包的维度结构。

Arnold（2000）以核心能力理论为基础对企业的业务进行划分，建立一个外包结构模型（图5.1）：①外包主体（subject），即外包战略决策，根据外包业务与企业核心能力的相关程度进行决策。②外包对象（object），即外包业务，根据业务所处的地位可以分为核心业务、核心业务相关业务、支持性业务和市场化业务。③外包合作伙伴（partner），外包目标建立与外包供应商之间的合作关系。④外包设计，根据企业外包的市场和企业内部层级渗透程度进行决策。

Arnold（2000）的外包结构图的划分主要基于外包决策角度，从资源观（核心能力）、社会观（伙伴关系）两方面进行探讨，为本书奠定了理论基础。综观国内外学者观点，结合研发外包的特征，本书从资源维、关系维和知识维三方面划分研发外包结构。

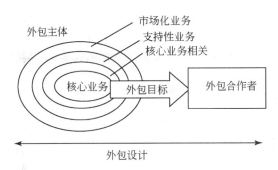

图 5.1　Arnold 的资源外包的结构图

资料来源：Arnold U. 2000. New dimensions of outsourcing：a combination of transaction cost economics and the core competencies concept. European Journal of Purchasing & Supply Management，6（1）：23-29.

一　资源维度

从资源观的角度来看，企业的资源和能力是企业得以生存的必要条件，是企业的重要战略（Grant，1991）。一个企业的资源可以定义为企业有效的产品，或者是企业可以稳定控制不一定拥有的产品（Fernández and Suárez，1996；Tomas et al.，2006）。Grant（1992）定义了五种资源：实体、人力、技术、财务和信誉。实体和财务资源又称为企业的有形资源，而其他三种叫做无形资源，无形资源是企业竞争力提升的重要潜在因素，很多学者从战略角度探讨了资源的重要性（Prahalad et al.，1990；Berney，1991；Grant，1991）。在外包的情景下，企业战略和环境的相互关系影响企业的竞争优势，从而影响企业绩效。外包影响企业资源，战略性外包调整企业的边界和业务战略（Insinga et al.，2000）。

在从资源观角度阐述外包的文献中，大部分学者从资源观的资源特性、能力、竞争战略、组织绩效等方面进行探讨（表 5.1）。根据其外包目标，一般可以分成两类：一是外包倾向性；二是外包和组织绩效之间的决策（Tomas et al.，2006）。

表 5.1　基于资源理论的外包研究综述

作者	变量	主要结论
Quinn 和 Hilmer（1994）	核心能力 战略脆弱性程度	核心业务不外包；影响外包的因素为获取竞争优势的潜力和战略脆弱性程度，若两者都高则自制，都低购买，处于中间则外包

续表

作者	变量	主要结论
Murray 等（1995）	资产专用性 交易频率 供应商谈判能力 产品和流程创新性	资产专用性越高，外包绩效越差；交易频率对两者关系无影响；当供应商谈判能力增强时，外包对企业财务绩效有负作用；当产品和流程创新性增强时，外包与企业财务绩效之间负相关
Argyres（1996）	企业能力 供应商能力 知识	交易成本较高或企业要获取长期竞争能力，应该减少外包；如果外部供应商拥有比企业还要高的能力，即使交易成本高也可以外包；外包业务涉及的隐性知识越高，越容易外包
Poppo 和 Zenger（1998）	资源专用性 测量难度 技术（能）库 经济规模	外包业务的资产专用性越高，越不外包；外包业务产出越难评测，越不外包；企业技能库越大，外包效果显著；需要特殊规则的业务不易外包，而需企业技能库的业务容易外包；企业内部规模经济效益好则不易外包
Mclvor（2000）	价值链 核心和非核心业务 内外部能力 外包实施和供应商管理	企业必须根据自身战略区分核心和非核心业务；通过企业内外部能力标杆对比，企业可获得重要战略信息；外包实施与供应商关系的管理在西方企业尤为重要，特别是外包的风险管理
Gilley 和 Rasheed（2000）	组织战略 环境动态性	在成本领先战略下，外包与企业绩效正相关；在差异化战略下，外包与企业绩效负相关；在稳定环境下，外围业务的外包与企业绩效正相关
Klass 等（2001）	HR 的异质性 领先战略 提升机会 一般和常规行为	HR 外包与 HR 实施异质性、HR 参与程度、HR 产出、提升机会、需求不确定性、支付水平相关，而不同 HR 外包模式的 HR 外包行为不同
Aubert 等（2004）	资产专用性 不确定性 技术诀窍 专业技能	资产专用性与外包程度正相关；当外包不确定性因素少、技术不复杂、容易评测时，企业倾向于外包；外包的业务技术诀窍越重要，越依赖外部供应商；专业技能对外包决策的影响不大
Tomas 和 Padron-Robaina（2006）	外包模式 资源	企业业务或行为能力的资源越珍贵和稀缺、越难以模仿和替代、资源专用性越强，越不外包。核心业务外包将降低企业绩效，非核心或互补业务外包将提升企业绩效

资料来源：Tomas F E R, Padron-Robaina V. 2006. A review of outsourcing from the resource-based view of the firm. International Journal of Management Reviews，8（1）：49-70. 经作者整理.

第一种情况下，外包水平主要由资源特性、环境、战略导向和供应商能力决定（Quinn et al.，1994；Argyres，1996；Klaas et al.，2001；Aubert et al.，2004；Tomas et al.，2006）。

Quinn（1994）提出，鉴于核心能力的重要性，其并不能外包，建议企业外包应在减少组织混乱的情况下有序进行。Argyres（1996）指出，当外部供应商拥有比企业更强的专业水平时，可以外包；但不接受短期为提升内部能力而进行的成本削减措施，企业应当不断学习和充实自身能力。Aubert 等（2004）在此基础上，进一步说明技术诀窍比业务技能在外包决策时更有决定性作用，技术诀窍需求越大，对外部供应商依赖越大。Klass 等（2001）详细探讨了人力资源外包中资源管理各要素：战略参与、工资规模、提升机会等。

第二种情况下，学者在资产专用性和资源相关属性研究基础上探讨了外包和组织绩效之间的关系（Murray et al.，1995；Poppo et al.，1998；Gilley et al.，2000；Klaas et al.，2001；Tomas et al.，2006）。Murray 等（1995）认为当产品和流程的资产专用性和创新性增强时，外包绩效降低；当外部供应商谈判能力增强时，外包对企业绩效起负向作用。Poppo 和 Zenger（1998）再一次确认资产专用性和外包活动之间的负相关关系。Gilley 和 Rasheed（2000）虽然证实外包和企业绩效之间无关，但企业成本领先战略对两者关系起正向调节作用，差异化战略起负向调节作用。同时，他们还通过核心业务和外围业务外包的划分，进一步说明企业外包时应多考虑提高企业销售和利润的外包模式。Tomas 和 Padron-Robaina（2006）则在此基础上划分核心、互补和非核心业务，分别讨论三者资源与企业绩效的关系。

除上述两类资源观外，Mclvor（2000）则从集成角度，提出基于核心竞争力、供应商选择、价值链的概念模型，为外包决策提供理论框架。因此，本书在上述学者前期研究成果的基础上，提出研发外包的第一组织维度：资源维，分别从两个方面测量：专用资源和互补资源。

一是专用资源。

根据 Williamson（1985）的理论思路，资产专用性指一种资产对于某种产品的生产具有特定的价值，而对于其他用途其价值将会降低。专用资产价值严重依赖于资产一体化组织，离开组织后，该资产价值将大跌。资产专用性的范围很广泛，可以是企业生产的机器、知识、服务或有利的地理位置。有的资产是普通的，有的则特殊，包括物资资产专用性、人力资产专用性、地点专用性、时间专用性等。无论哪种专用性，只要在交易过程中使用，需要使用专用性资产的交易方容易被锁定。企业为此投入大量财力和物力，一旦锁定，容易陷入被动局面，很难与对方平等地讨价还价（李雷鸣等，2004），从而增加外包交易成本。

专用资源是企业设备、技术、专利或技能的集合，能够被企业组织单独拥有，企业能够从中获得长期的"理查德租金"（Richard rents），促进企业竞争力的提升。企业的专用资源促进企业从外界获取先进的技术与信息，并结合内部知识，创造出新的技术与信息，实现企业技术创新和扩散，同时又使技术与知识得到储备与积累（苏敬勤等，2006）。从研发外包角度看，企业专用资产性越高，其外包效果越显著（Poppo et al.，1998；Mclvor，2000），企业自身的研发水平越高，对外包控制越强，外包经验越丰富，越倾向外包，外包成功率越高。反之，若企业专用资产性水平越低，外包控制能力越弱，外包越容易失败，从而使企业竞争力下降。

二是互补资源。

互补资源是指合作伙伴拥有的、外包企业潜在的可以使用的互补关系的资源。通过利用双方资源的互补性（complementary），可以使外包双方实现优势互补和资源共享。因此，面对资源获取的不确定性和组织的依赖性，组织不断改变自身结构和行为模式，与外部组织，如顾客、供应商、政府、竞争对手等处理好有关资源流的问题，以便获取和维持来自外部环境的资源，并使依赖最小化（费显政，2005）。互补资源的结合促进了新产品研发进程，特别是有助于有价值、稀缺和难以模仿的资源的获取，使企业迅速整合内外部技术资源，更好、更快、更新地推出新产品。而新产品的竞争不仅仅限于技术，市场的定位、销售和进入时机也是各企业关注焦点。合作伙伴的互补资源促进外包双方共同研发、共同挖掘市场潜力，从而使得新产品能快速成功地推向市场。同时，合作加深外包双方的理解，提高企业的地位和产品的认知度（Aubert et al.，1996，2004）。因此，研发外包成为企业获取外部资源的一种战略，互补资源越高，其外包效果越显著（Poppo et al.，1998；Mclvor，2000），外包成功率越高。反之，若企业互补资源水平越低，外包控制能力越弱，外包容易失败，从而使企业竞争力下降。

总之，研发外包的资源维反映了企业现有的资源配置和技术、研发水平，其资源的专用性、本身具备的技术和专业技能、需求和产出的确定性决定外包控制水平和能力，从而影响外包控制和决策。

二 关系维度

外包的关系实施有三种主要的活动：选择供应商、建立外包关系、管理外包关系（Dibbern，2004）（图5.2）。

供应商管理包括供应商选择类型、选择标准和选择流程。外包关系的建立主要从两方面入手：一是包含任务需求和规则的正式契约；二是以企业信任和

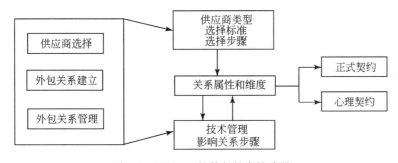

图 5.2 Dibbern 的外包的实施步骤

资料来源：Dibbern J. 2004. Information systems outsourcing：a survey and analysis of the literature. The Data Base for Advances in Information System，35（4）：6-102.

属性为基础的心理契约。这些要素对外包关系的影响有着重要作用。外包关系的管理主要指的是在外包过程中影响相互关系的连续行为，如在签订合同基础上控制外包绩效，建立包含供应商、客户的项目混合小组促进知识交换和交流；外包关系管理和关系建立之间也相互影响。事实上，大部分学者均探讨了上述三个问题，它们三者之间是密不可分的。如信任，有的作者认为是建立契约的重要因素（Clark et al.，1995；Marcolin et al.，1998），为外包关系的建立奠定基础（Grover et al.，1996），并成为外包管理的重要组成部分（Kem，1997；Willicocks et al.，1998；Kem et al.，2001）。而理论界关于这三者之间联系的介绍很少，表 5.2 详细介绍了近年来关系建立和管理的重要文献。为此，本书提出了研发外包的第二个维度：关系维，从行为变量和心理变量两个维度表征关系维度。

表 5.2 基于关系理论外包研究综述

概念模型		组成部分	作者
合同建立和服务水平	绩和回报	产品/服务交换	Kem（1997）；Willicocks 和 Kem（1998）
		资产/员工转移	Willicocks 和 Kem（1998）
		财务交换	Kem（1997）
	相互之间处理	主要合同要点	
		报告和信息交换	Kem（1997）；Willicocks 和 Kem（1998）
		服务加强和监控	
关系特征	供应商行为	客户接待方式友好	Willicocks 和 Kem（1998）
		理解客户业务和意图	Kem（1997）；Willicocks 和 Kem（1998）
	客户关系评估	满意度	Grover 等（1996）
		承诺	Lee 和 Kim（1999）
		冲突	Grover 等（1996）

续表

	概念模型	组成部分	作者
关系特征	客户和供应商之间联系	合作	Grover 等（1996） Willicocks 和 Kem（1998）
		相互信任 社会/文化适应 社会和员工债券 共享信息 交流	Kem（1997）；Willicocks 和 Kem（1998）
	关系管理	规范和期望建立 公平价格	Klepper（1995）；Klepper（1995） Willicocks 和 Kem（1998）
		权利实施的明智性	Klepper（1995）
		业务的理解	Lee 和 Kim（1999）
		风险和利益共享	Lee 和 Kim（1999）
关系建立	合同类型 合同参与程度	细节的紧密程度 合同类型和不确定性	Marcolin 和 Mclellan（1998）
关系质量维度	动态	参与性 合作行为 沟通质量 协调性 信息共享	Lee 和 Kim（1999）
	静态	关系年份 相互依赖性	
	情景	文化相近性 高层领导支持	

资料来源：Dibbern J. 2004. Information systems outsourcing：a survey and analysis of the literature. The Data Base for Advances in Information System，35（4）：6-102. 经作者整理.

1. 行为变量

行为变量主要指的是外包双方在外包过程中的行为，主要分为相互依赖性和沟通（Lee and Kim，2005）。

相互依赖性指的是为维持相互关系来实现最终目标的感知（Frazier，1983）。在外包过程中，双方都会在不同程度上依赖企业间的关系，为达到预定的目标，任何一方都不能完全控制所有的条件，就产生了依赖。依赖是相互的，一般从两方面考察：一是投资动机，如 A 企业的投资动机对于 B 企业销售和利润影响越大，则 B 对 A 的依赖性就越强；二是替代性，即寻找现有伙伴替代者的难度。寻找替代者越难，表明一个企业对对方的依赖性越强（Emerson，1962）。在研发外包过程中，由于彼此之间相互依赖，共享知识与技能，共同开发与生产，既降低了外包交易的不确定性因素所导致的风险，又降低了研发成本，改进了质量，加速了新产品的开发过程。当企业外界潜在的供应商较少，信息和知识交换的数量加大时，企业将更注重其外包伙伴，相互依赖性增强。但对承包商依赖性过强，缺乏对外包的控制能力，转向费用会过高（李小卯等，1999）。

沟通是"分销渠道的黏合剂"，主要由内容、媒介、反馈和频率四部分组成（Mohr et al.，1990）。沟通策略一般有三种：间接影响策略、规范化和反馈。间接影响策略即影响接受者观点和态度的策略；规范化即沟通的规则和程序；反馈即双方的互动和交流（Prahinski et al.，2004）。按照社会交换观点，有效的沟通是达到目标的最有效的方式（Anderson et al.，1989）。外包无论对于企业还是外包商来说都是一个增值的过程，双方都希望能在外包中获得最大收益。因此应及早建立外包商的交流计划，使双方在计划的执行及不断更新中对合作的收益和责任达成共识。充分的交流和沟通有利于外包研发人员之间的学科交流、开阔思路、创造性地解决问题，促进外包双方对企业目标和战略意图的理解，从而提高外包绩效。外包双方的大量沟通使对方对关系的维系有更多的自信，并希望保持良好关系。沟通是信任的前提，有效的沟通是关系维持的重要因素（Lee et al.，1999）。沟通有利于解决冲突，因冲突是不可避免的，关键看解决冲突的风格（是否通过沟通解决）。开放的沟通能发展为信任、尊敬和承诺的关系，并成为关系维持和完善的重要因素（Duffy et al.，2004）。

2. 心理变量

心理变量主要指的是外包双方在外包过程中的情感因素，主要包括信任、承诺和认知感。

信任是一方愿意且等待对方将会完成某一特定的行为，在该行为完成过程中没有监视或控制。信任是一种依赖对方会完成某项任务或工作的自信，一般呈现出的特征为能力、善意和诚实（Mayer et al.，1995）。外包合作以关系为导向，重视双赢，它更多地表现为一种超越合同的，以相互信任为基础的合作关系。外包的信任是一种关系协调机制，它是合作双方在面向不确定性的未来时所表现出的彼此间的承诺和相互依赖性，是外包关系运作的一个重要支撑（徐姝，2006a）。信任促进外包双方在合作过程中进行真诚的交流与磋商（Cummings et al.，1996），并为对方实事求是地提供技术或市场信息，从而减少外包双方的冲突，提高外包合作成功率。

承诺是企业愿意尽力维持双方关系的一种持续性意图。承诺不仅是维持关系的愿望，也是外包双方为共同目标而努力的保证（Moorman et al.，1992）。一般来说，承诺可分为两种类型：情感承诺和行为承诺。情感承诺涉及关系的长期导向，愿意牺牲短期利益从关系中获得长期利益，包括顺从、证明和内在化。行为承诺则是采取某种特定行为以维持良好的关系（Mowday et al.，

1979)。在外包关系中，承诺被认为是超越合同之外的重要组成部分（Lee et al.，2005)。承诺有助于企业从长期利益考虑与外包供应商的关系，愿意投入相应的时间和精力培育供应商，维持和不断完善外包关系，增强彼此之间的信任，从而降低外包风险。

"认知模式"在心理学上又称为"认知地图"、"认知结构"、"认知图示"，指人的心理组织结构的认知图式，是主体反应刺激和认识事物的前提和基础（王岚等，2008)。认知感指的是外包双方在外包目标、流程、模式及管理上的价值观念。在外包过程中，主要体现在是否能在合作过程中保持一致（不相冲突）的管理风格，是否对彼此的研发能力、技术水平、文化有清晰的认识，在问题解决上是否具有共同把握的尺度。只有在认知上保持一致，在外包行动中才容易产生协同效应。尤其是大型项目的外包，技术的变化带来整个体系的变革，要求互补的资源拥有者共同采取行动，只有双方保持相同认知，才能达到外包目标。

总之，研发外包的关系维度体现外包双方在外包过程中相互依赖、相互作用的协调体系，为外包双方的关系管理架构、沟通机制和协调发展提供理论依据。

三 知识维度

当人类进入 21 世纪之际，企业的生存环境与以前相比发生了革命性的变化，知识成为经济发展的决定性要素。信息技术的广泛应用使知识的传播速度加快、范围扩大，消费者对知识型产品的需求越来越大，知识成为外包资源、关系之后的又一重要因素（陈菊红等，2002)。

在研发外包的知识管理中，知识共享是基础活动，知识共享程度（无论是隐性知识还是显性知识）和效率直接影响外包的成败（Lee，2001)。知识日益成为影响外包整体运作效率的关键性要素之一，具体体现为以下几点。

其一，知识的互补性。研发外包成功要求企业内外部成员在知识方面具有互补性，各成员的知识水平要求具有协调性与相容性，一旦外包供应商在知识方面不能达到企业的要求，其所提供的产品或服务就不能满足需求，影响最终产品或服务的质量与性能（陈菊红等，2002)。

其二，知识的整合性。研发的本质是探索未知，解决迄今尚未解决的问题。即使是成熟、标准化技术，对其进行的研制和改进，也是一种探索和研究的过程。无论是效率型还是创新型研发外包，其外包的过程就是知识传递、创造和积累的过程。当技术变化速率较快时，企业会偏重于内外部技术知识的整合，实现技术转变和突破，以满足企业对技术竞争力发展的需求；而技术变动速率较慢时，企业则侧重于市场知识整合（于惊涛，2007），收集技术、市场变动信息，培育和挖掘潜在的供应商，为早期介入未来新兴技术作准备。因此，如何获取、吸收和创造知识是研发外包过程中知识管理的重要环节。

其三，知识的风险性。在外包环境下，企业与供应商是合作与竞争的关系，一方面，企业可以获得自己所缺乏的外部核心能力；另一方面，也面临自身核心知识转移和流失的危险（吴锋等，2004b）。外包过程中知识流失与两个因素有关：外包本身获取知识获取的程度，交互性过程中知识交互的频度、深度与广度。

综上所述，本书提出了研发外包的第三个维度结构：知识维。对此，国内外学者们选取了不同的视角来研究知识共享如表 5.3 所示。

表 5.3 知识共享研究综述

研究视角	作者	观点
知识共享内容	Nonaka 和 Takeuchi（1995）	知识共享首先是隐性知识转化为显性知识
	孙卫忠等（2005）	隐性知识向显性知识转化是知识共享核心
	Gunnar（1994）	不同层面知识的转换过程，认为从个体知识逐渐向团队知识、组织知识、组织间知识的转移过程，是知识的扩展过程，而其逆过程是知识专用化过程
知识共享过程	Davenport 和 Prusak（1998）	将知识贡献过程看成是企业内部的知识参与市场的过程，市场的参与者可以从中得到利益；企业也存在一种内部的知识市场，互惠、声誉均起到支付机制的作用
	魏江和王艳（2004）	知识共享是个人知识不断提升为组织知识的过程。从知识存放地点的转变看，知识共享是从个人知识到组织知识不断相互转化的过程；从共享内容的转变看，知识共享是隐性知识不断转变为显性知识的过程
	Holtshouse（1998）	把知识看做是一种"流"（flow），即知识可以在知识的提供者与需求者之间相互流动。对知识提供者而言，是一种选择性"推"的过程；而对知识需求者而言，则是"拉"的过程，两者结合，则产生最佳的知识流量
知识共享模式	Nonaka 和 Takeuchi（1995）	知识创造转换模式，即 SECI 模型：从隐性知识到隐性知识（社会化过程）、从隐性知识到显性知识（外化过程）、从显性知识到显性知识（综合过程）、从显性知识到隐性知识（内化过程）
	汪应洛和李勋（2002）	知识转移过程存在着语言调制及联结学习两种方式，认为隐性知识也可分为真隐性知识与伪隐性知识
知识共享模式	胡婉丽和汤书昆（2004）	研发中的知识创造和转移过程以及知识转移通道的建设
	魏江和王艳（2004）	知识由个体传递给个体，即个体—个体模式；知识由组织向个人扩散，即组织—个体模式；组织之间的知识共享，即组织—组织模式

续表

研究视角	作者	观点
知识共享动机	Davenport 和 Prusak (1998)	知识共享是为了换取某种回报；一是互利主义；二是向他人传授知识提高个人声誉；三是利他主义，不求回报，希望知识能传承
	Gee 和 Kim (2005)	预期的合作和贡献观点是个体形成知识共享观点的主要决定因素。知识共享观点导致的知识共享意愿，最终会导致知识共享的行为

资料来源：徐瑞平，陈莹.2005.企业知识共享效果综合评估指标体系的建立.情报方法，(10)：2-5；任岩.2006.企业知识共享影响因素研究综述.情报杂志，(10)：106-112；顾盼.2007.上下级沟通、角色压力与知识共享及工作满意度研究.浙江大学硕士学位论文.经作者整理.

国外主要从知识共享内容、知识共享过程、知识共享作用、知识共享动机四个角度来研究影响企业知识共享的因素（顾盼，2007），而国内则主要从知识共享内容、知识共享模式、管理集成、知识特性四个角度来研究（任岩，2006）。因此，外包间共享的知识可以分为两类：一类为显性知识或结构化知识，如产品设计总成和工艺规范等；另一类为隐性知识，如专家知识、外包经验（吴锋等，2004b）。

近年来，不少学者从知识共享角度探讨外包关系治理（Willicocks et al.，1998；Lee，2001）。外包供应商和外包企业之间的知识共享成为外包关系相互信任的重要因素（Mowery et al.，1996）。然而，跨组织的知识共享是难以达到的。正如 Nonaka 和 Takeuchi（1995）所说，知识共享是基于组织情景，拥有不同文化、结构和目标的组织知识很难共享。因此，外包双方知识共享也是建立在相互信任、目标和愿景一致、良好的关系的基础上，不存在机会主义（Lee et al.，1999）。知识共享的另一个重要因素是企业必须具备吸收或学习知识的能力（Lee，2001），即识别、消化并应用新知识的创新能力（Cohen et al.，1990）。因此，企业必须不断加强自身的研发水平和技术能力，掌握研发外包中知识流向和扩散程度，从而确定相应的知识管理战略。

第二节　研发外包的协调能力：外部跨组织和内部管理协调能力

传统的理论认为，企业主要依靠自身的能力获得竞争优势。然而，随着环境的动态性和不确定性不断增长，企业外部因素比内部因素更影响企业的竞争力，从而引发对传统静态、平衡框架的不满，逐步转移到资源观理论。资源观理论指出，企业的资源和能力是企业维护竞争优势的要素（Barney，1991）。因此，企业能力依赖于难以模仿、替代的资源，通过资源获取和运用提高企业的竞争优势并发展企业的动态能力。这里的"动态"指的是有效地适应、集成、重构企业内外部资源，发展与不断变化的需求和环境相匹配的竞争力（Teece, et al.，1997；Lee，2001）。Mowery 等（1996）也指出，"动态组织能力"是企业通过学习而获得的新能力。

企业组织能力指的是企业能合理接受、集成、重构企业内外部资源和竞争力，以获得组织目标的能力（Teece et al.，1997）。跨组织之间的成功运作管理主要依赖于组织的各种重要的技能和能力（Bardach，1998）。外包包括供应商和外包企业之间的交互行为，存在很多风险，如业务不确定性、过时的技术、没经验的外包供应商、外包管理薄弱、目标不明确、隐藏成本、组织学习缺乏、创新能力缺乏、外部竞争者等（Earl，1996）。因此，为有效控制外包风险，企业内部必须具备某些重要的能力（Lacity et al.，1996）。特别是，外包中的协调能力尤为重要（Chen et al.，2003），即外包企业如何将企业目标与供应商关系管理有效地集成能力（Feeny et al.，1998b）。

外包的"协调"能力指的是有效地适应、集成、重构企业内外部资源，发展与不断变化的需求和环境相匹配的竞争力（Teece et al.，1997；Lee，2001）。协调能力是紧密结合的企业关系治理能力，好的协调能力将为外包双方创造相互利益，知识共享和彼此之间意愿及对战略目标的理解。

国内外学者从不同角度探讨了外包协调能力。Brown 和 Potoski（2003）按照外包流程和管理的生命周期，定义了三种外包协调的能力：一是决策能力，决定外包还是自制；二是执行能力，如供应商选择，讨价还价；三是评价能力，供应商绩效评价。Sinkovice（2004）从战略的角度将其分为操作灵活性和协同能力。操作灵活性指的是企业对市场的响应能力和操作有效性；协同能力指的是外包企业与供应商之间的紧密联系和相互利益、风险共享。外包双方的协同有利于知识创造、专家信息共享、双方意图和战略目标的理解。Lee（2001）从知识的视角探讨组织能力对外包关系的影响，从知识的角度来看，影响外包的协调能力指的是组织知识（如日常行为规则、技能、技术诀窍）获取、搜索、消化和探索。Lewis（2006）在 Lee（2001）研究的基础上，从信息共享的角度，探讨了外包中信息共享和外包的关系，其中，外包协调能力主要指的是组织能力。Kim（2005b）、Martinez-Sanchez 等（2007）指出了外包中的跨组织合作能力的重要性。

综上所述，本书将外包协调能力分为两种能力：外部跨组织协调能力、内部管理协调能力。

一　外部跨组织协调能力

一般来说，企业的活动并不局限于企业内部，而且存在于和外部供应商合作过程中。企业可以从外部获取大量资源和信息，企业通过资源整合和关系协调管理，从而获得超越企业自身的竞争力（Martinez-Sanchez et al.，2007）。企业对组织内外活动的协调能力越强，越能促进外包实践的灵活经营，快速开发新产品，降低研发费用，完成企业战略目标，整合外部资源以获得长久的竞争优势（Lejeune et al.，2005），从而弥补企业外包所造成的创新能力的下降。

跨组织协调能力主要协调外包的流程和操作，如外包计划、进程、具体安排等。为提高外包供应商的技术能力和知识获取能力，供应商较早参与产品开发设计，因此需要企业多方协调自身和外包供应商之间的各项活动，以满足客户需求和加快市场反应（Gosain et al.，2004）。跨组织协调能力有助于企业和外包供应商之间共享新思想、技术，促进外包进度的完成。同时，跨组织协调能力可以减少项目复杂性，促进技术资源和技术人员的信息交换和沟通。

Kim（2005）从关系质量的角度探讨了外包治理能力与关系质量、企业绩效之间的关系。外包治理能力包括外包管理能力、技术能力和跨组织的协调能力。跨组织协调能力指的是外包过程中不同意见协调和冲突的解决方法，统计结果表明外包协调能力与企业外包绩效正相关。Bardhan 等（2006）从信息技术的角度，探讨了信息技术，产品外包、供应商集成能力和生产制造绩效之间的关系，数据表明：供应商集成能力有利于企业提高质量绩效，但不一定降低企业成本。Martinez-Sanchez 等（2007）认为外包过程中涉及供应商的多项活动，强有力的协同能力可以促进企业有效地整合资源，管理外包流程。统计数据证实了外包协同能力与外包绩效正相关。

根据以上学者的研究，我们将研发外包的外部跨组织协调能力分为两个：信息共享能力、协同参与。

1. 信息共享能力

信息共享能力指的是合作各方超出合同与协议规定来主动交换信息的程度，而所交流的信息对对方有益（McEvily et al.，2005）。信息共享对企业的帮助可以从共享信息的细节程度、准确程度、及时性、广泛性和共享的种类等几个方面来衡量（Gulati et al.，2007）。外包中的信息共享是双方信息沟通的最高程度（Lee et al.，1999），尤其是当外包供应商信息共享较为深入时，由于"溢出效应"（Blomstrom et al.，2001）的存在，外包企业除获得本企业的市场信息或技术技巧外，还会在外包交互过程中学习到许多意想不到的知识，从而提高竞争优势。许多学者证实频繁的信息交流和交换是保持良好外包关系的重要前提（Henderson，1990；Konsynski et al.，1990）。外包双方通过不断的信息交换，加强与外包伙伴互动交流，尤其是超越合同与协议规定的信息交换和隐性知识的获得，还能促进新知识的产生，并减少技术和市场变化带来的外包风险，进而提高企业的外包绩效（许冠南，2008）。

2. 协同参与

协同参与允许外包双方建立相互合作的期望和规范。协同参与是外包双方紧密工作的相互依赖的一种关系，可以为外包双方创造互惠的产出，包括知识创造、经验共享、外包双方意图、战略思想的理解（Sinkovice，2004）。

学者们从战略、学习、管理角度探讨了协同参与的重要因素（表5.4）。

表5.4　技术协同参与的研究综述

视角	内容	作者
项目特点	市场需求	Hausler 等（1994）；Bruce 等（1995）
	财务政府支持	Sakakibara（1993）
	酬劳	Parkhe（1993）
	技术复杂性	Teichert（1993）；Sakakibara（1993）；Steensma（1996）；Ragatz 等（1997）
	业务相关性	Sounder 和 Nasser（1990）；Farr 和 Fisher（1992）；Sakakibara（1993）；Ragatz 等（1997）
	战略重要性	Sakakibara（1993）
合作伙伴特征	相互理解与信任	Farr 和 Fisher（1992）；Bruce 等（1995）；Dodgson（1993）；Hakanson（1993）；Teichert（1993）；Hausler 等（1994）
	参与经验	Farr 和 Fisher（1992）；Dodgson（1993）；Hakanson（1993）；Teichert（1993）；Bruce 等（1995）；Hausler 等（1994）
	互补战略	Teichert（1993）；Hausler 等（1994）；Mohr 和 Spekman（1994）；Saxton（1997）
	互补资源	Farr 和 Fisher（1992）；Teichert（1993）；Hakanson（1993）；Dodgson（1993）；Bruce 等（1995）；Hausler 等（1994）
协同参与实践	规则和步骤	Sounder 和 Nasser（1990）；Farr 和 Fisher（1992）；Teichert（1993）；Dodgson（1993）；Hakanson（1993）；Hausler 等（1994）；Bruce 等（1995）
	绩效考核的协同	Sakakibara（1993）；Hausler 等（1994）；Bruce 等（1995）；Nueno 和 Oosterveld（1998）
	参与程度	Sounder 和 Nasser（1990）；Farr 和 Fisher（1992）
	信息共享	Sounder 和 Nasser（1990）
	沟通频率	Sounder 和 Nasser（1990）；Ragatz 等（1997）

资料来源：Kim Y, Lee K. 2003. Technological collaboration in the Korean electronic parts industry: patterns and key success factors. R&D Management，（33）：59-74.

从表5.4可以看出，学者们探讨了外包过程中项目特点（如市场需求、财务政府支持、酬劳、技术复杂性、业务相关性、战略重要性）、合作伙伴特征（如相互理解与信任、参与经验、互补战略、互补资源）、协同参与实践（如规则和步骤、绩效考核的协同、参与程度、信息共享、沟通频率），也有学者从这三个方面集中讨论新产品开发过程中技术协同的重要性。协同参与有助于外包双方合作关系加强，有效的参与将促进彼此了解合作的意图、目标和进程（Han et al.，2008）。在研发外包中，协同参与行为可分为两部分：日常事物的管理、流程改进（Huiskonen et al.，2002）和共同解决问题。

在外包过程中，一方面，外包双方经常会在日常工作中碰到许多问题，最好的解决方法是自发的沟通，快速有效地解决问题。流程的改进，需要预先计划和正式协商。一个行之有效的办法是成立外包项目管理小组，不遗余力地推动外包顺利进行，而协同过程中最重要是外包双方的文化趋同与信任。另一方面是共同解决问题。共同解决问题指的是随着时间的推进，合作伙伴共同承担起解决出现的问题的责任，并且形成相互协调和配合的互动模式（郑素丽，2008）。

共同解决问题可以从共同负责完成任务（Heide et al.，1992）、相互帮助解决问题（McEvily et al.，2005）和协同克服困难（Gulati et al.，2007）等方面来衡量（许冠南，2008）。在研发外包过程中，产品的开发是问题出现的一个关键环节。有效的产品开发需要供应商及早介入产品的设计，及时解决各个阶段和各部门之间存在的问题（Clark，1989）。如果外包双方不能共同对待问题，并及时解决，将导致外包的失败。共同解决问题是外包双方合作关系的重要组成部分，为双方共同的计划和实施提供协调机制。外包双方通过解决问题而多次深入沟通、交流，促进企业新知识的获取、转移和应用。并且，随着合作的逐步推广和加深，外包双方形成了能相互理解的行为规范和共同语言，从而构建了一个共同解决问题、克服困难和相互帮助的外包关系平台，促进外包成功。

二 内部管理协调能力

内部管理协调能力主要分为合同管理和供应商管理，前者主要是外包双方的契约、规则和执行管理，而后者主要是超越合同之外的供应商责任、发展、培育等方面的管理（Shi et al.，2005）。

1. 合同管理能力

研发外包涉及许多问题，如招标机制的设计、评标工作的组织以及对承包者的控制制度等。其中，外包契约管理是一个重要问题（王安宇，2008）。研发外包中，承包者（supplier）与外包者（outsourcer）之间的冲突直接影响着研发外包的开展效率。合同管理是维系承包者与外包者合作关系的正式契约（王安宇等，2006），由于知识要素投入难以精确计量以及技术成果价值难以确切描述，其不完全性更加突出。签约前的隐藏信息和签约后的隐藏行动，为合作过程中的冲突埋下了隐患（Kultti et al.，2000）。但在研发外包实施过程中，纯粹依靠精心设计的正式契约条款很难解决外包过程的实际问题。事实上，也不存在完美的契约，可以将外包双方所有的问题囊括进去。因此，良好的研发外包关系的维护和研发外包的效率，除了依靠合同或契约管理（formal contract）外，在很大程度上依靠外包双方的信任、包容和相互帮助，即社会管理（social contract）（Li et al.，2008）。从交易成本理论角度讲，研发外包者和承包者之间的交易类型属于 Williamson（1985）所指的"经常-混合型"交易，其治理机制自然就不同于市场（价格机制）和企业内部研发组织（行政命令），而是"双边规制"（bilateral regulation），即双方在正式契约的基础上，形成一种比较密切的关系，表现为关系契约（relational contracts）（王安宇等，2006）。

本书的合同管理能力包括了正式契约管理能力和非正式社会管理能力，正如 Das 和 Teng（1996）所说，正式契约管理和社会管理是外包中的两个重要治理方式。正式契约管理注重建立正式规章、制度、政策，以此监控外包双方的行为和评价外包结果；社会管理则注重相互关系，彼此融合，共同的价值观、文化和对企业战略的认知。因此，清晰合理的治理方式（包括沟通、思想交流、规章制度）是外包成功的关键因素（Li et al.，2008）。

2. 供应商管理能力

供应商管理是一个复杂的过程，其环节涉及供应商选择，供应商审核，供应商评价、考核，供应商培育与开发，供应商关系管理，供应商成本、竞争、合约、股权、价格等控制管理，供应商品和项目进程控制等环节。因此，供应商管理，就是对供应商的了解、选择、开发、使用和控制等综合性的管理工作的总称。而在外包过程中，供应商管理最主要的两个内容是供应商的关系管理和供应商的培育。

Feeny 和 Willcocks（1998）将供应商管理描述为"组织超越合同之外的探索供应商长期潜在的双赢局面，为彼此提供服务和增加业务利益的行为"。为建立外包双方的长期合作关系，取得良好的外包绩效，企业内部需建立风险和利益共享系统（如长期的双赢和成长规划），创造信息共享环境（如相互业务流程的熟悉）。现有的外包实践也证实了良好的供应商关系对外包绩效起到促进作用。更重要的是，供应商成长是外包双方长期合作成功的潜在和核心要素。首先，外包是供应商和企业相互合作的一个跨组织过程。现有的运作管理文献都从供应商发展角度详细证实了供应商成长的动因、流程和对外包双方的正向影响（Krause，1999；Krause et al.，1998，2000）。其次，彼此之间业务流程的了解和供应商发展潜力的挖掘都需要企业内部不断学习和创造知识探索的机会。供应商发展促进外包双方共同成长，影响外包过程中契约的不断修改，完善绩效考核系统，加强合作关系（Shi et al.，2005）。因此，供应商管理将促进外包双方加强彼此之间的了解，为外包双方创造双赢的局面（Han et al.，2008）。

第三节　研发外包机理的概念模型与理论假设

通过第三章的探索性案例分析，本书提出了研发外包维度结构与企业创新绩效的 6 个初始假设命题，初步构建了研发外包对企业创新绩效有正向影响的模型，并进一步提出研发外包协调能力的中介作用。下面，本书将针对这个命题，结合已有的相关研究展开理论探讨，提出本书的理论假设和概念模型。

一　研发外包的维度结构与企业创新绩效

研发和创新是企业成长的动力源泉。在激烈竞争和动态变化的市场环境中，依靠单个企业的力量已经很难在市场竞争中取得优势，因此，企业之间资源共享、优势互补、相互合作成为必然的选择，研发外包也逐步演化为企业战略的一部分。

现有的文献对研发外包的动因（Howells，2008a）、必要性（Mol et al.，2005）、边界和治理机制（Ulset，1996）、程度（Narula，2009）——进行探讨，而研发外包对企业创新绩效起到的促进作用主要体现在以下三方面。

一是资源的互补。研发外包的资源维反映了企业现有的资源配置和技术、研发水平，其资源的专用性、本身具备的技术和专业技能、需求和产出的确定性决定外包控制水平和能力。在快速变化的技术和市场环境下，企业从内部研发中获取的利益在逐渐减少（Chesbrough，2003），企业开始从外部获取技术和知识（Teece，1986）。而现代创新过程要求企业掌握不同创新源，如用户、供应商、竞争对手等，要求企业更广泛、深入地开发和利用外部资源，形成资源互补优势（Laursen et al.，2006），加快企业新产品开发速度，提高创新绩效。而企业资源的专用性、本身具备的技术和专业技能、需求和产出的确定性决定外包控制水平和能力，从而影响外包控制和决策，专用资源可以是设备、技术、专利或技能的集合。从研发外包角度看，企业技术和专业技能越高，其外包效果越显著（Poppo et al.，1998；Mclvor，2000）；企业自身的研发水平越高，对外包控制越强，外包经验越丰富，越倾向外包，外包成功率越高。因此，企业研发外包资源特性是企业内外资源优势互补的重要前提，决定着新产品研发的成功与否，对企业创新绩效有正向的作用。

二是关系的提升。研发外包的关系维体现外包双方在外包过程中的相互依赖、相互作用的协调体系，为外包双方的关系管理架构、沟通机制和协调发展提供理论依据。外包关系的管理主要指的是在外包过程中影响相互关系的连续行为：如供应商表现的感知（Grover et al.，1996）、信任、承诺与相互依赖（Kem，1997；Kem et al.，2001；Willicocks et al.，1998），外包关系管理和关系建立之间也相互影响（Clark et al.，1995；Marcolin et al.，1998）。外包中的关系治理是外包成功的关键因素（Lee et al.，1999）。首先，良好的关系促使外包双方共同完成企业的目标，共担风险和利益，在外包过程中加深合作强度，提高双方的创新效率和成功率。其次，良好的关系促使外包双方文化、技术接近，彼此之间相互依赖、共享知识与技能，共同开发与生产，既降低了外包交易的不确定性因素所导致的风险，又降低了研发成本，改进了质量，加速了新产品的开发进程，提高创新水平和绩效。因此，研发外包的关系维有助于提高企业的创新绩效。

三是知识的转换。研发外包与人力资源外包、生产制造外包不同，它更多的是知识传递、创造和获取（陈劲和童亮，2004）。在外包失败的项目中，其中一个很重要的原因是缺乏知识的流动和保护（Lee，2001；吴锋和李怀祖，2004a）。知识日益成为外包整体运作效率的关键性要素之一，研发的本质是探索未知，解决迄今尚未解决的问题。即使是成熟、标准化技术，对其进行的研制和改进，也是一种探索和研究的过程。无论是效率型还是创新型研发外包，其外包的过程就是知识传递、创造和积累的过程。外包过程中知识流失与两个因素有关：外包本身获取知识获取的程度，交互性过程中知识交互的频度、深度与广度（Lee，2001）。因此，企业必须不断加强自身的研发水平并提高技术能力，掌握研发外包中知识流向和扩散程度，隐性知识和显性知识转换程度越高，企业的研发水平就越高，越能促进企业新产品研制过程，提高创新绩效（Li et al.，2008）。

综上所述，本书提出如下研究假设。

机理_H1：企业研发外包的维度结构（资源、关系和知识）对企业的创新绩效有正向影响。

机理_H1a：企业研发外包的资源维度对企业的创新绩效有正向影响。

机理_H1b：企业研发外包的关系维度对企业的创新绩效有正向影响。

机理_H1c：企业研发外包的知识维度对企业的创新绩效有正向影响。

二　研发外包协调能力的中介作用

在第三章探索性案例分析中，本书论述了研发外包协调能力的中介作用，即研发外包维度结构对企业创新绩效的正向影响，是通过提高研发外包协调能力进而促进企业创新绩效的机制建设实现的。

1. 研发外包的资源维与外包协调能力

研发外包的资源维反映了企业现有的资源配置和技术、研发水平，包括专有资源和互补资源。研发外包的资源维度对外包协调能力有正向影响，具体表现为以下两方面。

一是企业的专有资源决定研发外包协调能力水平（Quinn et al.，1994；Argyres，1996；Tomas et al.，2006）。其资源的专用性、本身具备的技术和专业技能、需求和产出的确定性决定外包控制水平和能力，从而影响外包控制和决策。从研发外包角度看，企业技术和专业技能越高，其外包效果越显著；企业自身的研发水平高，对外包控制越强，外包经验越丰富，越倾向外包，外包成功率高。反之，若企业技术能力和专业水平低，外包控制能力弱，外包容易失败，从而使企业竞争力下降（Poppo et al.，1998；Mclvor，2000）。

二是企业的互补资源，即企业从外包合作伙伴那里获取的技术、技能和需求，帮助企业获得稀缺资源、能力，提高外部协调能力，从而加快创新的进程。从研发外包的角度看，资源理论可分为资源观基础理论（resource-based view）和资源依赖理论（resource-dependence view）。因而，为保持企业持久的竞争优势，企业需要不断寻求外部互补资源和能力。这种寻求外源的模式可以填补企业现有资源和能力的空白，提升企业竞争力（Stevensen，1976）。特别是外包过程中彼此之间协调能力的提升，加快外包进程，促进新产品开发速度提升，提高创新绩效提高。

综上所述，本书提出如下理论假设。

机理_H2：企业研发外包的资源维度水平与研发外包的协调能力密切相关，资源维度水平越高，研发外包协调能力越强，越促进企业创新绩效提高。

机理_H2a：企业研发外包的资源维度水平有助于提高研发外包的内部协调能力，资源维度水平越高，内部研发外包协调能力越强，越促进企业创新绩效提高。

机理_H2b：企业研发外包的资源维度水平有助于提高研发外包的外部协调能力，资源维度水平越高，外部研发外包协调能力越强，越促进企业创新绩效提高。

2. 研发外包的关系维与外包协调能力

研发外包的关系维体现外包双方在外包过程中相互依赖、相互作用的协调体系，为外包双方的关系管理架构、沟通机制和协调发展提供理论依据，包括行为变量和心理变量两个维度。

首先，良好的外包关系是外包协调顺利进行的前提。良好的沟通、信任和承诺有利于外包研发人员之间的学科交流、开阔思路、创造性地解决问题，促进外包双方对企业目标和战略意图的理解。在研发外包过程中，由于彼此之间相互依赖、共享知识与技能，共同开发与生产，既降低了外包交易的不确定性因素所导致的风险，又降低了研发成本，改进了质量，加速了新产品的开发过程。当企业外界潜在的供应商较少，信息和知识交换的数量加大时，企业将更注重其外包伙伴，相互依赖性增强。外包双方的大量沟通使对方对关系维系更自信，并保持良好关系，使外包双方内外协调更加方便，促进外包顺利进行（Lee et al.，1999），从而提高外包绩效。

其次，良好的外包关系是外包协调能力的保证。良好的关系意味着供应商和客户间的利益更加趋于一致（双赢），冲突减少，风险分摊，互相信任和注重对对方的承诺（吴锋等，2004a）。在企业采取研发外包策略后，企业一部分研发工作被外包，必须寻求、发展良好的外包合作关系，提高外包协调能力，促进外包成功（Kim，2005b）。研发外包过程就是外包双方互动的过程，这种互动越频繁、伙伴间的信息交换会越密集，深度和广度不断加大，从而创造出一定关系特有的共同知识，促进双方协调和发展。因此，如果外包双方具有良好的信任、沟通机制，外包双方通过高频率、反复的社会互动提高彼此研发能力和外包水平，并进一步提高双方的关系协调、评价、吸收等能力，形成良性循环，会促进外包顺利进行（刘海红，2003）。

综上所述，本书提出如下理论假设。

机理_H3：企业研发外包的关系维度水平与研发外包的协调能力密切相关，关系维度水平越高，研发外包协调能力越强，越促进企业创新绩效提高。

机理_H3a：企业研发外包的关系维度水平有助于提高研发外包的内部协调能力，关系维度水平越高，内部研发外包协调能力越强，越促进外包绩效提高。

机理_H3b：企业研发外包的关系维度水平有助于提高研发外包的外部协调能力，关系维度水平越高，外部研发外包协调能力越强，越促进外包绩效提高。

3. 研发外包的知识维与外包协调能力

研发外包的知识维就是知识传递、创造和积累的过程，其对外包协调能力的影响主要表现在以下两方面。

首先，外包合作双方知识流动与共享水平是外包成功的基本要素。研发外包与生产、服务外包不同，它的主要特征是知识的创造和传递。在研发外包过程中，外包双方共享显性知识和隐性知识，知识流动进一步分为知识从客户流向供应商和知识从供应商流向客户。前者是供应商提供合格产品与服务的必要条件，后者是外包最终实现好的绩效的保证（吴锋等，2004b）。通过外包过程显性知识和隐性知识的吸收和应用，企业加快了研发速度、减少技术不确定性（Linder，2004）。外包知识吸收和获取是外包双方完成战略转换和合作关系调节的核心内容（Grant et al.，2004），因此，外包合作双方知识流动与共享水平越高，外包协调能力就越强，越会促进企业的创新绩效提高。

其次，外包双方的知识获取和共享是外包协调能力提升的关键要素。外包中知识管理过程分为三个阶段：一是企业从外包中获取知识；二是知识吸收内化的过程；三是知识使用和再创造的过程（李西垚等，2008）。在知识管理过程中，最核心也最艰难的一个阶段就是将知识在企业内部的吸收转化过程。在外包过程中，外包双方的显性知识和隐性知识吸收获取的关键是知识的结构化、代码化程度（Li et al.，2008）。知识的编码和结构化程度越高，知识越容易转化为可沟通和理解的规则（Kogut et al，1992）。在外包过程中，各研发人员运用所积累的知识，不断吸纳、集聚与组合新知识，并进行新的知识整合，从而促进企业知识内化，成功吸收和应用，并逐步形成自己的隐性知识，最终增强外包协调能力（Lee，2001）。

综上所述，本书提出如下理论假设。

机理_H4：企业研发外包的知识维度水平与研发外包的协调能力密切相关，知识维度水平越高，研发外包协调能力越强，越促进企业创新绩效提高；反之，研发外包协调能力越弱，企业创新绩效下降。

机理_H4a：企业研发外包的知识维度水平有助于提高研发外包的内部协调能力，知识维度水平越高，内部研发外包协调能力越强，越促进外包绩效提高。

机理_H4b：企业研发外包的知识维度水平有助于提高研发外包的外部协调能力，知识维度水平越高，外部研发外包协调能力越强，越促进外包绩效提高。

4. 研发外包的协调能力与企业创新绩效

Adams（1980）指出，企业边界扩张导致两种企业冲突：内部冲突和外部冲突，而且这两种冲突是动态交替改变的。大量文献表明，企业组织边界的扩张和外包行为增加，迫使企业面对企业内外部冲突（Takeishi，2001）。因此，研发外包协调能力是企业一项极为重要的能力。Hillebrand（1996）也指出，企业要协调好外部供应商，首先要协调好内部。换句话说，要有效地与供应商合作生产出新产品，企业不仅必须解决外部的冲突，而且要协调企业内部各个部门的关系。在传统方式下，供应商只是简单地供应货物，很少参与产品的设计过程，而在研发外包中，供应商早早介入产品的设计与规划。为有效促进外包供应商的介入，企业需要协调工程部、采购部、研发部、质量保证部门等多个部门之间的任务，因此研发外包的协调不仅仅是与外部供应商直接的简单联系，而是解决企业内外部各种问题和冲突的纽带。外包内外协调能力的好坏关系整个外包成功与否，直接影响企业的绩效（Takeishi，2001）。

综上所述，本书提出如下理论假设。

机理_H5：企业研发外包的协调能力与创新绩效密切相关。

机理_H5a：企业研发外包的内部协调能力有助于提高创新绩效，研发外包内部协调能力越强，企业的创新绩效越高。

机理_H5b：企业研发外包的外部协调能力有助于提高创新绩效，研发外包外部协调能力越强，企业的创新绩效越高。

三 研发外包模式的调节作用

调节效应（moderating effect）表示两变量之间的因果关系随调节变量的取值不同而产生变化。在借鉴 Balachandra 和 John（1997）、琳达·科恩和阿莉·扬（2007）的分类的基础上，本书从企业战略、技术和创新性角度将研发外包模式分为以下两种：效率型和创新型，两种模式对比如表 5.5 所示。

效率型研发外包模式技术不确定性、复杂性较低，创新程度不高。它是对原有的技术和市场的小的改进或完善，如新工艺、新功能，带来的是渐进型创新。一般来说，效率型外包需求非常具体和确定，所以外包行为比较容易控制，研发结果易于评价。因此，企业在管理效率型外包时，主要工作是选择好外包供应商，签订外包合同，外包流程和需求明确，外包结果评定简单，对外包中间过程关注较少。因此，企业与供应商之间的协调活动较少，主要是企业内部协调（制定外包流程和严格控制供应商）。

创新型研发外包模式技术不确定性、复杂性较高，创新程度较高。研发的技术是前瞻性、未来技术，如果成功会给企业带来巨大的利润和市场，一般为突破性创新。但是创新型研发外包模式的需求和技术均不确定，有时可能只是企业的一个想法，其研发时间较长，所以在外包过程中外包双方需不断交流和沟通，交换彼此的信息和知识。为有效地与供应商合作生产出新产品，企业不仅要解决外部的冲突，而且要协调企业内部各个部门的关系。因此，企业在管理创新型外包时，不仅要求企业自身具有较高的技术和研发水平，更重要的是要不断学习、吸收和整合外部知识和信息，协调企业内外各研发团队、供应商、客户等研发网络的错综复杂关系，使整个外包项目顺利有序进行，促进外包的成功。

表 5.5 效率型和创新型研发外包特征比较

模式	目标	与服务供应商的关系	技术	特点	定价方法
效率型	成本削减或成本控制提高运营效率；获得技术能力；突出主业	确定服务数量或质量的服务水平协议；企业主导地位	成熟技术、产品和市场；技术接近"核心技术"（提供/改进产品特色而保持竞争力/外围技术）	一次性，针对研发活动中的某一特定工作或环节的行为；研发内容明确详细，具体的研发设计	成本加成法；按量计酬法；固定价格法

续表

模式	目标	与服务供应商的关系	技术	特点	定价方法
创新型	商业模式转变获得新收益、新技术和新市场	紧密的伙伴关系，相互交流、相互信任；利益攸关；供应商具有业务转变能力	主导技术；前瞻性、战略性技术；新产品、新市场	公司享有创意，能力不足，需要合作伙伴支持；产品的开发概念阶段，即产品的设计和理念是模糊，不确定的，需要供应商和制造商之间进行多方面的信息交流（技术、商业、项目计划、进展）	共享风险/回报定价法；经营成果实现法

资料来源：Lan Stuart F，Mecutecheon D. 2000-08-31. Developing newworks for outsourcing research and development. http：//www. sbaer. uca. edu/research/dsi/2000 /pdffiles /papers /v3091. pdf；Finn W，Bjorn A，Arjan V W. 2000. Driving and enabling factors for purchasing involvement in product development. European Journal of Purchasing ＆ Supply Management，（6）：129-141；琳达·科恩，阿莉·扬. 2007. 资源整合-超越外包新模式. 虞海侠译. 北京：商务印书馆. 经作者整理.

综上所述，我们提出如下理论假设。

机理_H6：不同研发外包模式下，内外部协调能力对企业创新绩效影响不同。

机理_H6a：在效率型研发外包模式下，研发外包内部协调能力对企业创新绩效影响较大。

机理_H6b：在创新型研发外包模式下，研发外包的外部协调能力对企业创新绩效影响较大。

本 章 小 结

本节在第三章探索性案例研究得出的初步命题基础上，结合现有文献研究，运用资源、关系、知识三个维度表征企业研发外包结构体系，将研发外包内外部协调能力作为中介变量，深刻剖析研发外包结构如何促进研发外包内外协调能力，进而提升企业创新绩效的作用机制，提出了六大假设（表5.6）。

表5.6　研发外包机理的研究假设汇总

研究假设
机理_H1：企业研发外包的维度结构（资源、关系和知识）对企业的创新绩效有正向影响
机理_H1a：企业研发外包的资源维度对企业的创新绩效有正向影响
机理_H1b：企业研发外包的关系维度对企业的创新绩效有正向影响
机理_H1c：企业研发外包的知识维度对企业的创新绩效有正向影响

续表

研究假设
机理 _ H2：企业研发外包的资源维度水平与研发外包的协调能力密切相关，资源维度水平越高，研发外包协调能力越强，越促进企业创新绩效提高
机理 _ H2a：企业研发外包的资源维度水平有助于提高研发外包的内部协调能力，资源维度水平越高，内部研发外包协调能力越强，越促进企业创新绩效提高
机理 _ H2b：企业研发外包的资源维度水平有助于提高研发外包的外部协调能力，资源维度水平越高，外部研发外包协调能力越强，越促进企业创新绩效提高
机理 _ H3：企业研发外包的关系维度水平与研发外包的协调能力密切相关，关系维度水平越高，研发外包协调能力越强，越促进企业创新绩效提高
机理 _ H3a：企业研发外包的关系维度水平有助于提高研发外包的内部协调能力，关系维度水平越高，内部研发外包协调能力越强，越促进外包绩效提高
机理 _ H3b：企业研发外包的关系维度水平有助于提高研发外包的外部协调能力，关系维度水平越高，外部研发外包协调能力越强，越促进外包绩效提高
机理 _ H4：企业研发外包的知识维度水平与研发外包的协调能力密切相关，知识维度水平越高，研发外包协调能力越强，越促进企业创新绩效提高
机理 _ H4a：企业研发外包的知识维度水平有助于提高研发外包的内部协调能力，知识维度水平越高，内部研发外包协调能力越强，越促进外包绩效提高
机理 _ H4b：企业研发外包的知识维度水平有助于提高研发外包的外部协调能力，知识维度水平越高，外部研发外包协调能力越强，越促进外包绩效提高
机理 _ H5：企业研发外包的协调能力与创新绩效密切相关
机理 _ H5a：企业研发外包的内部协调能力有助于提高创新绩效，研发外包内部协调能力越强，企业的创新绩效越高
机理 _ H5b：企业研发外包的外部协调能力有助于提高创新绩效，研发外包外部协调能力越强，企业的创新绩效越高
机理 _ H6：研发外包的模式对研发外包机理起到调节作用
机理 _ H6a：在效率型研发外包模式下，内部协调能力对企业创新绩效影响较大
机理 _ H6b：在创新型研发外包模式下，外部协调能力对企业创新绩效影响较大

　　与本章六大假设相对应，研发外包机理的概念模型如图 5.3 所示。企业的研发外包的资源维、关系维、知识维的程度越高，则研发外包的内外部协调能力越强，从而促进创新绩效。下一章将通过大样本的问卷调查的实证研究方法进行验证，并对结果作深入的分析。

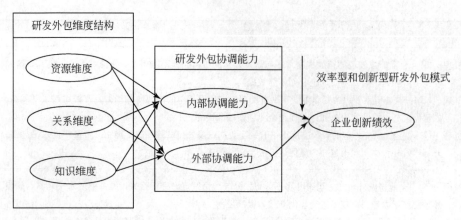

图 5.3　企业研发外包机理的概念模型

第六章

研发外包的机理：
实证分析

为了深入、有效地研究研发外包的机理，本书除了进行规范性的理论推理和详细的案例研究之外，还进行了定量的实证研究来证实理论推理的正确性。因此，本章将从问卷设计、数据收集过程、数据的初步统计推断等方面对本书的研究设计和实证研究方法进行阐述。本书属于企业层面研究，研究采用大面积问卷调查方式进行，经由问卷发放、数据收集、数据录入、数据分析等步骤。下面从问卷设计、数据收集、研究方法等方面进行全面阐述。

第一节 问卷设计与样本的描述性分析

一 问卷设计过程

本问卷总体设计是按照定性与定量相结合的方法，基于李克特量表法进行设计的，即是由一组针对某种事物的态度或看法的陈述组成的（李怀祖，2004）。指标采用李克特7级打分法。每份问卷针对一个研发外包企业，从客观上对该研发外包的类型、强度、企业创新绩效、研发外包资源特性、关系特性和知识特性、研发外包内外部协调能力、研发外包的演化特征等题项打分评价，再在大样本调研的基础上，通过数据收集并进行统计，最后得出研究结果。

为了保证问卷设计的合理性、效度和信度，本书采用了以下一些研究方法。

第一阶段，文献研究。在本书的研究过程中，笔者首先阅读了大量研发外包、协调能力、创新管理等方面的国内外文献，充分吸收了文献中与本书有关的知识，形成研发外包的机理模型，并在此基础上选择了研究变量，设计了研究变量的测度题项，初步形成了第一稿调查问卷。

第二阶段，征求专家和学术团队的意见。在笔者所在学术团队的学术讨论会上，笔者与包括2位教授、4位副教授、2位博士后在内的诸多同领域学者进行交流，探讨研究变量之间的逻辑关系以及测度题项设计的问题，从而对题项措辞与归类进行调整，并对部分题项进行增删。另外，还请企业界（制造业、软件业和服务业）3位中层干部对问卷设计给出宝贵意见和建议，由此形成了第二稿调查问卷。

第三阶段，选取浙江台州的10多家企业进行访谈，并对其中4家企业（吉利集团、东港工贸集团、飞跃集团、海信药业）进行了深入调研。访谈对象是企业技术中心负责人或相关的高层领导，以了解企业的基本情况以及企业研发外包的现状和所遇到的主要问题。访谈目的包括三方面：一是初步验证研究思路，就初始假设征询被访谈者的意见，以检验研究思路是否与现实相符合；二是征询被访谈者对本书重要问题的意见，包括研究模型的表面有效性，检验本书主要问题的实际意义；三是与访谈对象讨论各个研究问题所反映的概念范畴，以检验问卷中各变量的测度是否与实际相符合，以进一步充实完善调查问卷。通过调研，发现大部分企业都认识到了研发外包对技术创新的重要性，关键是如何管理和运作外包项目，企业的资源、关系和知识特性如何影响研发外包。这些现实情况对问卷设计有较大启示，由此形成第三稿问卷。

第四阶段，预测。为进一步让被调查者理解题项的含义，笔者找了 10 家企业进行预测。首先，向负责研发和技术创新的主管人员解释研发外包的基本关键概念，包括模式、机理、结构、动态演化概念。其次，解释问卷题项和含义，以及测试的目的。最后，采用面对面调查的方式，进行了预测试。根据问卷填写过程中出现的疑惑以及填写过程中交流所获得的建议，笔者对问卷中的一些测度题项的语句和表达方式进行了最后修改与完善，最终形成本书的问卷。

二 问卷的基本内容

本书的问卷设计，主要围绕着研发外包的资源、关系和知识各要素的作用机制而展开，运用回归分析、方差分析、因子分析、结构方程模型对如上数据进行统计分析，探索效率性和创新型研发外包对创新绩效的影响机制、两种外包模式的相互促进关系和动态变化的情况。围绕着如上部分的研究目的和研究内容，所设计的调查问卷包括了六个方面的基本内容，详见附录2。

(1) 问卷填写者与企业的基本信息；

(2) 研发外包的现状；

(3) 研发外包的强度；

(4) 企业的创新绩效；

(5) 研发外包的资源、关系和知识特性；

(6) 研发外包的内外部协调能力；

(7) 企业发展不同阶段研发外包的动态变化；

(8) 环境动态性。

三 问卷发放对象

调查对象指的是调查研究的总体。小型创业企业的初始阶段，外包现象不明显。因此，本书中的调查对象确定为成立 3 年以上的大中型企业。为方便操作，我们按照《中国大名录》和浙江省省级技术中心企业名录单，采取随机抽样并辅助判断抽样的方法抽取部分企业。企业必须具备如下特点：①企业主要集中在生物医药化工、纺织机械制造业、软件电子通信业、银行证券等服务业；②企业将研发工作部分或全部外包给供应商，目的是产生新产品、新思想或新的商业模式。

本书除了在问卷设计过程中对问题表述方式进行优化以外，对答卷者也作了一定的限定，确定被调查对象为企业的技术负责人或者相关的高层领导，确保答卷者有足够的信息和知识来填写问卷。

四 问卷发放及回收

本次调查从 2008 年 12 月 20 日开始发放调查问卷，截至 2009 年 8 月 20 日回收，共历时 8 个月。期间主要分四个途径发放问卷：一是现场发放。针对浙江省内的重点目标企业，笔者在进行案例深度调研的同时直接获取问卷，现场解答问卷中的事项并交换意见。该部分数据资料直接收回，并且具有较高的可信度，通过这种方式发出调查问卷 65 份，回收 65 份，回收率相对较高，为 100％。二是通过查找浙江省企业的黄页，直接向企业发 E-mail，共发出调查问卷 120 份，经过邮件的反复催问，回收 65 份，回收率为 54％。三是委托同学、朋友、亲友帮助发放，共发出调查问卷 100 份，回收 70 份，回收率相对较高，为 70％；第四种是直接将打印好的纸质问卷送到联系人手中，同时给他们传递调查问卷的电子版，他们均为政府机关工作人员，利用其与企业的联系，由他们将问卷以纸质或电子问卷形式发放给相关企业的被调查者，请被调查者填写问卷并将问卷交给联系人，然后联系人发送电子邮件将回收问卷的一部分寄回给作者，另一部分则由作者到联系人处取回，这种方式共发出调查问卷 40 份，回收 40 份，回收率相对较高，为 75％。在发放的 325 份问卷中，回收 240 问卷，回收率达 74％（表 6.1）。

通过对回收的 240 份问卷的初步检查，发现其中 30 份问卷中不同题项的选择答案不全或者具有明显的规律性（如选择一致性），另有 4 份问卷的企业不属于成立 3 年以上的大中型企业，所以予以剔除。另有部分问卷，对问卷中的第一部分（公司的一般信息调查）回答不完整，后通过网上查询和电话咨询补齐，予以保留。剔除不合格问卷后，得到实际有效问卷 206 份，有效问卷回收率 64%。

表 6.1　问卷发放与回收情况

问卷发放形式	发放数量/份	回收数量/份	回收率/%	有效数量/份	有效率/%
笔者走访	65	65	100	65	100
E-mail 或邮寄	120	65	54	60	50
委托同学、朋友、政府机构、教育机构	140	110	78	81	58
合计	325	240	74	206	64

注：问卷回收率＝问卷回收数量/问卷发放数量；问卷有效率＝问卷有效数量/问卷发放数量。

五 样本的描述性统计分析

从回收的 206 份有效问卷来看，本书所得样本的行业涵盖软件和电子及通信设备制造业，生物制药与新材料业，机械制造、化工和纺织业等；企业性质涵盖国有与集体、民营与三资；企业规模涵盖大中小型企业；样本基本特征的分布情况如表 6.2 所示。

表 6.2　样本基本特征的分布情况统计（N＝206）

企业属性	企业分类	样本数/个	百分比/%	累计百分比/%
产业类型	软件、电子与通信	50	24.3	24.3
	生物制药与新材料，医药化工	42	20.4	44.7
	纺织、机械制造业	67	16	89.3
	银行、税务、酒店等服务业	47	10.7	100
产权性质	国有与集体	47	22.8	22.8
	民营	104	50.5	73.3
	三资或合资	55	26.7	100
企业年龄	5 年及以下	48	23.3	23.3
	6～10 年	63	30.6	53.9
	11～15 年	31	15	68.9
	15 年以上	64	31.1	100
企业规模	100 人及以下	38	18.4	18.4
	101～1000 人	99	48.1	66.5
	1000～2000 人	32	15.5	82
	2000 人以上	37	18	100

续表

企业属性	企业分类	样本数/个	百分比/%	累计百分比/%
近两年平均销售额	3000万以下	41	19.9	19.9
	3000万~1亿	51	24.8	44.7
	1亿~10亿	75	36.4	81.1
	10亿以上	39	18.9	100
研发费用占销售额百分比	1%及以下	59	28.6	28.6
	1%~5%	102	49.6	78.2
	5%以上	45	21.8	100
国外供应商	有	132	64.1	64.1
	无	74	35.9	100

第二节 变量选择与测度

本书所涉及的变量包括研发外包的资源维（外生潜变量）、关系维（外生潜变量）、知识维（外生潜变量）和研发外包的外部控制能力（内生潜变量）和内部控制能力（内生潜变量）、企业创新绩效（内生潜变量）以及企业规模、年限、产业、产权性质、供应商、研发费用等控制变量。变量的测量采用李克特7级打分法予以度量，数字评分1~7依此表示从低到高，或从短到长（时间），4表示中立状态。基于前面的文献研究、实地调研和专家意见，本书分别应用多个题项对各变量进行测度。

一 资源维度

资源维度包括专用资源和互补资源。专用资源指一种资产对于某种产品的生产具有特定的价值。Murray等（1995）通过产品和流程创新表征企业的独有技术，使用3个题项测量产品和流程创新：您企业的产品（流程）创新水平如何？（低—高）和竞争对手相比，产品（流程）创新水平如何？（低—高）企业潜在的产品（流程）创新应用如何？（低—高）。Aubert等（1996）采用91个题项说明企业技术和专业技能：产品支持服务、CPU操作、操作系统、应用操作、操作系统维护、磁盘空间管理、硬件维护、打印操作、打印维护。Poppo和Zenger（1998）使用1个题项说明企业技能库：企业完成该业务所需额外技能和专业知识程度。

互补资源的测度因产业不同，主要从人力资源资产、企业特殊规则和知识、实体资产三方面测量（Williamson，1985）。Miller 和 Droge（1986）强调了建立跨部门小组协同合作的重要性，在外包决策时建立跨部门小组和任务组协调外包管理。在外包决策时，应考虑以下问题：产品或服务决策是否考虑产品、市场和研发战略？②资金预算决策、长期投资决策。从企业运作角度看，企业长期战略是否与企业运作改变一致？出现问题时跨部门和任务小组的使用频率如何？Murray 等（1995）使用 1 个题项测量互补资产：在生产非标准化产品过程中，企业所需特殊资产或资源（如工作地点、特殊原材料、特别培训员工、专门投资）的程度？（0—很低，5—很高）。Poppo 和 Zenger（1998）主要从人力资本入手，采用 3 个题项测量：个人在完成 IS 功能时，所需要企业特殊或个人特殊信息的程度？在将企业业务外包给供应商时，个人贡献程度如何？当外包这项业务时，其花费时间和资源成本如何？如果外包，供应商转换成本如何？（考虑时间、质量、培训、投资、测试、关系建立和维护）。Aubert 等（1996，2004）则从客户投资（3 个题项）、人力资源专用性（7 个题项）、员工雇佣延迟（10 个题项）、员工培训延迟（5 个题项）、供应商投资（9 个题项）和空间联络方式（5 个题项）、独特性（11 个题项）7 个方面进行测度。

本书基于上述研究成果，结合企业实地调研与专家意见，使用 6 个题项来度量资源维度，具体题项如表 6.3 所示。

表 6.3　变量测度——资源维度

变量	题项	来源
互补资源	企业经常让所有的部门参与决策	Miller 和 Droge（1986）
	企业为某一特殊决策（任务），将组建跨部门任务小组	Miller 和 Droge（1986）
专用资源	企业软硬件更新程度较高	Aubert 等（1996）
	企业完成该业务所需技能和专业知识机会（和同行业相比）较多	Poppo 和 Zenger（1998）
	企业的 IT 使用程度较高	Aubert 等（1996）
	企业外包经验程度较高	Aubert 等（1996）

二　关系维度

关系维度包括行为变量和心理变量两方面，下面着重介绍每种变量的测度。

1. 相互依赖性

相互依赖性指为维持相互关系来实现最终目标的感知（Frazier，1983）。在外包过程中，双方都会在不同程度上依赖企业间的关系，为达到预定的目标，任何一方都不能完全控制所有的条件，就产生了依赖。Heide 和 John（1990）从供应商和制造商投资角度测量相互的依赖性：对供应商特殊投资包括重用的设备和工具、从供应商购买重要的零部件；对制造商投资包括供应商提供的特殊规则和步骤、供应商有能力吸收一些特殊的技术标准和规则。Lee 和 Kim（1999）用 2 个题项测度相互依赖性：外包供应商是否对我们大部分的信息系统负责？外包供应商是否支持和管理我们所需的核心信息？Lee 和 Kim（2005）在此基础上，又增加了一个题项：如果外包双方关系存在问题，业务很难开展。刘征（2005）使用 4 个题项度量相互依赖性：加大对供应商的专用投资；双方员工共同培训；与本企业合作的供应商是业内最匹配的合作伙伴；双方深信将来的合作会更好。

　　本书基于上述研究成果，结合企业实地调研与专家意见，使用 2 个题项来度量组织间的信任程度，具体题项如表 6.4 所示。

表 6.4　变量测度——相互依赖性

变量	题项	来源
相互依赖性	外包供应商对外包业务的负责程度	Heide 和 John（1990）
	外包供应商支持和管理我们的核心业务	Lee 和 Kim（1999）
	如果外包出现问题，外包业务很难开展下去	Lee 和 Kim（2005）
	贵企业向外包供应商提供专业投资	刘征（2005）

2. 沟通

　　沟通是"分销渠道的黏合剂"，主要由内容、媒介、反馈和频率四部分组成（Mohr and Nevin，1990）。Mohr 和 Spekman（1994）通过 5 个题项测量沟通的程度：您觉得与供应商/制造商的沟通程度如何（时时/偶尔；准确/不准确；充分/不充分；完整/不完整；可行/不可行）？Lee 和 Kim（1999）、Mohr 和 Spekman（1994）的测量维度相同，采用 4 个题项度量沟通的程度：沟通次数（及时/不沟通）、准确性、完整性、可行性。刘征（2005）使用 5 个题项对沟通进行测度：建立联合的任务小组或跨职能团队解决共同关系的问题或沟通协调冲突；当遇到影响双方的重大事项和变革时，双方能协同一致；双方互派人员参与跨职能团队活动；本公司与供应商在各层面上（普通员工到高层领导者）沟通良好；双方沟通频繁。Han 等（2008）的测量维度和 Lee 和 Kim（1999）的相同，从沟通的及时性、准确性、完整性和可行性方面进行测度。

　　本书基于上述研究成果，结合企业实地调研与专家意见，使用 5 个题项来度量组织间的信任程度，具体题项如表 6.5 所示。

表 6.5 变量测度——沟通

变量	题项	来源
沟通	贵企业与外包供应商的沟通及时性较高	Mohr 和 Spekman（1994）
	贵企业与外包供应商的沟通准确性较高	Lee 和 Kim（1999）
	贵企业与外包供应商的沟通可行性程度较高	Lee 和 Kim（2005）
	贵企业与外包供应商的沟通的完整性程度较高	刘征（2005）
	当遇到影响双方的重大事项和变革时，双方协同一致	Han 等（2008）

3. 信任

Mohr 和 Spekman（1994）通过 3 个题项测量信任：相信制造商的决策对我们的业务有益；我们的交易是公平的；我们的关系很融洽。Cummings 和 Bromily（1996）把组织间信任分为信守承诺（keeps commitments）、公平协商（negotiates honestly）和避免过分相互利用（avoid taking excessive advantage）三个维度，并分别从感情（affect）、认知（cognitive）和行为意向（behavioral intent）三个视角，开发了组织间信任的量表，最后得出 121 个问题来测度组织间信任。Lee 和 Kim（1999）采用 3 个题项测度信任：在任何情况下，作出有益于双方的决策、彼此之间提供帮助、任何时候都是忠实的朋友。McEvily 和 Marcus（2005）在此基础上提炼了 3 个题项来测度组织间信任：合作企业能与本企业进行平等协商、谈判；合作企业没有误导本企业的行为；合作业能信守承诺（许冠南，2008）。Han 等（2008）在此基础上，增加了一个题项：外包双方保持良好的关系。

本书基于上述研究成果，结合企业实地调研与专家意见，使用 4 个题项来度量组织间的信任程度，具体题项如表 6.6 所示。

表 6.6 变量测度——信任

变量	题项	来源
信任	外包双方在商谈时能做到实事求是、平等对待	Mohr 和 Spekman（1994）
	外包双方在任何时候都是忠实的朋友	Cummings 和 Bromily（1996）
	在任何情况下，外包双方作出有益双方的决策	Lee 和 Kim（1999）
	外包双方彼此提供帮助	McEvily 和 Marcus（2005）
		Han 等（2008）

4. 承诺

Mohr 和 Spekman（1994）通过 3 个题项测量承诺：我们不间断地完成外包任务；我们承诺一定完成外包任务；我们最小限度地承诺完成外包任务。Lee 和 Kim（1999，2005）采用 3 个题项测量承诺：执行合同有效性；提供支持；尽量遵守诺言。Hennig 等（2002）从以下 4 个方面测量承诺，与外包服务商的关系是：我认为非常重要的事情、我承诺的事情、我关注的事情、我尽最大努力维持的事情。Han 等（2008）采用 4 个题项测量承诺：外包双方尽力维持关系、关系增强、遵守诺言、愿意建立关系。

　　本书基于上述研究成果，结合企业实地调研与专家意见，使用 4 个题项来度量组织间的信任程度，具体题项如表 6.7 所示。

表 6.7　变量测度——承诺

变量	题项	来源
承诺	外包供应商信守诺言	Mohr 和 Spekman（1994）
	外包供应商合同如期完成	Hennig 等（2002）
	外包双方愿意建立和延续关系	Lee 和 Kim（1999，2005）
	外包双方尽力维持良好的外包关系	Han 等（2008）

5. 认知感

　　Nahapiet 和 Ghoshal（1998）提出认知范式即是否拥有共同的经历、共同的语言、共同的立场和观点。Tsai 和 Ghoshal（1998）通过 2 个题项测量认知维：我们部门与其他部门在工作时共享同样的价值观；我们部门的员工热衷于完成整个组织的集体目标和使命。韦影（2005）采用李克特 7 级打分法，通过 2 个题项对企业内的认知维度进行了度量，这个题项分别是：网络联系因有共同语言能有效沟通联系；存在相似的价值取向（外部），联系中拥有一致的集体目标（内部）。Lee 和 Kim（2005）认知感测量标准与 Lee 和 Kim（1999）的"信任"相同，认为认知就是信任和协同。Inkpen 和 Tsang（2005）认为认知维度主要为共同目标和文化。苗文斌（2008）从企业对市场的判断能力、技术发展趋势、处理事物、协调关系角度强调合作双方的一致性程度四方面来测量。

　　本书基于上述研究成果，结合企业实地调研与专家意见，使用 4 个题项来度量组织间的信任程度，具体题项如表 6.8 所示。

表 6.8　变量测度——认知感

变量	题项	来源
认知	感外包双方价值取向一致	Tsai 和 Ghoshal（1998）
	外包双方认同的目标和使命	韦影（2005）
	外包双方处理问题和冲突方式一致	Lee 和 Kim（2005）
	外包双方有共同的责任感，共担风险	苗文斌（2008）

三 知识维度

Weber 和 Christiana（2007）通过知识共享的频率和强度表征知识共享规则。频率表示交互或共享的次数，如"我花了一半时间进行投资"则频率为"5"；强度表示共享的方式和类型（从 E-mail 到个人会面），如财务报表（比较正式交互方式）强度为"1"，个人会面为"3"。Lee（2001）测度了隐性知识和显性知识的共享程度。显性知识主要指的是业务报告和建议书，业务手册和模型，成功和失败的案例，报纸、杂志和期刊；隐性知识主要指的是工作经验、技术诀窍、教育和培训、知识创造的地域和人物（know-where and know-whom）。Chowdhury（2005）采用 7 个题项测量隐性知识的贡献：我获取的很难用文字或数字描述的知识的程度；我从团队获取的技术诀窍、商业技能（很难从书本得到）知识程度；我从团队经验学习中获取的知识程度；我从团队其他成员知识中获取的知识程度；我从特殊岗位或任务中获取的知识程度；我从其他成员文化、价值观所获取知识程度；我从其他成员个性中所获得的知识程度。顾盼（2007）从中选取 3 个指标：获得的知识和想法、获得的实用工作诀窍、获得的工作或人生方面的经验。

本书基于上述研究成果，结合企业实地调研与专家意见，使用 7 个题项来度量组织间的信任程度，具体题项如表 6.9 所示。

表 6.9　变量测度——知识维度

变量	子变量	题项	来源
知识维度	隐性知识共享	外包双方共享工作经验	Lee 和 Kim（2001） Chowdhury（2005） 顾盼（2007）
		外包双方共享技术诀窍	
		外包双方共享教育和培训	
	显性知识共享	外包双方共享业务报告和建议书	
		外包双方共享工作手册、流程	
		外包双方共享成功和失败的案例	
		外包双方共享报纸、杂志和期刊	

四 内外部协调能力

1. 外部跨组织协调能力

外部跨组织协调能力主要协调外包的流程和操作，如外包计划、进程、具体安排等。跨组织协调能力有助于企业和外包供应商之间共享新思想、技术，促进外包业务的完成，降低项目的复杂性，提高技术资源和技术人员的信息交换和沟通程度。外部跨组织协调能力包括信息共享和协同参与两部分。

Heide 和 Miner（1992）用 4 个题项度量了信息共享程度，包括：合作企业会尽可能相互提供所需的信息；合作企业间信息交换非常频繁，而非仅局限于既定协议；合作企业会尽可能相互提供所需的产权知识；合作企业能相互提醒可能存在的问题和变化。Mohr 和 Spekman（1994）用 7 个题项度量信息共享程度，包括我们共享专业信息；当需求改变时，提前通知供应商；共享的信息是有用的；事件改变时，双方都要知道；信息仅按照合同规定的方式提供；我们很少自动提供信息；影响到供应商的任何信息透明度高。Lee 和 Kim（1999）采用 3 个题项对信息共享进行测量：如果需要，可共享核心业务信息；共享帮助企业建立商业计划的信息；共享任何影响双方业务的信息。McEvily 和 Marcus（2005）在此基础上，整合为 3 项指标对信息共享进行测度：合作企业能提醒本企业可能存在的隐患问题，合作企业能与本企业分享其未来的发展计划，以及合作企业能与本企业分享其知识产权和敏感信息。Han 等（2008）使用 4 个题项测度外包中的信息共享：外包双方共享信息、外包双方共享核心业务知识、帮助供应商完成业务、外包双方共享变化信息。

Jap（1999）采用 3 个题项表示供应商和企业之间的协同：我们共同完成满足客户需求的业务；我们共同挖掘市场独特机会；我们的工作模式趋于一致。Sinkovice（2004）在 Jap（1999）研究的基础上，从市场机会、共同完成业务、共同开发新思想等方面进行测度，共设置 4 个题项：我们和供应商一起挖掘市场独特机会；在业务进行过程中，双方趋于一致；我们共同创造新想法；我们持续稳定地共享信息。Kim（2005）采用 6 个题项测度组织的协调能力：为保证合同的顺利进行，我们的员工与合同中相关的其他部门保持紧密联系；合同中的愿景与参与合同的其他部门员工的愿景一致；我们的员工与其他部门员工对合同的利益产生共识；我们的员工是否与其他部门员工共同商讨问题；我们的员工与其他部门员工进行有效的合作；我们的员工与其他部门员工对合同的产权产生共识。Han 等（2008）采用 5 个题项测量协同参与行为：我们和供应商共同决策业务目标和方向；我们和供应商一起解决问题；我们和供应商都自愿满足对方需求；我们和供应商对彼此存在的问题感兴趣；我们和供应商经常合作完成外包业务。

本书基于上述研究成果，结合企业实地调研与专家意见，使用 6 个题项来度量组织间的协同参与程度，具体题项如表 6.10 所示。

表 6.10　变量测度——研发外包外部协调能力

变量	题项	来源
信息共享	共享企业未来发展计划 共享任何影响双方业务的信息	Heide 和 Miner（1992） McEvily 和 Marcus（2005） Lee 和 Kim（1999） Jap（1999） Sinkovice（2004） Han 等（2008）
协同参与	外包双方共同完成满足客户需求的业务 外包双方能互相帮助解决对方问题 外包双方的工作模式趋于一致 外包双方的共同协作克服困难	

2. 内部管理协调能力

内部管理协调能力主要分为合同管理和供应商管理。合同管理主要是外包双方的契约、规则和执行管理，供应商管理主要是超越合同之外的供应商责任、发展、培育等方面的管理（Shi et al.，2005）。

Shi 等（2005）设置了 3 个题项测度供应商发展：外包企业和供应商之间尽量挖掘双赢的潜在机会；尽量使供应商充分理解外包企业各项业务的流程和操作规程；尽量帮助供应商和自己共同成长。Shi 等（2005）从三方面测度合同管理。一是合同的执行，共 4 个题项：整个外包执行过程确保合同顺利进行和完成；供应商对现有的合同负责（后去掉）；根据产业标准评估供应商绩效；根据合同标准评估供应商绩效。二是合同发展与增强，共 2 个题项：与 IS 供应商经常开会发展新的 IS 外包；与 IS 供应商经常开会增强现有的 IS 外包业务。三是外包供应商参与 IS 市场，共 2 个题项：供应商有责任完善 IS 服务市场标准；供应商有责任参与 IS 服务市场的各种功能。Kim（2005b）从 4 个方面测度合同管理能力：外包合同管理有明确的步骤和规程；IT 外包合同有清晰的规程和步骤；企业员工根据合同规程和步骤监控供应商行为；企业员工根据标准化惯例评估供应商绩效。Han 等（2008）设置了 5 个题项测度供应商的管理能力：我们的供应商选择有标准的流程；我们有能力评估外包绩效；我们对外包项目进行流程管理；我们对供应商合同的管理有系统流程；我们对供应商的控制有系统流程。

本书基于上述研究成果，结合企业实地调研与专家意见，采用 5 个题项测度内部外包协调能力，如表 6.11 所示。

表 6.11 变量测度——研发外包内部协调能力

变量	题项	来源
内部协调能力	企业根据合同标准评估供应商绩效 供应商选择有标准的流程 供应商的控制有系统流程 外包企业和供应商之间尽量挖掘双赢的潜在机会 尽量使供应商充分理解外包企业的各项业务操作规程	Shi 等（2005）； Kim（2005b）； Han 等（2008）

五 企业创新绩效

对于创新绩效的衡量，大体上可分为以下几种：一是从企业的客观衡量指标入手，如报告、专利、论文的发表数、被核准的项目比率、新产品数目、市场占有率等。二是从资源投入与产出入手，如研发的费用以及与往年的比较、研发的费用与总销售额的比率、新产品销售量以及与同业水准的比较（王飞绒，2008）。

Cooper（1985）主要采用新产品占目前公司的销售额比例、新产品开发比例、新产品开发失败的比例、新产品开发达成目标的比例、计划对公司销售额及利润增加的重要性、新产品所获得效益、计划相对竞争者成功程度、计划整体之成功程度等方面测量企业创新绩效。而后，Cooper & Kleinschmidt（1996）在此基础上，从财务绩效、市场的影响和机会窗口三方面衡量创新绩效。Hagedoorn & Cloodt（2003）增加了专利测量指标。韦影（2005）、张方华（2006）还从创新效率的角度对技术创新绩效进行度量，考虑了新产品开发速度与成功率。

本书基于上述研究成果，结合企业实地调研与专家意见，使用 5 个题项来度量企业创新绩效，具体题项如表 6.12 所示。

表 6.12 变量测度——企业创新绩效

变量	题项	来源
企业创新绩效（近三年贵企业与国内同行业主要竞争对手相比）	新产品数的情况 申请的专利数情况 新产品销售额占销售总额的比重情况 新产品的开发速度情况 创新产品的成功率情况	Cooper（1985） Cooper 和 Kleinschmidt（1988） Tsai（2001） Hagedoorn 和 Cloodt（2003） 韦影（2005） 张方华（2006） 许冠南（2008） 王飞绒（2008）

第三节 信度和效度检验

本书对 206 份有效问卷先用探索性因子分析，得出关于变量内部结构的结论，在此基础上再做验证性因子分析。

一 探索性因子分析

1. 研发外包机理的维度结构探索性因子分析

本书将研发外包分为资源、关系和知识三大维度，先进行每个维度的探索性因子分析，然后再对整体模型进行探索性因子分析。

（1）资源维度的探索性因子分析。本书对 206 个样本所构建资源维度的 6 个相关题项进行了探索性因子分析，分析结果如表 6.13 所示。根据特征根大于 1、最大因子载荷大于 0.5 的要求，提取出了"专用资源"和"互补资源"2 个因子。根据因子载荷的分布来判断，专用资源和互补资源两个变量的题项均根据预期归入了一个因子，通过了探性因子分析的效度检验。这一个因子的累积解释变差为 65.757%，KMO 值为 0.782，Bartlett 统计值显著异于 0（＜0.001），说明研发外包的资源特性效度较好。其中专用资源中的"资源-外包经验丰富"题项载荷未超过 0.5，故删除该题项。

表 6.13 研发外包资源特性的探索性因子分析结果（N＝206）

研发外包资源特性	因子载荷
资源 1 部门参与决策	0.810
资源 2 跨部门小组	0.820
资源 3 软硬件更新快	0.824
资源 4 额外技能与知识	0.822
资源 5 IT 使用程度高	0.778

注：KMO 值为 0.952，Bartlett 统计值显著异于 0（＜0.001）；旋转方法为方差最大法。

（2）关系维度的探索性因子分析。本书对 206 个样本所构建关系维度的 21 个相关题项进行了探索性因子分析，分析结果如表 6.14 所示。

根据特征根大于 1、最大因子载荷大于 0.5 的要求，提取出了"相互依赖性"、"信任"、"沟通"、"承诺"和"认知感"5 个因子。其中，"相互依赖-贵企业向外包供应商提供专业投资"、"相互依赖-外包业务很难开展"题项的载荷不超过 0.5，"信任-外包双方提供帮助"题项的载荷在 2 个因子中超过 0.5，故删除这些题项。删除后的 5 个因子的累积解释变差为 80.363％，KMO 值为 0.952，Bartlett 统计值显著异于 0 （＜0.001），说明研发外包的关系维度的效度较好。

表 6.14　研发外包关系特性的探索性因子分析结果 （$N＝206$）

研发外包关系特性	因子载荷				
	因子 1	因子 2	因子 3	因子 4	因子 5
关系 1 负责程度	0.483	0.269	0.316	0.104	0.702
关系 2 全力支持	0.328	0.314	0.207	0.271	0.777
关系 3 沟通及时	0.833	0.288	0.284	0.138	0.253
关系 4 沟通准确	0.828	0.290	0.294	0.127	0.263
关系 5 沟通可行性	0.767	0.299	0.238	0.371	0.233
关系 6 沟通完整性	0.781	0.271	0.292	0.333	0.214
关系 7 协同一致	0.662	0.474	0.134	0.273	0.224
关系 8 实事求是	0.361	0.282	0.333	0.579	0.282
关系 9 忠实朋友	0.305	0.368	0.390	0.693	0.216
关系 10 有益的决策	0.247	0.297	0.253	0.586	0.173
关系 11 信守诺言	0.350	0.753	0.288	0.285	0.213
关系 12 延续关系	0.313	0.761	0.321	0.280	0.250
关系 13 维持关系	0.357	0.766	0.285	0.251	0.259
关系 14 如期完成	0.316	0.716	0.399	0.191	0.225
关系 15 价值取向	0.339	0.439	0.615	0.385	0.174
关系 16 认同目标使命	0.323	0.530	0.558	0.389	0.160
关系 17 处理问题	0.242	0.285	0.716	0.357	0.306
关系 18 共同风险	0.330	0.329	0.801	0.118	0.181

注：KMO 值为 0.952，Bartlett 统计值显著异于 0 （＜0.001）；旋转方法为方差最大法。

（3）知识维度的探索性因子分析。本书对 206 个样本所构建知识维度的 7 个相关题项进行了探索性因子分析，分析结果如表 6.15 所示。根据特征根大于 1、最大因子载荷大于 0.5 的要求，将隐性知识和显性知识两个变量的题项均根据预期归入了一个因子，通过了探性因子分析的效度检验。该因子的累积解释变差为 59.904％，KMO 值为 0.845 且 Bartlett 统计值显著异于 0 （＜0.001），说明研发外包知识维度的效度较好。

表 6.15　研发外包知识特性的探索性因子分析结果（$N=206$）

研发外包知识特性	因子载荷
	因子 1
知识 1 共享工作经验	0.804
知识 2 共享技术诀窍	0.799
知识 3 共享培训和教育	0.753
知识 4 共享业务报告和建议书	0.812
知识 5 共享工作手册	0.819
知识 6 共享成功失败	0.771
知识 7 共享报纸杂志	0.646

注：KMO 值为 0.845，Bartlett 统计值显著异于 0（<0.001）；旋转方法为方差最大法。

（4）研发外包维度结构的整体探索性因子分析。本书对 206 个样本所构建研发外包的三个维度：资源、知识和关系进行了探索性因子分析，分析结果如表 6.16 所示。

表 6.16　研发外包维度结构的探索性因子分析结果（$N=206$）

研发外包的维度结构	因子载荷		
	因子 1	因子 2	因子 3
资源 2 跨部门小组	0.157	0.311	0.585
资源 3 软硬件更新快	0.143	0.369	0.725
资源 4 额外技能与知识	0.258	0.271	0.797
资源 5 IT 使用程度高	0.234	0.165	0.830
关系 2 沟通	0.209	0.801	0.376
关系 3 信任	0.345	0.803	0.356
关系 4 承诺	0.336	0.824	0.298
关系 5 认知感	0.401	0.801	0.260
知识 2 共享技术诀窍	0.644	0.319	0.257
知识 3 共享培训和教育	0.707	0.270	0.088
知识 4 共享业务报告和建议书	0.838	0.224	0.095
知识 5 共享工作手册	0.833	0.154	0.247
知识 6 共享成功失败	0.706	0.209	0.288

注：KMO 值为 0.906，Bartlett 统计值显著异于 0（<0.001）；旋转方法为方差最大法。

关系维度涉及的题项较多，共 18 个。一般而言，验证性因子分析模型的结果将受到题项数量的影响，侯杰泰、温忠麟和程子鹃（2004）提出每个因子用 3.5 个题项表征的模型是最稳定的。当题项过多时，造成模型整体拟合效果差。而删除题项以简化模型也不可取，很多学者采用合并题项的方法（卞冉等，2007）。因此，本书将 18 个题项按照 5 个因子归并，形成"关系 1—相互信赖"、"关系 2—沟通"、"关系 3—信任"、"关系 4—承诺"、"关系 5—认知感"，对资源的 5 个题项、关系的 5 个题项和知识的 7 个题项进行整体的因子分析。

根据特征根大于 1、最大因子载荷大于 0.5 的要求，提取出了"资源维度"、"关系维度"和"知识维度" 3 个因子。其中资源特性中的"资源 1—贵企业经常让所有部门参与决策"题项落在关系特性维度上，而在资源维度的载荷系数 <0.5，而且该题项与"资源 2—建立跨部门小组"在内容上有重复，考虑将其删除。知识特性中、"知识 1—外包双方共享工作经验"、"知识 7—外包双方共享杂志、报纸和期刊"题项的载荷系数 <0.5，考虑将其删除。关系特性中"关系 1—相互依赖性"题项的载荷系数 <0.5，考虑将其删除。删除题项后的三个因子的累积解释变差为 73.544%，KMO 值为 0.906 且 Bartlett 统计值显著异于 0（<0.001），说明本书研发外包维度结构合理，效度较好。

2. 研发外包机理的内外部协调能力探索性因子分析

（1）研发外包的外部协调能力。企业外部协调能力主要协调外包的流程和操作，如外包计划、进程、具体安排等。本书对 206 份样本所构建研发外包的外部协调能力维度的 6 个相关题项进行了探索性因子分析，分析结果如表 6.17 所示。根据特征根大于 1、最大因子载荷大于 0.5 的要求，提取出了一个因子，其累积解释变差为 68.945%，KMO 值为 0.851 且显著异于 0（<0.001），说明研发外包的外部协调能力效度较好。

表 6.17 研发外包外部协调能力的探索性因子分析结果（N=206）

研发外包外部协调能力	因子载荷
	因子 1
WBXT 1 共享未来发展计划	0.726
WBXT 2 共享变化信息	0.709
WBXT 3 共同完成任务	0.895
WBXT 4 相互帮助解决问题	0.863
WBXT 5 克服困难	0.909
WBXT 6 工作模式趋于一致	0.857

注：KMO 值为 0.851，Bartlett 统计值显著异于 0（<0.001）；旋转方法为方差最大法。

（2）研发外包的内部协调能力。本书对 206 个样本所构建研发外包的内部协调能力维度的 5 个相关题项进行了探索性因子分析，如表 6.18 所示。根据特征根大于 1、最大因子载荷大于 0.5 的要求，提取出了一个因子，其累积解释变差为 68.945%，KMO 值为 0.849 且显著异于 0（<0.001），说明研发外包内部协调能力效度较好。

表 6.18　研发外包内部协调能力的探索性因子分析结果（N=206）

研发外包外部协调能力	因子载荷
	因子 1
NBXT 1 按合同评估供应商	0.818
NBXT 2 供应商选择有标准流程	0.934
NBXT 3 供应商控制有标准流程	0.946
NBXT 4 相互挖掘	0.878
NBXT 5 充分理解外包流程和规则	0.942

注：KMO 值为 0.849，Bartlett 统计值显著异于 0（<0.001）；旋转方法为方差最大法。

（3）研发外包的内外部协调能力因子整体探索性因子分析。本书对 206 个样本所构建研发外包的协调能力两个维度：内部协调和外部进行了探索性因子分析，分析结果如表 6.19 所示。根据特征根大于 1、最大因子载荷大于 0.5 的要求，提取出了"内部协调能力"、"外部协调能力"两个因子，两个因子的累积解释变差为 75.825%，KMO 值为 0.895 且显著异于 0（<0.001），说明本书研发外包协调能力的效度较好。

表 6.19　研发外包内外部协调能力的探索性因子分析结果（N=206）

研发外包的内外部协调能力	因子载荷	
	因子 2	因子 3
WBXT 1 共享未来发展计划	0.344	0.567
WBXT 2 共享变化信息	0.271	0.582
WBXT 3 共同完成任务	0.373	0.821
WBXT 4 相互帮助解决问题	0.161	0.886
WBXT 5 克服困难	0.230	0.903
WBXT 6 工作模式趋于一致	0.347	0.785
NBXT 1 按合同评估供应商	0.693	0.436
NBXT 2 供应商选择有标准流程	0.912	0.224
NBXT 3 供应商控制有标准流程	0.922	0.243
NBXT 4 相互挖掘	0.815	0.328
NBXT 5 充分理解外包流程和规则	0.868	0.361

注：KMO 值为 0.895，Bartlett 统计值显著异于 0（<0.001）；旋转方法为方差最大法。

3. 企业创新绩效的探索性因子分析

本书对 206 个样本所构建企业创新绩效的 5 个相关题项进行了探索性因子分析，分析结果如表 6.20 所示。检验结果为 KMO 值为 0.871，且 Barlett 的统计值显著异于 0，适合作因子分析。根据特征根大于 1、最大因子载荷大于 0.5 的要求，各题项按照预期归为一个因子，该因子解释了总体方差的 82.767%，且大部分值大于 0.5。因此，企业创新绩效的效度较好。

表 6.20 企业创新绩效的探索性因子分析结果 (N=206)

研发外包外部协调能力	因子载荷
	因子 1
绩效 1 新产品数	0.926
绩效 2 专利	0.841
绩效 3 新产品占销售额比重	0.925
绩效 4 新产品开发速度	0.950
绩效 5 新产品成功率	0.903

注：KMO 值为 0.871，Bartlett 统计值显著异于 0 (<0.001)；旋转方法为方差最大法。

二 验证性因子分析

在本书所构建的量表通过了探索性因子分析之后，将对所有变量进一步作验证性因子分析，以确保所测变量的因子结构与先前的构思相符。进行验证性因子分析采用的样本为 206 份有效问卷。

1. 研发外包机理的维度结构验证性因子分析

首先，本书对 206 个样本的资源、关系和知识三个维度的所有题项进行信度分析，分析结果如表 6.21 所示。

表 6.21 的验证结果表明，所有的题项-总体相关系数均大于 0.35，资源整体 Cronbach's 的 α 系数为 0.842，关系整体 Cronbach's 的 α 系数为 0.948，知识整体 Cronbach's 的 α 系数为 0.864，同时各变量的 Cronbach's 的 α 系数大于 0.7。因此，研发外包资源、关系和知识维度各变量题项之间具有良好的一致性。

表 6.21 研发外包维度结构的效度分析（N＝206）

变量名称	题项	题项-总体相关系数	删除该项 Cronbach's α 系数	整体的 Cronbach's α 系数
资源维度	资源 2 跨部门小组	0.591	0.838	0.842
	资源 3 软硬件更新快	0.700	0.789	
	资源 4 额外技能与知识	0.740	0.771	
	资源 5 IT 使用程度高	0.679	0.798	
关系维度	关系 2 沟通	0.826	0.949	0.948
	关系 3 信任	0.917	0.919	
	关系 4 承诺	0.893	0.926	
	关系 5 认知感	0.871	0.933	
知识维度	知识 2 共享技术诀窍	0.648	0.845	0.864
	知识 3 共享培训和教育	0.636	0.850	
	知识 4 共享业务报告和建议书	0.746	0.822	
	知识 5 共享流程工作手册	0.763	0.816	
	知识 6 共享成功失败	0.646	0.845	

然后，利用 AMOS 进一步对研发外包的维度结构进行验证性因子分析，分析结果如表 6.22 和图 6.1 所示。表 6.22 研发外包的维度结构的拟合结果表明，模型的 χ^2 值为 139.902（自由度 df＝59），χ^2/df 值为 2.371；RMSEA 的值为 0.082，小于 0.10；CFI 和 TLI 分别为 0.960 和 0.947，都大于 0.9；各路径系数在 $P<0.001$ 的水平上具有统计显著性。可见，该模型拟合效果很好，即本书的知识、关系、资源三个维度的划分和测度是有效的。

表 6.22 研发外包维度结构的验证性因子分析结果（N＝206）

路径		标准化系数	路径系数	标准差（S. E.）	临界值（C. R.）	显著性（P）
共享成功和失败经验	←知识维度	0.750	1.000			
共享流程工作手册	←知识维度	0.855	1.132	0.094	12.094	＊＊＊
共享业务报告和建议书	←知识维度	0.835	1.046	0.088	11.830	＊＊＊
共享教育和培训	←知识维度	0.637	0.948	0.107	8.864	＊＊＊
共享技术诀窍	←知识维度	0.659	0.912	0.099	9.195	＊＊＊
认知感	←关系维度	0.901	1.000			
承诺	←关系维度	0.925	1.026	0.047	21.978	＊＊＊
沟通	←关系维度	0.854	1.058	0.059	17.992	＊＊＊
IT 使用程度高	←资源维度	0.813	1.000			
额外技能和专业知识	←资源维度	0.819	1.016	0.082	12.426	＊＊＊
软硬件更新快	←资源维度	0.751	0.903	0.080	11.281	＊＊＊
跨部门小组	←资源维度	0.724	0.944	0.100	9.430	＊＊＊

续表

路径		标准化系数	路径系数	标准差 (S. E.)	临界值 (C. R.)	显著性 (P)
信任	←关系维度	0.956	1.081	0.045	24.040	***
χ^2		139.902		CFI		0.960
df		59		TLI		0.947
χ^2/df		2.371		REMSEA		0.082

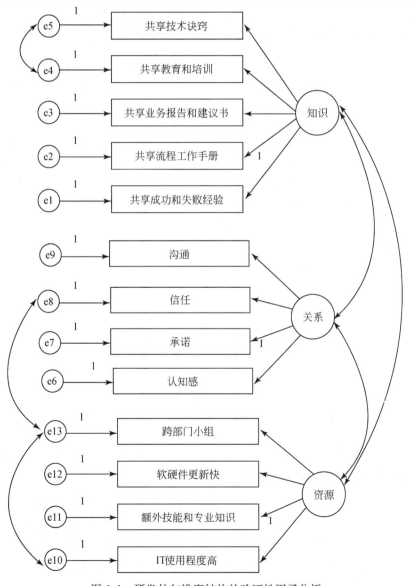

图 6.1　研发外包维度结构的验证性因子分析

2. 研发外包机理的内外部协调能力验证性因子分析

首先，本书对 206 个样本的内外部协调能力两个维度的所有题项进行信度分析，分析结果如表 6.23 所示。

研发外包内外部协调能力的信度分析结果表明，所有的题项-总体相关系数均大于 0.35，外部协调能力整体 Cronbach's 的 α 系数为 0.897，内部协调能力整体 Cronbach's 的 α 系数为 0.944，同时各变量的 Cronbach's 的 α 系数大于 0.7。因此研发外包内外部协调能力各变量的题项之间具有良好的一致性。

表 6.23　研发外包内外部协调能力的信度分析（$N=206$）

变量名称	题项	题项-总体相关系数	删除该项Cronbach's α 系数	整体的Cronbach's α 系数
外部协调能力	WBXT 1 共享未来发展计划	0.640	0.895	0.897
	WBXT 2 共享变化信息	0.621	0.899	
	WBXT 3 共同完成任务	0.818	0.868	
	WBXT 4 相互帮助解决问题	0.761	0.873	
	WBXT 5 克服困难	0.826	0.865	
	WBXT 6 工作模式趋于一致	0.768	0.873	
内部协调能力	NBXT1 按合同评估供应商	0.731	0.951	0.944
	NBXT 2 供应商选择标准流程	0.891	0.924	
	NBXT 3 供应商控制标准流程	0.909	0.920	
	NBXT 4 相互挖掘	0.809	0.939	
	NBXT 5 充分理解外包流程和规则	0.906	0.921	

其次，利用 AMOS 进一步对研发外包的内外部协调能力进行验证性因子分析，分析结果如表 6.24 和图 6.2 所示。

研发外包内外部协调能力的拟合结果表明，模型的 χ^2 值为 95.359（自由度 df＝36），χ^2/df 值为 2.648；RMSEA 的值为 0.090，小于 0.10；CFI 和 TLI 分别为 0.959 和 0.973，都大于 0.9；各路径系数在 $P<0.001$ 的水平上具有统计显著性。可见，该模型拟合效果很好。图 6.2 所示的因子结构通过了验证，即本书的内外部协调能力的划分和测度是有效的。

表 6.24　研发外包的内外部协调能力的验证性因子分析结果（$N=206$）

路径		标准化系数	路径系数	标准差（S. E.）	临界比（C. R.）	显著性（P）
工作模式趋于一致	←外部协调能力	0.848	1.000			

续表

路径		标准化系数	路径系数	标准差 (S. E.)	临界比 (C. R.)	显著性 (P)
克服困难	←外部协调能力	0.871	1.011	0.064	15.868	* * *
相互帮助解决问题	←外部协调能力	0.777	0.990	0.075	13.157	* * *
共同完成任务	←外部协调能力	0.912	0.988	0.058	17.134	* * *
共享变化信息	←外部协调能力	0.627	0.964	0.099	9.764	* * *
共享未来发展计划	←外部协调能力	0.627	0.957	0.097	9.821	* * *
充分理解外包流程和规则	←内部协调能力	0.936	1.000			
相互挖掘	←内部协调能力	0.818	0.911	0.047	19.225	* * *
供应商控制标准流程	←内部协调能力	0.906	0.986	0.049	20.293	* * *
供应商选择标准流程	←内部协调能力	0.881	0.966	0.051	18.887	* * *
按合同评估供应商	←内部协调能力	0.784	0.779	0.051	15.216	* * *
χ^2	95.359		CFI		0.973	
df	36		TLI		0.959	
χ^2/df	2.648		REMSEA		0.090	

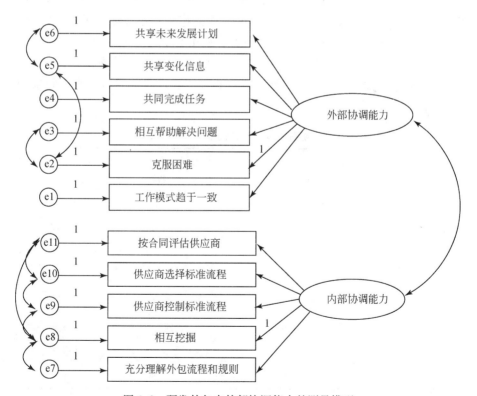

图 6.2 研发外包内外部协调能力的测量模型

3. 企业创新绩效的验证性因子分析

本书对 206 个样本的企业创新绩效的所有题项进行信度分析，分析结果如表 6.25 所示。结果表明，所有的题项-总体相关系数均大于 0.35，整体 Cronbach's 的 α 系数为 0.947，同时各变量的 Cronbach's 的 α 系数大于 0.7。因此企业创新绩效各变量的题项之间具有良好的一致性。

表 6.25　企业创新绩效的效度分析（N=206）

变量名称	题项	题项-总体相关系数	删除该项目 Cronbach's α 系数	整体的 Cronbach's α 系数
企业创新绩效	绩效 1-新产品数	0.882	0.929	0.947
	绩效 2-专利	0.762	0.951	
	绩效 3-新产品占销售额比重	0.878	0.930	
	绩效 4-新产品开发速度	0.914	0.924	
	绩效 5-新产品成功率	0.843	0.936	

利用 AMOS 进一步对研发外包的维度结构进行验证性因子分析，分析结果如表 6.26 和图 6.3 所示。研发外包维度结构的拟合结果表明，模型的 χ^2 值为 2.707（自由度 df=1），χ^2/df 值为 2.707；RMSEA 的值为 0.091，小于 0.10；CFI 和 TLI 分别为 0.998 和 0.984，都大于 0.9；各路径系数在 $P<0.001$ 的水平上具有统计显著性。可见，该模型拟合效果很好，即本书的企业创新绩效的划分和测度是有效的。

表 6.26　企业创新绩效的验证性因子分析结果（N=206）

路径		标准化系数	路径系数	标准差 (S.E.)	临界比 (C.R.)	显著性 (P)
新产品成功率	←企业创新绩效	0.900	1.000			
新产品开发速度	←企业创新绩效	0.959	1.074	0.045	23.945	＊＊＊
新产品销售比重	←企业创新绩效	0.909	1.031	0.050	20.766	＊＊＊
专利	←企业创新绩效	0.761	0.905	0.069	13.202	＊＊＊
新产品数	←企业创新绩效	0.882	0.970	0.050	19.282	＊＊＊
χ^2	2.707		CFI	0.998		
df	1		TLI	0.984		
χ^2/df	2.707		REMSEA	0.091		

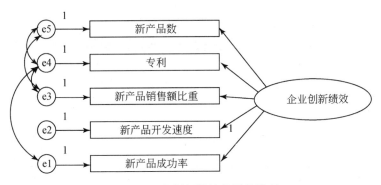

图 6.3　企业创新绩效的测量模型

第四节　SEM 模型建模——研发外包的机理与路径分析

探索性因子分析和验证性因子分析，说明本书所构建的测量模型具有较好的表征效果，可以用来进行更进一步的结构分析。下面，本书将运用结构方程建模的方法打开研发外包的运作机理的"黑箱"，对第五章所提出的概念模型与研究假设进行验证。

一　初步数据分析

在对结构模型进行数据分析之前，需要对数据的合理性和有效性进行检验。一般认为，样本容量至少在 $100 \sim 150$ 之间，才适合使用极大似然法（ML）对结构模型进行估计（Ding et al.，1995）。本书的样本数量为 206 份，已达到最低样本容量要求。同时，第三节已经对本书样本数据的信度和效度进行了检验。因此，本书样本数据的容量、分布状态以及效度与信度均达到结构方程建模的要求。

此外，在构建结构方程模型前，还需对结构方程涉及的所有变量进行简单相关分析。如表 6.27 所示，研发外包的资源、关系和知识维度，研发外包内外部协调能力与企业创新绩效之间均有显著的正相关关系。

表 6.27 初步验证了本书的预期假设，但是相关关系只能指明变量间是否存在关系，无法说明变量间的因果关系和影响作用的大小。因此，本书下面采用结构方程建模技术，对这些变量之间的关系进行更精确的验证，以验证前述提出的概念模型与研究假设。

表 6.27　各变量之间的相关关系　（N＝206）

变量	均值	标准差	1	2	3	4	5	6
1. 知识维度	4.758	1.3160	1					
2. 关系维度	5.301	1.1874	0.649**	1				
3. 资源维度	5.070	1.2634	0.546**	0.704**	1			
4. 外部协调能力	5.172	1.2010	0.748**	0.801**	0.585**	1		
5. 内部协调能力	5.295	1.3571	0.626**	0.737**	0.689**	0.675**	1	
6. 企业创新绩效	4.770	1.6993	0.490**	0.601**	0.565**	0.621**	0.657**	1

＊＊表示显著性水平 $P<0.01$ （双尾检验），＊表示显著性水平 $P<0.05$ （双尾检验）；对角线上括号内的数值为抽取均方差的平方根（square Root of average variance extracted），抽取均方差（AVE）等于相应维度因素负荷的平方和的平均值。

二 初始模型构建

SEM 是一种综合运用多元回归分析、路径分析和验证性因素分析而形成的一种数据分析工具。在目前的管理研究中，尤其是采用问卷法收集数据的情况下，SEM 是针对传统回归分析的弱点（变量观测性、多重共线性）而开发出来的并已得到承认的数据分析方法（李怀祖，2004）。

SEM 模型评价的核心内容是模型拟合性，主要包括研究者所提出的变量间关联的模式是否与实际数据拟合以及拟合的程度如何。模型整体拟合优度指标主要有三类：绝对拟合优度指标（χ^2、χ^2/df、GFI、AGFI）、增量拟合优度指标（TLI、CFI）和近似误差指数（RMR 和 RMSEA）（表 6.28）。

表 6.28　SEM 模型拟合指数的判断标准

简称	指数名称	判别标准
χ^2/df	卡方值与自由度之比	<5（<3 更佳）
GFI	拟合优度指数	>=0.9
AGFI	调整拟合优度指数	>=0.8
TLI	Tucker-Lewis 指数	>=0.9
CFI	比较拟合优度指数	>=0.9
RMSEA	近似误差均方根估计	<=0.1
IFI	增值拟合优度指数	>=0.9
PGFI	简约拟合优度指数	>=0.5
NFI	规范拟合指数	>=0.9

资料来源：侯杰泰，温忠麟，成子娟.2004.结构方程模型及其应用.北京：教育科学出版社；何郁冰.2008.企业技术多样化与企业绩效关系研究.浙江大学博士学位论文.经作者整理而成。

AMOS7.0 软件不仅给出了模型的检验结果，同时给出了修改指标 MI，指出修正变量间的相互关系，主要是增加残差之间的协方差关系。因此，AMOS 的模型需要多次拟合和调整，经过 AMOS 计算之后的模型在其计算结果中都会给出相应的调整参考（MI 指数），从而建立变量之间的相关关系来消除路径的偏差，最终得到能够跟数据拟合的模型。本书参考前人研究常用的拟合指标，采用 χ^2/df、RMSEA、TLI、CFI 共 4 个拟合指数来判断实证模型的拟合程度。

下面分别对研发外包机理模型进行拟合和实证分析。

1. 研发外包维度结构与企业创新绩效的关系模型

利用 AMOS 软件对初始结构方程模型进行分析运算，拟合结果如图 6.4 所示。研发外包维度结构与企业创新绩效模型的 χ^2 值为 203.794（自由度 $df=$ 117），χ^2/df 值为 1.74，小于 5；RMSEA 值为 0.060，小于 0.10；CFI、TLI 的值都大于 0.9。因此，研发外包维度结构与企业创新绩效关系模型所有的拟合指标均在拟合接受范围内，模型拟合程度较好。

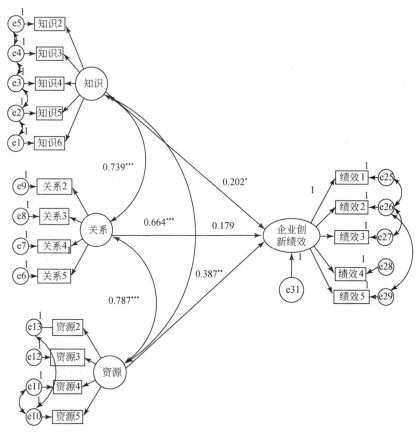

图 6.4　研发外包的维度结构与企业创新绩效的关系模型

从表 6.29 测度模型中潜变量的估计参数来看，所有参数的标准化估计值适中，且 C.R. 检验值都大于 1.96，参数估计的标准差都大于零，表明模型满足基本拟合标准。模型中研发外包资源、知识维度结构与企业创新绩效之间的标准化路径系为 0.387、0.202，P 值有一定的显著性（<0.1），表明研发外包资源和知识维度结构与企业创新绩效有正向影响；而关系维度与企业创新绩效之间的关系不显著（$P=0.150>0.1$），因此假设机理- H1 部分得到支持。

表 6.29　研发外包维度结构与企业创新绩效关系模型的拟合情况（$N=206$）

路径		标准化估计值	估计值	标准差（S.E.）	临界比（C.R.）	显著性（P）
企业创新绩效	←知识维度	0.202	0.273	0.158	2.730	0.084
企业创新绩效	←关系维度	0.179	0.257	0.178	1.439	0.150
企业创新绩效	←资源维度	0.387	0.587	0.186	3.151	0.002
关系维度	←资源维度	0.787	0.925	0.134	6.897	＊＊＊
知识维度	←关系维度	0.739	0.977	0.141	6.930	＊＊＊
知识维度	←资源维度	0.664	0.828	0.143	5.780	＊＊＊
χ^2	203.794		CFI		0.973	
df	117		TLI		0.965	
χ^2/df	1.74		REMSEA		0.060	

2. 研发外包维度结构与研发外包的内外部协调能力的关系模型

利用 AMOS 软件对初始结构方程模型进行分析运算，拟合结果如图 6.5 所示。研发外包维度结构与企业创新绩效模型的 χ^2 值为 569.155（自由度 df＝237），χ^2/df 值为 2.515，小于 5；RMSEA 值为 0.083，小于 0.10；CFI、TLI 的值都大于 0.9。因此，研发外包维度结构与企业创新绩效关系模型所有的拟合指标均在拟合接受范围内，模型拟合程度较好。

从表 6.30 测度模型中潜变量的估计参数来看，所有参数的标准化估计值适中，且 C.R. 检验值都大于 1.96，参数估计的标准差都大于零，表明模型满足基本拟合标准。除"资源-外部协调能力"外，模型中研发外包资源、关系维度、知识维度结构与内外部协调能力之间的标准化路径显著性很高（<0.001），表明研发外包维度结构与内外部协调能力有正向作用机制，因此假设机理- H2、机理- H4 大部分得到支持。

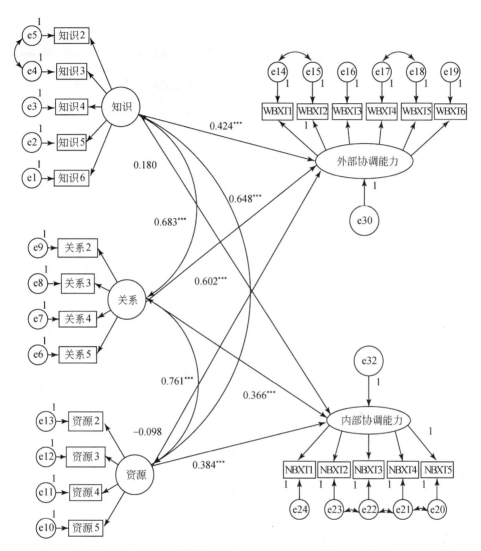

图 6.5 研发外包维度结构与内外部协调能力的关系模型

表 6.30 研发外包维度结构与内外部协调能力关系模型的拟合情况（N＝206）

路径		标准化 估计值	估计值	标准差 （S. E.）	临界比 （C. R.）	显著性 （P）
内部协调能力	←知识维度	0.180	0.207	0.082	2.520	0.012
内部协调能力	←资源维度	0.384	0.451	0.103	4.383	＊＊＊
内部协调能力	←关系维度	0.366	0.456	0.111	4.092	＊＊＊
外部协调能力	←知识维度	0.424	0.395	0.069	5.690	＊＊＊

续表

路径		标准化估计值	估计值	标准差(S. E.)	临界比(C. R.)	显著性(P)
外部协调能力	←关系维度	0.648	0.653	0.095	6.886	＊＊＊
外部协调能力	←资源维度	−0.098	−0.093	0.069	−1.343	0.179
关系维度	←资源维度	0.761	0.998	0.137	7.271	＊＊＊
知识维度	←关系维度	0.683	0.912	0.135	6.765	＊＊＊
知识维度	←资源维度	0.602	0.853	0.146	5.856	＊＊＊
χ^2	569.155		CFI		0.930	
df	237		TLI		0.918	
χ^2/df	2.515		REMSEA		0.083	

3. 研发外包的内外部协调能力与企业创新绩效的关系模型

利用 AMOS 软件对初始结构方程模型进行分析运算，拟合结果如图 6.6 所示。研发外包维度结构与企业创新绩效模型的 χ^2 值为 186.826（自由度 df＝93），χ^2/df 值为 2.001，小于 5；RMSEA 值为 0.070，小于 0.10；CFI、TLI 的值都大于 0.9。因此，研发外包维度结构与企业创新绩效关系模型所有的拟合指标均在拟合接受范围内，模型拟合程度较好。从表 6.31 来看，测度模型中潜变量的估计参数来看，所有参数的标准化估计值适中，且 C. R. 检验值都大于1.96，参数估计的标准差都大于零，表明模型满足基本拟合标准。模型中内外部协调能力与企业创新绩效之间的标准化路径系数为 0.355、0.428，P 值有较高的显著性（＜0.001），表明内外部协调能力对企业创新绩效有显著的正向影响，因此假设机理- H5 得到支持。

表 6.31 研发外包内外部协调能力与企业创新绩效关系模型的拟合情况 （N＝206）

路径		标准化估计值	估计值	标准差(S. E.)	临界比(C. R.)	显著性(P)
企业创新绩效	←外部协调能力	0.355	0.522	0.128	4.076	＊＊＊
企业创新绩效	←内部协调能力	0.428	0.477	0.090	5.283	＊＊＊
χ^2	186.826		CFI		0.973	
df	93		TLI		0.965	
χ^2/df	2.001		REMSEA		0.070	

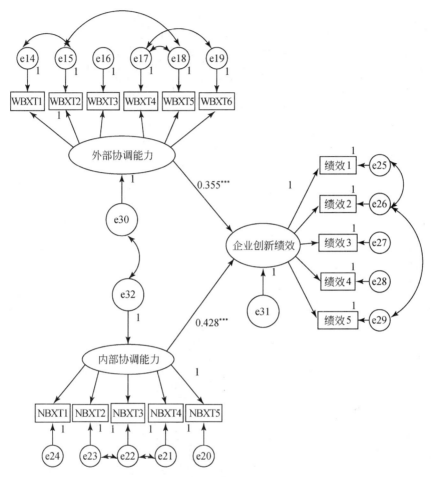

图 6.6 研发外包内外部协调能力与企业创新绩效的关系模型

三 整体模型初步拟合

在验证完研发外包维度结构、内外部协调能力和企业创新绩效的两两相互关系的基础上，本书进行整体模型的拟合和验证。基于图 5.5 所构建的概念模型，本书设置了初始结构方程模型，如图 6.7 所示。

该模型通过 13 个外生显变量（建立跨部门小组、软硬件更新程度快、学习额外技能和专业知识、IT 使用程度高；沟通、信任、承诺、认知感；共享工作经验、共享技术诀窍、共享业务报告、共享业务流程、共享成功/失败经验）来对 3 个外生潜变量（知识、关系、资源）进行测量，设置 16 个内生显变量（共享未来发展计划、相互提醒、共同完成任务、解决问题、克服困难、工作模式

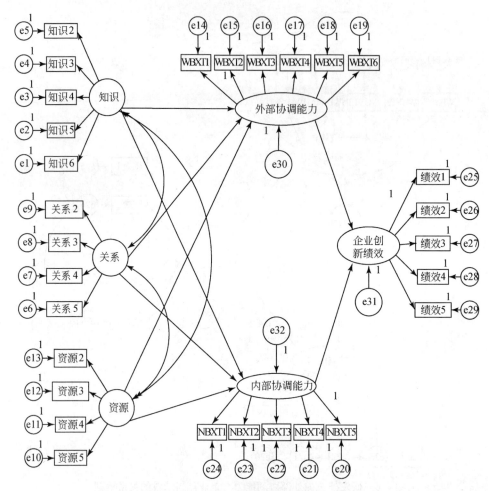

图 6.7 研发外包机理的初始模型图

趋于一致；根据合同评估供应商、供应商选择有标准流程、供应商控制有标准流程、相互挖掘、充分理解；新产品数、专利、新产品销售额、新产品开发速度、创新产品成功率）来测量 3 个内生潜变量（外部协调能力、内部协调能力、企业创新绩效）。此外，模型中还设置了 5 个控制变量（企业规模、年限、研发费用、性质、产业），但不进入结构方程检验。

利用 AMOS 软件对初始结构方程模型进行分析运算，拟合结果如表 6.32 所示。初始结构模型的 χ^2 值为 1017.933（自由度 df＝363），χ^2/df 值为 2.804；RMSEA 的值为 0.094，小于 0.10；CFI 和 TLI 分别为 0.878 和 0.891，都略小于 0.9。除绝对拟合指标中的 χ^2/df、RMSEA 在可接受范围内之外，其他拟合指标（CFI 与 TLI）均不在拟合接受范围内，初始的结构模型没有通过检验。

表 6.32 研发外包机理模型的拟合情况 (N＝206)

路径		标准化估计值	估计值	标准差(S. E.)	临界比(C. R.)	显著性(P)
内部协调能力	←知识维度	0.210	0.206	0.085	2.431	0.015
内部协调能力	←资源维度	0.481	0.477	0.106	4.488	＊＊＊
内部协调能力	←关系维度	0.239	0.363	0.113	3.203	0.001
外部协调能力	←知识维度	0.419	0.379	0.071	5.353	＊＊＊
外部协调能力	←关系维度	0.661	0.661	0.097	6.781	＊＊＊
外部协调能力	←资源维度	－0.098	－0.109	0.072	－1.523	0.128
企业创新绩效	←外部协调能力	0.723	0.767	0.218	3.519	＊＊＊
企业创新绩效	←内部协调能力	0.388	0.462	0.112	4.124	＊＊＊
企业创新绩效	←知识维度	－0.367	－0.335	0.146	－2.290	0.122
企业创新绩效	←关系维度	－0.264	－0.153	0.210	－0.728	0.466
企业创新绩效	←资源维度	0.283	0.310	0.155	2.000	0.045
χ^2	1 017.933		CFI		0.878	
df	363		TLI		0.891	
χ^2/df	2.804		REMSEA		0.094	

四 整体模型修正与确定

初始模型未拟合成功是模型分析中的常见现象，可以通过对模型的修正来获得更满意的拟合结果。AMOS 软件可以计算修正指数 (modification indices, MI)，它能提供使 χ^2 拟合指数减少的有用信息。常用的模型修正方法是去掉最大修正指数的路径，然后再通过观察拟合指数评价新模型的拟合情况。

根据表 6.32 的初始结构方程拟合结果可见，"资源维度-外部协调能力"的路径的 C. R. 值明显低于 1.96，而且该路径的标准化回归系数为 0.103（P 不显著），可以考虑将该路径删除。"关系维度、知识维度-企业创新绩效"的显著性小于 0.1（P 不显著），可以考虑将该路径删除。另外根据 MI 修正指数，增加某些误差项之间的路径，从而使整个模型的拟合指数达到要求，最后模型如图 6.8 所示。

修正后的模型拟合情况如表 6.33 所示。从表 6.33 可以看出，经过第一次修正，结构模型的 χ^2/df、CFI、TLI、RMSEA 等各项拟合指标均有所改进。此外，经过这次模型调整之后，所有路径系数的 C. R. 值均达到大于 1.96 的要求，具有显著意义。可以看出，调整后的最终模型各拟合指标均达到了模型拟合要求，拟合优度良好，模型的拟合通过检验，模型得以确认。

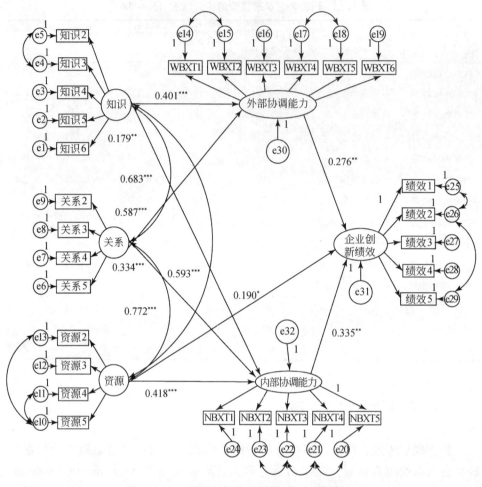

图 6.8 研发外包机理的整体修正模型图

表 6.33 研发外包机理模型的修正拟合情况（N＝206）

路径		标准化估计值	估计值	标准差（S. E.）	临界比（C. R.）	显著性（P）
外部协调能力	←关系	0.587	0.591	0.078	7.616	＊＊＊
内部协调能力	←关系	0.334	0.416	0.117	3.543	＊＊＊
内部协调能力	←资源	0.418	0.514	0.119	4.321	＊＊＊
外部协调能力	←知识	0.401	0.375	0.068	5.543	＊＊＊
内部协调能力	←知识	0.179	0.206	0.082	2.504	0.012
企业创新绩效	←外部协调能力	0.276	0.393	0.128	3.067	0.002
企业创新绩效	←内部协调能力	0.335	0.387	0.124	3.128	0.002

续表

路径		标准化估计值	估计值	标准差 (S. E.)	临界比 (C. R.)	显著性 (P)
企业创新绩效	←资源	0.190	0.270	0.156	1.724	0.085
关系	↔资源	0.772	0.967	0.136	7.100	＊＊＊
知识	↔资源	0.593	0.801	0.141	5.678	＊＊＊
知识	↔关系	0.683	0.913	0.135	6.764	＊＊＊
χ^2	736.640		CFI		0.936	
df	353		TLI		0.926	
χ^2/df	2.086		REMSEA		0.073	

＊＊＊表示 $P<0.001$；＊＊表示 $P<0.05$；＊表示 $P<0.1$。

机理 _ H1a 验证：如表 6.33 所示，研发外包的资源维度与企业创新绩效之间路径系数的标准化估计值为 0.190，非标准化估计值为 0.270，C.R. 值为 1.724，显著性概率为 0.085<0.1，路径系数在 0.1 显著性水平下显著，这与第五章的假设分析的结果一致，企业研发外包的资源维度与创新绩效密切相关，企业研发外包的资源维度越高，创新绩效越高。机理 _ H1a 成立。

机理 _ H1b 验证：如表 6.32 所示，研发外包关系维度与企业创新绩效之间路径系数的标准化估计值为 −0.264，非标准化估计值为 −0.153，C.R. 值为 −0.728<1.96，显著性概率为 0.466>0.1，路径系数在 0.15 显著性水平下不显著，说明外包双方的关系维度不一定直接促进企业的创新绩效，只有有效的协调和发展，才能促进企业的创新绩效。机理 _ H1b 不成立。

机理 _ H1c 验证：如表 6.32 所示，研发外包知识维度与创新绩效之间路径系数的标准化估计值为 −0.367，非标准化估计值为 −0.335，C.R. 值为 −2.290<1.96，显著性概率为 0.122>0.1，路径系数在 0.15 显著性水平下不显著，说明研发外包的知识维度与企业的创新绩效无直接关系，企业只有将知识消化、吸收，并转化为自身的研发知识和技术才能有效地促进创新绩效。机理 _ H1c 不成立。

机理 _ H2a 验证：如表 6.33 所示，研发外包的资源维度与内部协调能力之间路径系数的标准化估计值 0.418，非标准化估计值为 0.514，C.R. 值为 4.321>1.96，显著性概率为 0.000<0.001，路径系数在 0.001 显著性水平下显著。这与第五章的假设分析的结果一致，说明研发外包的资源维度与内部协调能力密切相关，资源维度的水平越高，越促进内部协调能力提高，从而促进企业创新绩效提高。机理 _ H2a 成立。

机理 _ H2b 验证：如表 6.32 所示，研发外包的资源维度与外部协调能力之间路径系数的标准化估计值为 −0.098，非标准化估计值为 −0.109，C. R. 值为

$-1.532 < 1.96$，显著性概率为 $0.128 > 0.1$，路径系数在 0.1 显著性水平下不显著，说明研发外包的资源维度与外部协调能力无直接相关关系。如果企业的互补资源和专用资源水平较高，企业一般将其保留在企业内部，外包其中非核心部分（Murray et al.，1995；Poppo et al.，1998），因此外包双方共同解决问题和协同参与能力不强，对企业创新绩效的影响不大。机理 _ H2b 不成立。

机理 _ H3a 验证：如表 6.33 所示，研发外包的关系维度与内部协调能力之间路径系数的标准化估计值为 0.334，非标准化估计值为 0.416，C.R. 值为 $3.543 > 1.96$，显著性概率为 $0.000 < 0.001$，路径系数在 0.001 显著性水平下显著。这与第五章的假设分析的结果一致，研发外包的关系维度与内部协调能力密切相关，研发外包的关系维度水平越高，越促进内部协调能力提高，从而促进企业创新绩效提高。机理 _ H3a 成立。

机理 _ H3b 验证：如表 6.33 所示，研发外包的关系维度与外部协调能力之间路径系数的标准化估计值为 0.587，非标准化估计值为 0.591，C.R. 值为 $7.616 > 1.96$，显著性概率为 $0.000 < 0.001$，路径系数在 0.001 显著性水平下显著。这与第五章的假设分析的结果一致，研发外包的关系维度与外部协调能力密切相关，研发外包的关系维度水平越高，越促进外部协调能力提高，从而促进企业创新绩效提高。机理 _ H3b 成立。

机理 _ H4a 验证：如表 6.33 所示，研发外包的知识维度与内部协调能力之间路径系数的标准化估计值为 0.179，非标准化估计值为 0.206，C.R. 值为 $2.504 > 1.96$，显著性概率为 $0.012 < 0.05$，路径系数在 0.05 显著性水平下显著。这与第五章的假设分析的结果一致，研发外包的知识维度与内部协调能力密切相关，研发外包的知识维度水平越高，越促进内部协调能力提高，从而促进企业创新绩效提高。机理 _ H4a 成立。

机理 _ H4b 验证：如表 6.33 所示，研发外包的知识维度与外部协调能力之间路径系数的标准化估计值为 0.401，非标准化估计值为 0.375，C.R. 值为 $5.543 > 1.96$，显著性概率为 $0.000 < 0.001$，路径系数在 0.001 显著性水平下显著。这与第五章的假设分析的结果一致，研发外包的知识维度与外部协调能力密切相关，研发外包的知识维度水平越高，越促进外部协调能力提高，从而促进企业创新绩效提高。机理 _ H4b 成立。

机理 _ H5a 验证：如表 6.33 所示，研发外包的内部协调能力与企业创新绩效之间路径系数的标准化估计值为 0.335，非标准化估计值为 0.387，C.R. 值为 $3.128 > 1.96$，显著性概率为 $0.002 < 0.05$，路径系数在 0.05 显著性水平下显著。这与第五章的假设分析的结果一致，研发外包的内部协调能力与创新绩效密切相关，研发外包的内部协调能力越高，创新绩效越高。机理 _ H5a 成立。

机理 _ H5b 验证：如表 6.33 所示，研发外包的外部协调能力与企业创新绩效之间路径系数的标准化估计值为 0.276，非标准化估计值为 0.393，C.R. 值为 3.067＞1.96，显著性概率为 0.002＜0.05，路径系数在 0.05 显著性水平下显著。这与第五章的假设分析的结果一致，研发外包的外部协调能力与创新绩效密切相关，研发外包的外部协调能力越高，创新绩效越高。机理_H5b 成立。

五 整体模型确认和效应分解

以上通过对初始结构方程的调整与修正，解决了原有概念模型存在的不足和拟合过程中的问题。变量之间共有 9 条路径是显著的，分别是"资源维度-内部协调能力"、"资源维度-企业创新绩效"、"知识维度-内部协调能力"、"知识维度-外部协调能力"、"知识维度-企业创新绩效"、"关系维度-内部协调能力"、"关系维度-外部协调能力"、"内部协调能力-企业创新绩效"、"外部协调能力-企业创新绩效"。从模型中可看出，自变量与中介变量之间、自变量与因变量之间以及中介变量之间存在多条路径，变量之间的作用效果包含了直接、间接作用（表 6.34）。

表 6.34　确认模型的直接效应、间接效应和总效应 （*N*＝206）

效应	资源维度	关系维度	知识维度	内部协调能力	外部协调能力	企业创新绩效
直接效应						
内部协调能力	0.410	0.339	0.181	0.000	0.000	0.000
外部协调能力	−0.071	0.634	0.419	0.000	0.000	0.000
企业创新绩效	0.255	−0.231	−0.340	0.408	0.672	0.000
间接效应						
内部协调能力	0.000	0.000	0.000	0.000	0.000	0.000
外部协调能力	0.000	0.000	0.000	0.000	0.000	0.000
企业创新绩效	0.120	0.564	0.355	0.000	0.000	0.000
总效应						
内部协调能力	0.410	0.339	0.181	0.000	0.000	0.000
外部协调能力	−0.071	0.634	0.419	0.000	0.000	0.000
企业创新绩效	0.375	0.333	0.015	0.408	0.672	0.000

注：标准数据为标准化效应，由 AMOS 模型拟合运算时输出。

为进一步说明概念模型的路径全部影响，本书又进行了效应分解，确认模型的直接效应（direct effect）、间接效应（indirect effect）和总效应（total effect）的统计显著性关系。从总效应来看，资源维度、关系维度对企业创新绩效有明显的促进作用，特别是通过内外部协调能力的中介作用明显。知识维度主要通过内外部协调能力间接作用于创新绩效，影响的程度较为有限。通过效应的分解，进一步打开了研发外包与企业创新绩效作用机制的"黑箱"，再一次验证了资源、关系、知识维度、内外部协调能力及企业创新绩效的关联性，诠释了研发外包的机理。

将上述结果进行总结，最后模型的直接、间接及总效应结果如表 6.35 所示。

表 6.35 各变量对技术创新绩效的作用效应 （$N=206$）

路径	直接效益	间接效应	总效应
资源维度→企业创新绩效	0.255	0.120	0.375
知识维度→企业创新绩效	−0.340	0.564	0.333
关系维度→企业创新绩效	−0.231	0.355	0.015
资源维度→内部协调能力	0.410	0.000	0.410
知识维度→内部协调能力	0.181	0.000	0.181
关系维度→内部协调能力	0.339	0.000	0.339
资源维度→外部协调能力	−0.071	0.000	−0.071
知识维度→外部协调能力	0.419	0.000	0.419
关系维度→外部协调能力	0.634	0.000	0.634
内部协调能力→企业创新绩效	0.408	0.000	0.408
外部协调能力→企业创新绩效	0.672	0.000	0.672

注：标准数据为标准化效应，由 AMOS 模型拟合运算时输出。

六 研发外包模式的调节作用

本书从企业战略、技术和创新性角度将研发外包模式分为以下两种：效率型和创新型。在琳达·科恩和阿莉·扬（2007）、Lan Stuart 和 Mecutecheon（2000）、Finn 和 Eric（2000）的测量基础上，从技术、市场、资源和创新性 4 个题项来度量组织间的研发类型。如果效率型研发外包分值高于创新型研发外包的分值，则认为企业是以效率型研发外包为主导的模式，否则为创新型研发外包模式。通过对 206 个样本分析，样本中共有 124 个效率型研发外包模式和 82 个创新型研发外包模式。

运用 SPSS 软件对两种模式进行对比。为度量效率型和创新型研发外包对内外部协调能力的作用机制，本书共建立了 3 个回归模型。模型 1 仅包括控制变量；模型 2 在控制变量的基础上增加知识、关系和资源三个维度；模型 3 在模型

2 的基础上增加了研发外包的内外部协调能力，主要观测内外部协调能力在不同模式下的中介作用，如表 6.36 和表 6.37 所示。

表 6.36　效率型研发外包模式的调节作用分析（N=124）

变量	模型 1	模型 2	模型 3
控制变量			
常数项	3.987***	−1.355*	−1.305*
年份	−0.012	−0.040	−0.027
员工总数	−0.116	0.062	0.042
研发人员	0.085	0.003	0.013
研发费用占当年销售比重	0.300	0.097	0.084
平均销售额	0.052	−0.040	−0.040
产权性质	−0.085	−0.061	−0.079
行业	−0.002	0.024	0.011
自变量			
知识维度		−0.012	−0.150*
关系维度		0.475***	0.189
资源维度		0.341***	0.202*
中介变量			
内部协调能力			0.371***
外部协调能力			0.240*
总模型			
F 值	2.802**	15.624***	16.898***
R^2	0.112	0.580	0.646
Adj.R^2	0.058	0.543	0.608

注：被解释变量为企业创新绩效，+$P<0.1$；*$P<0.05$；**$P<0.01$；***$P<0.001$。

机理_H6a 验证：如表 6.36 所示，在效率型研发外包模式下，关系维度和资源维度与企业创新绩效是正向关系，且在 0.001 显著性水平下显著。而知识维度与企业创新绩效的关系不明显且不显著（$P>0.1$）。内外部协调能力与企业创新绩效是正向的显著关系，但内部协调能力显著性更高（$P<0.001$）。这与第五章的假设分析的结果一致，说明效率型研发外包的内外部协调能力与创新绩效密切相关，研发外包的内外部协调能力越高，创新绩效越高。效率型研发外包更注重内部协调能力，机理_H6a 成立。

表 6.37　创新型研发外包模式的调节作用分析 ($N=82$)

变量	模型 1	模型 2	模型 3
控制变量			
常数项	3.428***	−0.735*	−1.432*
年份	−0.087	0.085	0.060
员工总数	0.025	−0.334	−0.185
研发人员	0.060	0.323	0.183
研发费用占当年销售比重	0.128	−0.176	−0.190
平均销售额	0.095	0.005	−0.006
产权性质	0.212	0.170	0.198
行业	0.130	0.218	0.212
自变量			
知识维度		0.269*	−0.021
关系维度		0.301*	−0.076
资源维度		0.211*	0.218
中介变量			
内部协调能力			0.241+
外部协调能力			0.468**
总模型			
F 值	1.025*	3.890***	4.489***
R^2	0.088	0.354	0.438
Adj. R^2	0.002	0.263	0.341

注：被解释变量为企业创新绩效，$+P<0.1$；$*P<0.05$；$**P<0.01$；$***P<0.001$。

机理 _ H6b 验证：如表 6.37 所示，在创新型研发外包模式下，资源维度、关系维度和知识维度与企业创新绩效是正向关系，且在 0.05 显著性水平下显著。内外部协调能力与企业创新绩效是正向的显著关系，而创新型研发外包更注重外部协调能力（在 0.001 显著性水平下显著）。这与第五章的假设分析的结果一致，说明创新型研发外包的内外部协调能力与创新绩效密切相关，研发外包的内外部协调能力越高，创新绩效越高。创新型研发外包更注重外部协调能力。机理 _ H6b 成立。

第五节　研发外包机理的进一步探讨

本章首先运用探索性和验证性因子分析，验证了研发外包的维度结构、内外部协调能力以及它们对创新绩效的促进作用。在此基础上，进一步采用结构方程建模方法对研发外包的机理与路径关系进行了分析。最后，运用了回归分析检验了效率型和创新型研发外包的不同作用机制。

一　研发外包资源维度对企业创新绩效的作用机制分析

本书有力地支持研发外包的资源维度与企业创新绩效之间的正效应。研发外包的资源维反映了企业现有的资源配置和技术、研发水平、其资源的专用性、本身具备的技术和专业技能、需求和产出的确定性决定外包控制水平和能力。在千变万化的市场和技术环境下，企业也必须不断寻求新的资源，达到优势互补，缩短研发时间，加速新产品的研制过程。因此，企业的专用资源和互补资源均对企业创新绩效起促进作用。更进一步说，研发外包的资源维度通过正向作用于内部协调能力，进而影响企业创新绩效作用过程这一结论得到证实，这与 Lejeune 和 Yakova（2005）、Martinez-Sanchez 等（2007）的研究结果比较一致。在本书最终确立的结构方程模型中，"内部协调能力←资源维度"的标准化估计值为 0.418，非标准化估计值为 0.514，C. R. 值为 4.321＞1.96，显著性概率为 0.000＜0.001，路径系数在 0.001 显著性水平下显著。这说明企业自身研发水平和专业机能越高，对外包合同管理和供应商管理能力越强，新产品的研发进程和过程控制较好，从而缩短产品研制时间，促进企业创新绩效。

然而，在本书最终确立的结构方程模型中，研发外包资源维度和外部协调能力的正相关关系未被证实。"外部协调能力←资源维度"的研发外包的资源维度与外部协调能力之间路径系数的标准化估计值－0.098，非标准化估计值为－0.109，C. R. 值为－1.532＜1.96，显著性概率为 0.128＞0.1，路径系数在0.1 显著性水平下不显著，说明研发外包的资源维度对外部协调能力影响不大。究其原因，主要是外包倾向性所致。Aubert 等（2003）指出，企业的专业技术诀窍和业务技能在外包决策时有决定性作用，如果外包内容技术诀窍需求越大，对外部供应商依赖越大。如果企业资源专用性和互补性很高，企业不倾向于外包。即使外包也是将最边缘（或最不核心）的业务外包出去。而这种情况下的外包模式基本是成熟技术、市场，创新型不高的确定性业务需求，对外包双方的协同参与和共同解决问题能力（即外部协调能力）要求不高，因此，资源维度对外部协调能力作用效果不显著。

综上所述，研发外包的资源维度有助于企业创新绩效的提高，企业应不断提升自身的研发水平和技术诀窍，完善内部合同和供应商管理流程，加强外包双方的合作与交流，从而促进产品研制顺利进行，提高企业创新绩效。

二　研发外包关系维度对企业创新绩效的作用机制分析

本书中，研发外包的关系维度通过促进内外部协调能力，进而正向影响企业创新绩效的作用过程被证实，这与 Grover 等（1996）、Lee 和 Kim（1999）、Willicocks 和 Kem（1998）的研究比较相符。"内部协调能力←关系维度"路径系数的标准化估计值为 0.334，非标准化估计值为 0.416，C. R. 值为 3.543＞1.96，显著性概率为 0.000＜0.001，路径系数在 0.001 显著性水平下显著。"外部协调能力←关系维度"路径系数的标准化估计值为 0.587，非标准化估计值为 0.591，C. R. 值为 7.616＞1.96，显著性概率为 0.000＜0.001，路径系数在 0.001 显著性水平下显著。说明研发外包过程中，外包双方的信任、相互依赖性、沟通、承诺、认知感增强，增强企业外包内外部协调能力，从而提升企业创新绩效。

然而，企业研发外包的关系维度对创新绩效的正向作用未被证实。"创新绩效←关系维度"路径系数的标准化估计值为－0.264，非标准化估计值为－0.153，C. R. 值为－0.728＜1.96，显著性概率为 0.466＞0.1，路径系数在 0.15 显著性水平下不显著。究其原因，主要是研发外包关系治理问题。一般来说，外包关系的建立主要从两方面入手：一是包含任务需求和规则的正式契约；二是以企业信任和属性为基础的心理契约（Dibbern，2004）。这些要素对外包关系的影响有重要作用。外包关系的治理主要指的是在外包过程中影响相互关系的连续行为，如在签订合同基础上控制外包绩效；建立包含供应商、客户的项目混合小组促进知识交换和交流。如果只是单纯建立起外包关系（如彼此之间的信任、依赖、沟通、承诺），缺乏对关系的进一步管理和规范、相互约束（即内外协调能力），从长远来看只是加重核心企业对外包供应商的依赖，不利于核心企业的成长和发展。因此，企业必须清晰地认识到，外包合作过程中要多方协调自身和外包供应商之间的各项活动，以满足客户需求和加快市场反应（Gosain et al.，2004），减少项目复杂性，提高技术资源和技术人员的信息交换和沟通，促进外包有效实施。

综上所述，研发外包关系维度不能直接作用于企业创新绩效，必须通过企业内外协调能力，才能有助于企业和外包供应商之间共享新思想、技术、知识，不断深入沟通、交流，相互促进扶持。并且，随着合作的逐步推广和加深，外包双方形成了能相互理解的行为规范和共同语言，从而构建了一个共同解决问题、克服困难和相互帮助的外包关系平台，促进外包成功，加速新产品的研发进度，提升企业创新绩效。

三 研发外包知识维度对企业创新绩效的作用机制分析

本书中，研发外包的知识维度通过促进内外部协调能力，进而正向影响企业创新绩效的作用过程被证实，这与 Willicocks 和 Kem（1998）、Lee（2001）

的研究比较相符。"内部协调能力←知识维度"路径系数的标准化估计值为
0.179，非标准化估计值为 0.206，C. R. 值为 2.504＞1.96，显著性概率为
0.012＜0.05，路径系数在 0.05 显著性水平下显著。"外部协调能力←知识维
度"路径系数的标准化估计值为 0.401，非标准化估计值为 0.375，C. R. 值为
5.543＞1.96，显著性概率为 0.000＜0.001，路径系数在 0.001 显著性水平下显
著。这说明在研发外包过程中，只要外包双方建立完善、稳定的知识共享体系，
必定加深双方隐性知识和显性知识共享的广度和深度，从而提升企业的研发水
平和技术诀窍，促进创新绩效。

　　然而，企业研发外包的知识维度对创新绩效的正向作用未被证实。"创新绩
效←知识维度"路径系数的标准化估计值为－0.367，非标准化估计值为
－0.335，C. R. 值为－2.290＜1.96，显著性概率为 0.122＞0.1，路径系数在
0.15 显著性水平下不显著。究其原因，主要有两点：一是知识共享的重要前提
是企业必须具备吸收或学习知识的能力（Lee，2001），即识别、消化并应用新
知识的创新能力（Cohen et al. ，1990）。如果只是一味地向外界索取知识，而不
能有效识别、吸收并转换为企业内部的知识和技术诀窍，知识共享就毫无意义，
也无法提升企业创新绩效。二是企业自身核心知识转移和流失（吴锋等，
2004b）。外包过程中知识流失与两个因素有关：外包本身知识获取的程度，交
互性过程中知识交互的频度、深度与广度。因此，企业知识共享不是简单地交
换知识信息，必须通过规范技术归档和管理，掌握研发外包中知识流向和扩散
程度，将企业稀缺的知识转化为自身可有用的、能接受的知识，才能提升研发
水平。

　　综上所述，企业研发外包知识维度不能直接作用于企业创新绩效，必须通
过企业内外协调能力，不断进行知识传递、创造和积累。当技术变化速率较大
时，企业会偏重于内外部技术知识的整合，实现技术转变和突破，以满足企业
对技术竞争力发展的需求；而技术变动速率较小时，企业则侧重于市场知识整
合（于惊涛，2007），收集技术、市场变动信息，培育和挖掘潜在的供应商，为
未来新兴技术早期介入作准备。因此，如何获取、共享、吸收和创造知识是研
发外包过程中的重要环节。

四 研发外包模式的调节作用

　　在验证了研发外包机理的基础上，本书还进一步探究了效率型和创新型研
发外包模式的调节作用，以考察在不同研发外包模式下作用机制的差异性。
　　研发外包模式是解决研发外包与企业创新绩效关系的关系点。本书的实证
结果显示，在效率型研发模式下企业更注重内部协调能力，而创新型研发模式

下企业更注重外部协调能力。究其原因，主要是由外包内容和需求的确定性所决定的。效率型研发外包的技术是企业较成熟技术，需求确定、明晰，企业传递给供应商的信息和任务变动少，外包控制主要是结果管理而不是过程管理，因此效率型研发外包更注重内部协调、合同规范和供应商的选择、控制。而创新型研发外包研发的技术是前瞻性、未来技术，具有较高的创新性。其绩效难以预先测度，进度缓慢，需分阶段推进和完善，研发需求不确定，需要外包双方不断沟通、交流，外包更注重过程控制而不注重结果。因此，创新型研发外包更注重彼此之间的协同参与、共同解决问题，相互促进和发展。

本 章 小 结

本章在第五章提出的研发外包对企业创新绩效作用机制的概念模型与研究假设基础上，以问卷调查的方式对 206 个企业进行研究，并综合运用探索性因子分析、验证性因子分析、结构方程建模等方法分析验证，深入探讨了研发外包维度结构、研发外包内外部协调能力及企业创新绩效之间的作用机理。

综合文献研究、探索性案例研究以及专家意见，本章设计了研发外包的关系、知识、资源三个维度，以及内外部协调能力等变量的测度量表，形成了拟合度较好的 SEM 测量模型。除"资源维度与外部协调能力"、"关系维度与企业创新绩效"、"知识维度与企业创新绩效"未通过验证外，原先的研究假设均得到了验证（表 6.38）。效率型研发外包更注重内部协调能力，而创新型研发外包更注重外部协调能力。

表 6.38　企业研发外包机理的研究假设实证结果汇总

研究假设	验证
机理 _ H1：企业研发外包的维度结构（资源、关系和知识）对创新绩效有正向影响	
机理 _ H1a：企业研发外包的资源维度对企业的创新绩效有正向影响	通过
机理 _ H1b：企业研发外包的关系维度对企业的创新绩效有正向影响	未通过
机理 _ H1c：企业研发外包的知识维度对企业的创新绩效有正向影响	未通过
机理 _ H2：企业研发外包的资源维度水平与研发外包的协调能力密切相关，资源维度水平越高，研发外包协调能力越强，越促进企业创新绩效提高	
机理 _ H2a：企业研发外包的资源维度水平有助于提高研发外包的内部协调能力，资源维度水平越高，内部研发外包协调能力越强，越促进企业创新绩效提高	通过
机理 _ H2b：企业研发外包的资源维度水平有助于提高研发外包的外部协调能力，资源维度水平越高，外部研发外包协调能力越强，越促进企业创新绩效提高	未通过
机理 _ H3：企业研发外包的关系维度水平与研发外包的协调能力密切相关，关系维度水平越高，研发外包协调能力越强，越促进企业创新绩效提高	

续表

研究假设	验证
机理 _ H3a：企业研发外包的关系维度水平有助于提高研发外包的内部协调能力，关系维度水平越高，内部研发外包协调能力越强，越促进外包绩效提高	通过
机理 _ H3b：企业研发外包的关系维度水平有助于提高研发外包的外部协调能力，关系维度水平越高，外部研发外包协调能力越强，越促进外包绩效提高	通过
机理 _ H4：企业研发外包的知识维度水平与研发外包的协调能力密切相关，知识维度水平越高，研发外包协调能力越强，越促进企业创新绩效提高	
机理 _ H4a：企业研发外包的知识维度水平有助于提高研发外包的内部协调能力，知识维度水平越高，内部研发外包协调能力越强，越促进外包绩效提高	通过
机理 _ H4b：企业研发外包的知识维度水平有助于提高研发外包的外部协调能力，知识维度水平越高，外部研发外包协调能力越强，越促进外包绩效提高	通过
机理 _ H5：企业研发外包的内外部协调能力与创新绩效密切相关	
机理 _ H5a：企业研发外包的内部协调能力有助于提高创新绩效，研发外包内部协调能力越强，企业的创新绩效越高	通过
机理 _ H5b：企业研发外包的外部协调能力有助于提高创新绩效，研发外包外部协调能力越强，企业的创新绩效越高	通过
机理 _ H6：研发外包的模式对研发外包机理起到调节作用	
机理 _ H6a：效率型研发模式内部协调能力对企业创新绩效影响较大	通过
机理 _ H6b：创新型研发外包模式外部协调能力对企业创新绩效影响较大	通过

简而言之，研发外包的资源、关系和知识三维度对企业创新绩效有正向影响作用，并通过外包过程的内外协调能力来实现创新绩效的提升（图6.9）。变量之间共有9条路径是显著的，分别是"资源维度-内部协调能力"、"资源维度-企业创新绩效"、"知识维度-内部协调能力"、"知识维度-外部协调能力"、"知识维度-企业创新绩效"、"关系维度-内部协调能力"、"关系维度-外部协调能力"、"内部协调能力-企业创新绩效"、"外部协调能力-企业创新绩效"。

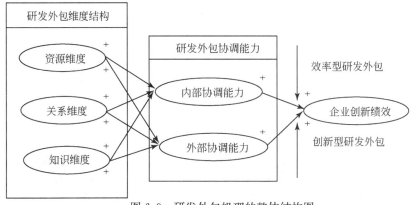

图6.9　研发外包机理的整体结构图

第七章 / 研发外包模式和维度
结构的动态演化

本章从社会网络视角和核心能力视角阐述研发外包的演化模式，以企业成长阶段为时间序列，探讨企业初始、发展和成熟三个阶段的研发外包模式和维度结构演化规律，从而揭示企业研发外包的动态演化轨迹。

第一节　研发外包动态演化的理论分析：演化阶段划分和理论假设

一　研发外包模式的演化综述

1. 社会网络视角：演化的推-拉模式

Granovetter（1973）提出弱联系和强联系的概念，其强弱的区别主要在于外包网络成员在关系上投入的时间和精力的多少，以及参与各方利益互惠程度的高低。尹建华（2005）归纳了外包网络的形成路径两种模式：弱联系主导模式和强联系主导模式。强联系主导的外包网络形成中，成员来自不同行业，网络的构建旨在促进创新、开发新的市场机遇和提升企业能力，更注重协调能力。弱联系主导的网络成员来自同一个行业，拥有相同的兴趣，更具连续性，与环境的依赖性直接相关，是建立在环境依赖之上的自选择过程。表 7.1 对两种模式进行了比较。

表 7.1　弱联系主导和强联系主导的外包模式比较

业务活动	弱联系主导模式	强联系主导模式
网络特征	竞争合作	选择性开发
环境依赖性	作用强	没有明显作用
共同志愿	作用强	没有明显作用
先动者	没有直接联系，或不需要	有形成的必要
公开请求	对各利益开放，拥有相同的组织	先动者拥有不同的目标群体
连续性	强	弱
结构	紧密耦合以限制机会主义	疏松耦合
信任和满意度	扩大和不满意的循环	如不转化形式将不满足期望
学习的证据	环境特点的偶然性	可能会很低
案例	计算机制造业外包网络	汽车制造业外包网络

资料来源：尹建华 . 2005. 企业资源外包网络：构建、进化和治理 . 北京：中国经济出版社 .

尹建华和王玉荣（2005）运用社会网络分析工具分别从企业的社会资本和结构孔两个角度剖析资源外包网络进化的特点和作用机理。他们指出，资源外包网络的形成并非一蹴而就，而是一个渐进演化的过程，且在很大程度上是在企业社会资本的推动和结构孔的拉动共同作用下实现的。由图7.1可以看出，强联系支配着资源外包网络中的合作行为，它使得网络成员能够更容易地获取外部资源。弱联系各方经多次交易建立的互惠和信任推动了强联系的建立。强联系提升了企业间的信任，进而推动了资源外包网络的进化。

图7.1　企业社会资本的推动作用

资料来源：尹建华，王玉荣.2005.资源外包网络的进化：一个社会网络的分析方法.
南开管理评论，8（6）：75-79.

在外包网络中，核心企业大多扮演着网络设计者的角色。它凭借结构孔的位置优势成为多方面信息的拥有者，通过发挥结构孔的控制优势来决定供应商的进入机制，从而吸引更多能够为核心企业带来利益的供应商，逐步形成以核心企业的外包业务为纽带的资源网络。由此可见，资源外包网络的进化正是在企业社会资本的推动和结构孔的拉动共同作用下实现的，如图7.2所示。

图7.2　资源外包网络的进化推-拉模式

资料来源：尹建华，王玉荣.2005.资源外包网络的进化：一个社会网络的分析方法.
南开管理评论，8（6）：75-79.

综上所述，我们可得出，外包网络的进化过程就是弱联系和强联系两种主导模式有效结合的过程。两种模式在效率、创新方面达到平衡，有助于提高外包网络的成功率，是外包网络赖以生存的动力。尹建华的外包模式进化为本书研发外包模式的动态演化奠定了理论基础。

2. 网络组织视角：双边-多边-网络模式

苏敬勤和孙大鹏（2006）在汽车产业、计算机制造业、零售业的案例分析基础上指出，外包网络是企业网络组织的一种形态。在市场和企业之间，因外包而结成的组织不仅仅是外包网络的一种，而且是经过一定的动态演变形成的。

在借鉴威廉姆森对企业网络组织的研究基础上（将位于市场和企业间的组织定义为双边、多边和杂交三种），苏敬勤和孙大鹏（2006）将外包组织形态定义为三种模式：双边资源外包、多边资源外包和资源外包。根据网络中核心企业控制力的强弱，外包演化历程如图7.3所示。

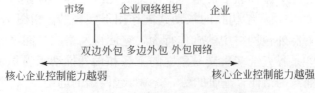

图 7.3　外包在市场和企业之间的演变

资料来源：苏敬勤，孙大鹏.2006.资源外包的理论与管理研究.
大连：大连理工大学出版社.

苏敬勤和孙大鹏（2006）提出外包网络的形成路径模型，按照外包层次（产品层次、事业层次、企业层次）和市场范围（区域市场、全国市场和全球市场）将外包路径分成九种。其中，双边外包范围为区域市场，外包主要内容为产品，比较局限在生产和服务外包。多边外包范围为全国市场，外包主要内容为集成外包，参与主体向顾客、供应商甚至是合作单位和竞争对手延伸，从客户/供应商关系发展为战略伙伴关系。外包网络上升到企业全球化运作，整合全球资源，使组织结构的灵活性和弹性加大。此外，他们还进一步对比汽车产业、计算机制造业、零售业的资源外包形成路径。这些研究为本书研发外包的动态演化理论奠定了基础。表7.2给出了不同外包模式的比较。

表7.2　双边、多边和外包网络特征

项目	双边外包模式	多边外包模式	外包网络
战略目标	提高外包资源的性能、效率和效益，实现产品的开发目标	整合利用外部资源，促进核心能力和核心产品的效益，实现某一事业领域的发展	利用网络优势，吸收外部资源，实现企业价值的最大化
交易费用	————————————————→增加		
生产费用	————————————————→减少		
专业化程度	————————————————→降低		
参与主体	两个	多个	多个
市场范围	区域	全国	全球

资料来源：苏敬勤，孙大鹏.2006.资源外包的理论与管理研究.大连：大连理工大学出版社.

3. 核心能力视角

资源外包被证明是企业缩窄业务并专注于其核心能力发展的有效战略，采用资源外包战略可以实现市场压力下的企业边界缩小。由此，社会逐渐出现了大批具有一定规律性的以核心能力为基础的资源外包模式，是资源外包模式发展和演进的一种明显方式（蔡俊杰等，2005）。

Quinn（2000）认为，资源外包能有效地支持核心能力战略的应用和实现，可以改善企业的运作业绩，培育企业持续发展能力。蔡俊杰和苏敬勤（2005）将资源外包形成与演进过程划分为三个阶段：一是需求拉动的资源外包，需求的剧烈扩张促使企业依靠外部供应商提供一定的零部件。二是基于成本战略的资源外包，企业外包目的仅以成本为导向，旨在提高财务绩效。三是基于企业核心能力的资源外包，企业外包的目的是更有效地提升和培育核心能力，其利用演进经济学中对基于核心能力的资源外包演进形成进行解释。企业的资源可划分为核心资源、外包资源和市场资源三个层次，企业的边界取决于在企业内部形成非核心能力和以合约形式从市场购买非核心能力的相对成本，如图 7.4 所示。

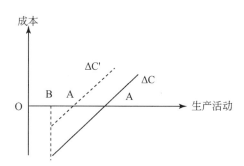

图 7.4　基于核心能力的资源外包演进

资料来源：蔡俊杰，苏敬勤 . 2005. 资源外包的形成及演进方式分析 .
科研管理，26（3）：55-59.

4. 小结

在快速变化的环境下，外包是企业技术获取和技术变革的新型战略，该战略极具动态性，在企业发展的不同时期、不同阶段会有所改变。而现有的研究仅仅提及这一点（Gilley et al.，2000），尚缺乏深入挖掘。国内学者如尹建华（2005）、苏敬勤和孙大鹏（2006）仅从静态的角度探讨不同产业外包的发展路径，缺乏动态的深入挖掘。尤其是以企业发展的生命周期为时间序列的外包结构演进等问题尚未解决，无法为企业实践提供直接的参考。

二　企业阶段的划分综述

企业的生命周期，是指企业诞生、成长、壮大、衰退直至死亡的过程（陈佳贵，1995）。企业生命周期理论的核心是：企业既是一个社会经济组织，同时也是一个生命有机体，还有一个从生到死、由胜转衰的过程。因此，企业的成长过程既是企业发展演化的客观规律，也是企业发展变革的生命线（王鲁捷等，2008）。

然而，企业阶段的划分标准至今未得到统一，大量学者提出了不同的划分阶段的方法，大致可分为单一标准和多重标准两类。企业成长阶段模型以生命学派的生命周期模型居多，最典型的是伊查克·爱迪思（1997）的企业生命周期模型：分为孕育期、婴儿期、青春期、盛年期、稳定期、贵族期、官僚期和死亡期。

中国社会科学院陈佳贵（1995）等以规模大小为纵坐标，将企业生命周期分为孕育期、求生存期、高速发展期、成熟期、衰退期和蜕变期。由此得出三种企业成长类型：欠发育型（类型 A）、正常发育期（类型 B）、超前发育型（类型 C）。李业（2002）在陈佳贵（1995）、伊查克·爱迪思（1997）等提出的企业生命周期模型的基础上，以销售额作为企业生命周期模型的纵坐标，把企业生命周期依次分为孕育期、出生期、成长期、成熟期和衰退期。

Churchill 和 Lewis（1983）从企业规模和管理的两个维度描述企业成长的五个阶段：创业阶段、生存阶段、发展阶段、起飞阶段和成熟阶段，而企业的成长阶段可以通过管理风格、组织架构、业务扩展、战略取向及所有者功能五个方面进行判断，各阶段判别标准和特点如表 7.3 所示。

表 7.3　企业成长阶段的特点和判别条件

成长阶段	创业阶段	生存阶段	发展阶段		起飞阶段	成熟阶段
			摆脱束缚	成功发展		
基本描述	尽力占有顾客	顾客基础稳定；关心收支	市场潜力较大	需求发展方向并积极准备	快速发展阶段	维护战绩；伺机而行
管理风格	直接控制的指挥	监督控制的指挥	职能分工	职能分工	部门化管理	直线；职能人员齐全
组织架构	极为扁平	扁平	职能制		事业部制	直线职能制
业务扩展	无	很少	一些	明显	完全	渐进性
战略意向	存在	生存下去	获取利润	积累资源	法则	投资回报
所有者功能	主要所有者控制并投入企业的全部经营业务		主要所有者参与企业大部分经营业务		主要所有者参与企业一小部分经营业务	

资料来源：Churchill N C，Lewis L L. 1983. The five stages of small business growth. Harvard Business Review，(5-6)：30-50；邬爱其 . 2003. 企业成长理论文献综述 . 浙江大学工作报告；黄洁 . 2006. 集群企业成长中的网络演化：机制与路径研究 . 浙江大学博士学位论文 .

Utterback 和 Abernathy（1975）著名的描述产业技术创新形成的 U-A 创新过程模型，将一个产业或一类产品的技术创新过程总体划分为变动、过渡和特定三个阶段。U-A 模型将生命周期的概念运用到了技术发展和管理研究领域，并首次将产品技术和工艺技术变化结合在一起。之后，其他学者的研究也证实类似的创新阶段（朱朝晖，2008）。陈钰芬（2007）在此基础上，提出开放式创新的三阶段：产品创新阶段、工艺创新阶段和平台创新阶段，并描述在不同阶段开放源的变化趋势。

上述学者的研究为本书研发外包企业的阶段划分提供了良好的理论基础，在借鉴 Churchill 和 Lewis（1983）、Utterback 和 Abernathy（1975）、黄洁（2006）的理论基础上，我们将企业的成长阶段划分为初始、发展和成熟三个阶段，并对题项进行聚类分析，进一步探讨不同阶段下研发外包的维度结构和模式的演变。

三　研发外包模式和维度结构动态演化的理论假设

1. 效率型和创新型研发外包模式的动态演化

研发外包可分为效率型和创新型两种模式。从研发外包的维度结构看，效率型研发外包的技术、市场成熟，核心企业一般处于主导地位，将技术和相关知识传递给供应商，由供应商独立完成。因此，在外包过程中，核心企业更注重自身资源和技术水平，从供应商获取的知识和技术较少，优势互补较低。因技术和市场成熟度高，外包双方的显性知识传递较多。

而创新型研发外包，研发的技术是前瞻性、未来技术，具有较高的创新性。核心企业与供应商是战略伙伴关系，形成优势互补、相互促进的局面，通过专用和互补资源，扩大企业创新源，增强研发和技术水平，推动企业技术创新和研发。因外包技术是新型技术，需要外包双方不断沟通、交流，共同成长，因此在研发过程中除显性知识外，还可积累大量的隐性知识。

从企业的发展生命周期来看，企业的发展可分为初生期、发展期和成熟期三个阶段。虽然效率型和创新型研发外包具有一定的差异性，企业应根据自身发展的现状、条件及外部环境，在两者之间权衡利弊，以选择合适的研发外包战略。而事实上，效率型和创新型研发外包模式存在一定的协同互补效应。

在企业发展的初期，技术和研发水平比较薄弱，主要侧重于效率型研发外包模式，外包的技术较成熟，市场也比较稳定，以解决企业人力、物力及财力的短缺；在发展期，企业的技术和研发水平逐渐成熟，除成熟的技术外包外，也开始逐步探索创新型研发外包，以探索和挖掘新产品、新市场，因此效率型和创新型研发外包程度逐步增强；到成熟期，企业的技术和研发水平趋于稳定，侧重于未来新技术的储备，更倾向于新兴技术领域的开发和拓展，创新型研发外包程度增强。因此，效率型和创新型研发外包模式之间不是一种静态的固定比例的平衡，而是动态的协同互补趋势。

基于以上的分析，本书提出研发外包的动态演化假设。

演化 _ H1：效率型和创新型研发外包模式在企业发展的不同阶段动态变化。

演化 _ H1a：从企业的发展初期阶段、发展阶段到成熟阶段，效率型研发外包的主导地位逐渐降低。

演化 _ H1b：从企业的发展初期阶段、发展阶段到成熟阶段，创新型研发外包的主导地位逐渐增强。

2. 研发外包的维度结构动态演化

企业的研发外包维度结构包括三方面：资源维、关系维和知识维。资源维反映了企业现有的资源配置和技术、研发水平，其资源的专用性、本身具备的技术和专业技能、需求和产出的确定性决定外包控制水平和能力，从而影响外包控制和决策。关系维体现外包双方在外包过程中相互依赖、相互作用的协调体系，为外包双方的关系管理架构、沟通机制和协调发展提供理论依据。知识维体现研发外包过程中内外部组织之间或跨组织之间，彼此通过各种渠道进行知识的交流、讨论和交换，从而实现知识共享和创造。

企业的发展可分为初生期、发展期和成熟期三个阶段。在初生期，企业研发水平和技术能力一般，研发外包较少，企业比较注重研发外包的资源维度，特别是专用资源的提升。在发展期，企业的业务规模扩大，研发水平和技术能力提高，研发外包倾向性较高，企业比较注重研发外包的资源维和关系维。如何有效利用企业外部的互补资源、协调外包双方的关系，控制外包顺利进行是企业亟待解决的问题。在成熟期，企业注重未来技术的贮备和知识创新，更注重研发外包的知识维，外包过程中的知识传递、共享、创造是研发外包的核心问题。因此，以企业成长周期为时间序列的研发外包维度结构是不断动态变化的。

基于以上的分析，本书提出研发外包的动态演化假设。

演化 _ H2：研发外包的维度结构在企业发展的不同阶段存在显著的差异。

演化 _ H2a：研发外包的资源维在企业发展的不同阶段存在显著的差异。

演化 _ H2b：研发外包的关系维在企业发展的不同阶段存在显著的差异。

演化 _ H2c：研发外包的知识维在企业发展的不同阶段存在显著的差异。

第二节　问卷设计与变量测度

一　问卷设计和分析方法

本书调查问卷从 2008 年 12 月 20 日开始发放，截至 2009 年 8 月 20 日回收，共历时 8 个月，期间主要分四个途径发放问卷。从回收的 206 份有效问卷来看，本书所得样本的行业涵盖软件和电子及通信设备制造业，生物制药与新材料业，机械制造、化工和纺织业等；企业性质涵盖国有与集体、民营与三资企业；企业规模涵盖大中小型企业；样本基本特征的分布情况如表6.2所示（详见第六章第一节数据收集分析和附录4）。

运用SPSS软件对206个样本进行统计分析。本章主要采用聚类分析（cluster anlaysis）、描述性统计分析（descriptive statistics）、因子分析（factor analysis）和方差分析（variance analysis）。

（1）聚类分析。依据所研究的问题，根据事物本身的特征和样本个体分类的方法，将大样本数据划分为几类，同类型的个体有相似性，不同类型的个体有差异性。

（2）描述性统计分析。对样本的平均值、标准差、最大值、最小值、方差等统计量进行分析，从而考察样本的基本特征。

（3）因子分析。因子分析是多元分析的一个重要分支，通过对诸多变量的相关性研究，从而提取共性因子的方法，达到浓缩数据的目的，通常采用主成分分析法。

（4）方差分析。方差分析是检验多个样本均数间差异是否具有统计意义的方法。单因素分析法（one-way-ANOVA）主要考察变量均值间的差异是否在统计上具有显著性，以判断在企业不同发展阶段研发外包的动态演化性。

二　变量测度

1. 企业阶段的划分

在借鉴Churchill和Lewis（1983）、Utterback和Abernathy（1975）、黄洁（2006）的理论基础上，将企业的成长阶段划分为初始、发展和成熟3个阶段。在测度上设定了"当前最重要的工作"、"企业重大决策"、"企业战略"、"企业未来发展目标"和"所有者参与程度"5个题项（附录4）。

2. 效率型和创新型模式的动态演进

本书在琳达·科恩和阿莉·扬（2007）、Lan Stuart和Mecutecheon（2000）、Finn和Eric（2000）的测量基础上，从技术、市场、资源和创新性4个题项来度量组织间的研发类型。如果效率型研发外包分值高于创新型研发外包的分值，则认为企业是以效率型研发外包为主导的研发模式，否则为创新型研发外包模式。通过对206个样本的分析，样本中共有124个效率型研发外包模式和82个创新型研发外包模式（见第六章第四节）。通过"研发外包重要性"程度的题项，描述在企业发展的不同阶段两种研发外包模式的演进趋势。

3. 研发外包的维度结构动态演进

研发外包可划分为资源维、关系维和知识维三个维度。资源维包含专用资源和互补资源，关系维包含外包双方的信任、沟通、承诺、相互依赖和认知感，知识维指的是隐性知识和显性知识，三个维度的详细测度参看第六章第二节。本章通过聚类分析后，得出企业发展不同阶段的三个维度均值，从而描述研发外包的维度结构变化趋势（附录3）。

第三节　研发外包动态演化的实证分析：聚类和方差分析

严格地说，研发外包的维度和模式动态演进的实证分析，需要对大量企业进行长期跟踪调查从而获得时间序列数据（longitude date），但在数据的获得上难以达到。因此，学术界一个折中的做法是利用调查问卷获得的横截面数据，对企业进行分阶段考察，进而间接的测量企业相关变量的动态演化过程（黄洁，2006；陈钰芬，2007；朱朝晖，2008；郑素丽，2008）。本书首先通过聚类分析划分企业的发展阶段，然后进行组间方差分析和描述性统计分析，从而得出研发外包的维度结构和模式的动态演进规律。

一　聚类分析

本书在 Churchill 和 Lenis（1983）、Utterback 和 Abernathy（1975）、黄洁（2006）的理论的基础上，设置了"当前最重要的工作"、"企业重大决策"、"企业战略"、"企业未来发展目标"和"所有者参与程度"五个题项，进行各阶段划分在效度分析时，"企业重大决策"和"所有者参与程度"两个题项未通过，因此，本书采用"当前最重要的工作"、"企业战略"、"企业未来发展目标"三个题项聚类（表 7.4）。

表 7.4　企业阶段的划分（N＝206）

题项	初始阶段		发展阶段		成熟阶段	
	均值	标准差	均值	标准差	均值	标准差
当前最重要的工作	1.52	0.58	3.63	0.74	3.88	0.68
企业战略	1.37	0.62	2.33	0.69	2.90	0.64
企业未来发展目标	2.58	0.62	3.24	0.62	3.64	0.85
样本数/个	N＝104		N＝70		N＝32	

第一阶段的企业，企业在选择"当前最重要的工作"时，均值为 1.52，选择的是"争取客户和增加收入"；在"企业战略"时，均值为 1.37，大部分选择"集中在一个行业中"，多元化程度较少；"企业未来发展目标"，均值为 2.58，选择的是"维持基本生存"和"适度扩展企业规模和争取更多的利润"。选项表

明企业技术和研发水平处于初期阶段，战略单一，主要目的是赚取更多利润和维持生存，因此处于初期阶段。

第二阶段的企业，"当前最重要的工作"，均值为3.63，选择的是"争取客户和增加收入"、"在做好主业的基础上开展其他业务"和"适度扩展规模"；在选择"企业战略"时，均值为2.33，大部分选择"集中在一个行业中"和"开始向其他行业扩展"，有一定的多元化程度；"企业未来发展目标"，均值为3.24，选择的是"适度扩展企业规模和争取更多的利润"。从选项上看，企业的生存已不成问题，主要战略目标扩大规模，争取更多的利润和提高自身在行业的竞争力，因此处于发展阶段。

第三阶段的企业，在选择"当前最重要的工作"时，均值为3.88，选择的是"在做好主业的基础上开展其他业务"和"适度扩展规模"；在选择"企业战略"时，均值为2.90，大部分选择"已经涉及了多个行业领域"、"在多个行业领域中都有较大发展"、"在多个行业中发展，但目前正在从某些行业退出"，多元化程度较高；"企业未来发展目标"，均值为3.64，选择的是"适度扩展企业规模和争取更多的利润"和"产业升级"。从选项上看，企业在行业已初具规模或成为行业领头者，战略目标是如何提高自己的竞争优势，发展未来先进技术和新产品，引导整个行业的发展，实现产业升级，因此处于成熟阶段。

总体来看，随着企业的成长，企业当前最重要的工作由维持生存、争取客户逐渐发展到扩展规模和开展多元化业务；企业的多元化程度也在增加，而多元化并不是盲目的发展和扩展，而是在自身主业的基础上不断渗透、蔓延和发展起来的；在发展目标上，企业以长期利益为主，越来越注重未来技术的储备和发展，由原有的赚取更多利润转化为产业升级，提高自身的核心地位和竞争力。

二　研发外包模式的动态演化实证分析

表7.5分别给出了企业成长的三阶段效率型研发外包和创新型研发外包的重要性程度的均值、最大值、最小值和标准差。从表7.5的初步描述性统计可以看出，无论是效率型研发外包还是创新型研发外包，样本企业均认为这两类研发外包在企业发展的各个阶段的重要性很高（均值在发展和成熟期都接近5，并且最小值都比较高，分别为4.05和2.70）。其中，效率型研发外包在发展阶段的平均重要程度最高；创新型研发外包在成熟阶段的平均重要程度最高。

表 7.5　研发外包模式演化的描述性统计分析（N＝206）

研发外包模式	企业成长阶段	最小值	最大值	均值	标准差
效率型研发外包	初始阶段	1.00	7.00	4.0534	1.173 72
	发展阶段	1.00	7.00	4.9417	1.388 63
	成熟阶段	1.00	7.00	4.4806	1.506 77
创新型研发外包	初始阶段	1.00	7.00	2.6990	1.244 19
	发展阶段	1.00	7.00	4.8107	1.447 65
	成熟阶段	1.00	7.00	5.7913	1.458 41

表 7.6 给出了企业成长的三阶段效率型研发外包和创新型研发外包的重要性程度的频次分布。

表 7.6　研发外包模式演化的频次统计（N＝206）

研发外包模式	企业成长阶段	统计类别	评价值						
			1	2	3	4	5	6	7
效率型研发外包	初始阶段	频次	1	14	43	101	16	24	7
		百分比/%	5	6.8	20.9	49	7.8	11.7	3.4
	发展阶段	频次	6	8	7	49	63	47	26
		百分比/%	2.9	3.9	3.4	23.8	30.6	22.8	12.6
	成熟阶段	频次	9	4	43	54	32	47	17
		百分比/%	4.4	1.9	20.9	26.2	15.5	22.8	8.3
创新型研发外包	初始阶段	频次	21	86	63	21	5	5	5
		百分比/%	10.2	41.7	30.6	10.2	2.4	2.4	2.4
	发展阶段	频次	5	12	10	58	54	39	28
		百分比/%	2.4	5.8	4.9	28.2	26.2	18.9	13.6
	成熟阶段	频次	4	7	3	23	27	55	87
		百分比/%	1.9	3.4	1.5	11.2	13.1	26.7	42.2

从表 7.6 的频次分布看，初始阶段效率型研发外包的重要性程度众数为 4（样本数占总样本数的百分比为 49%），并且还有 20.9% 的样本企业分值为 3，说明大部分企业都认为，在企业的初始阶段，效率型研发外包重要性一般。发展阶段重要性程度众数均为 5（样本数占总样本数的百分比为 30.6%），同时分

值为 4 和 6，占 23.8% 和 22.8%，说明大部分企业都认为，在企业的发展阶段，效率型研发外包比较重要。成熟阶段效率型研发外包的重要性程度众数为 4（样本数占总样本数的百分比为 26.2%），并且还有 22.8% 的样本企业分值为 6，说明在企业的成熟阶段，效率型研发外包重要性比发展阶段有所降低。

从表 7.6 的频次分布看，初始阶段创新型研发外包的重要性程度众数为 2（样本数占总样本数的百分比为 41.7%），并且还有 30.6% 的样本企业分值为 3，说明大部分企业都认为，在企业的初始阶段，创新型研发外包重要性较低。发展阶段重要性程度众数均为 4（样本数占总样本数的百分比为 28.2%），同时有 26.2% 和 18.9% 的企业分值为 5 和 6，说明大部分企业都认为，在企业的发展阶段，创新型研发外包比较重要。成熟阶段创新型研发外包的重要性程度众数为 7（样本数占总样本数的百分比为 42.2%），并且还有 26.7% 的样本企业分值为 6，说明大部分企业都认为，在企业的成熟阶段，创新型研发外包重要性很高，比发展阶段有所提升。

为进一步验证效率型和创新型研发外包在各个成长阶段是否具有统计显著性，本书采用单因素方差分析的方法对不同阶段的研发外包模式的重要性程度进行比较。

首先进行方差齐次检验（Levene 检验），其结果如表 7.7 所示。从表 7.7 中可以看出，只有创新型研发外包模式在成熟阶段的显著性概率 $P=0.000<0.05$，数据不具有方差齐性，其方差检验以 Tamhane T2 方差检验结果为准。其他阶段 P 均大于 0.05，数据具有方差齐性，其方差检验以 LSD 方差检验结果为准。

表 7.7　研发外包模式演化的方差齐次检验（Levene 检验）结果（$N=206$）

研发外包模式	企业成长阶段	Levene 检验	df1	df2	显著性（sig）
效率型研发外包	初始阶段	0.304	2	203	0.738
	发展阶段	1.749	2	203	0.177
	成熟阶段	1.329	2	203	0.267
创新型研发外包	初始阶段	1.291	2	203	0.277
	发展阶段	1.406	2	203	0.248
	成熟阶段	10.154	2	203	0.000

然后，进行单因素方差分析，对不同阶段的效率型和创新型研发外包重要性程度进行比较，分析结果如表 7.8 和表 7.9 所示。从表 7.8 中可看出，效率型研发外包在企业的成熟阶段 $P=0.196>0.05$，创新型研发外包在企业的初始阶段 $P=0.175>0.05$，而其他阶段 $P<0.005$。ANOVA 结果表明在企业的初始

阶段，效率型研发外包占主导地位，从初始阶段到发展阶段变化大（P 均显著）；而随着企业进入成熟阶段，效率型研发外包不占主导地位，差异性不大（P 不显著）。在企业的初始阶段，创新型研发外包较少，因此数据差异不大（P 不显著）。从发展阶段到成熟阶段，创新型研发外包逐渐占据主导地位，数据差异大（P 显著）。为更清晰地揭示效率型和创新型研发外包的各阶段演变过程，最后采用 LSD 和 Tamhane T2 检验。

表 7.8　研发外包模式演化的单因素方差分析（$N＝206$）

研发外包的模式	企业成长阶段	比较	离差平方和	自由度	均方	F 值	显著性（sig）
效率型研发外包	初始阶段	组间比较	18.210	2	9.105	6.996	0.001
		组内比较	264.202	203	1.301		
		总体	282.413	205			
	发展阶段	组间比较	22.595	2	11.298	6.153	0.003
		组内比较	372.706	203	1.836		
		总体	395.301	205			
	成熟阶段	组间比较	7.403	2	3.702	1.641	0.196
		组内比较	458.019	203	2.256		
		总体	465.422	205			
创新型研发外包	初始阶段	组间比较	5.411	2	2.706	1.761	0.175
		组内比较	311.928	203	1.537		
		总体	317.340	205			
	发展阶段	组间比较	52.668	2	26.334	14.182	0.000
		组内比较	376.948	203	1.857		
		总体	429.617	205			
	成熟阶段	组间比较	29.085	2	14.543	7.255	0.001
		组内比较	406.939	203	2.005		
		总体	436.024	205			

　　为简化各阶段变化的复杂性，将效率型和创新型研发外包的重要性程度取均值，再进行 LSD 和 Tamhane T2 检验。因效率型研发外包均值的 Levene 检验中，显著性概率 sig＝0.416，进行 LSD 检验。创新型研发外包均值的 Levene 检验中，显著性概率 sig＝0.005，进行 Tamhane T2 检验。检验结果如表 7.9 所示。

表 7.9 研发外包模式演化的两两比较结果 (N＝206)

研发外包模式	判别方法	(I) 阶段	(J) 阶段	均值差 (I-J)	显著性水平
效率型研发外包	LSD	初始阶段	发展阶段	-0.413 55*	0.004
			成熟阶段	-0.693 91*	0.000
		发展阶段	初始阶段	0.413 55*	0.004
			成熟阶段	-0.280 36	0.155
		成熟阶段	初始阶段	0.693 91*	0.000
			发展阶段	0.280 36	0.155
创新型研发外包	Tamhane T2	初始阶段	发展阶段	-0.552 93*	0.001
			成熟阶段	-0.880 61*	0.000
		发展阶段	初始阶段	0.552 93*	0.001
			成熟阶段	-0.327 68	0.094
		成熟阶段	初始阶段	0.880 61*	0.000
			发展阶段	0.327 68	0.094

＊表示显著性水平 $P < 0.01$。

效率型研发外包模式下，从初始阶段到发展阶段，显著性水平为 0.004，其重要性程度逐渐增加，并且两两之间显著；从发展阶段到成熟阶段，显著性水平为 0.155，其重要性程度逐渐降低，并且两两之间不显著。演化＿H1a 得到证实。

创新型研发外包模式下，从初始阶段到发展阶段，显著性水平为 0.001，其重要性程度逐渐增加，并且两两之间显著；从发展阶段到成熟阶段，显著性水平为 0.094，其重要性程度逐渐增加，并且两两之间显著。演化＿H1b 得到证实。

三 研发外包维度结构的动态演化实证分析

研发外包实质是外包资源、关系和外包知识的共同体。资源维度包括专用资源和互补资源；关系维度包括相互依赖性和沟通、信任、承诺和认知感；知识维度包括隐性知识和显性知识。表 7.10 给出了不同阶段研发外包的资源、关系、知识三个维度的描述性统计分析。

从表 7.10 可以看出，在企业的初始阶段，资源维度均值为 4.4154，发展阶段为 5.5857，到成熟阶段上升为 6.3469，说明随着企业的成长，资源维度作用不断增加。在企业的初始阶段，关系维度均值为 4.5635，发展阶段为 5.8086，到成熟阶段上升为 6.7344，说明随着企业的成长，关系维度作用不断增加。在企业的初始阶段，知识维度均值为 3.9231，发展阶段为 5.2286，到成熟阶段上升为 6.3875，说明随着企业的成长，知识维度作用不断增加。

表 7.10　研发外包维度结构演化的描述性统计分析（$N=206$）

研发外包维度结构	企业成长阶段	企业数量	最小值	最大值	均值	标准差
资源维度	初始阶段	$N=104$	1.00	7.00	4.4154	1.207 24
	发展阶段	$N=70$	3.80	7.00	5.5857	0.692 46
	成熟阶段	$N=32$	4.00	7.00	6.3469	0.611 18
关系维度	初始阶段	$N=104$	1.00	7.00	4.5635	1.008 99
	发展阶段	$N=70$	4.30	7.00	5.8086	0.719 05
	成熟阶段	$N=32$	5.70	7.00	6.7344	0.410 04
知识维度	初始阶段	$N=104$	1.00	6.20	3.9231	1.147 83
	发展阶段	$N=70$	3.00	7.00	5.2286	0.795 85
	成熟阶段	$N=32$	5.00	7.00	6.3875	0.549 34

为进一步验证资源、知识和关系维度在各个成长阶段的增加是否具有统计显著性，本书采用单因素方差分析的方法对不同阶段的研发外包维度结构进行比较。首先进行方差齐次检验。从表 7.11 可看出，随着企业成长阶段的推进，资源维度、关系维度和知识维度出现不同程度的增长趋势。资源、关系和知识三个维度的显著性概率 $P=0.000<0.05$，$P=0.003<0.05$，因此数据不具有方差齐性。

表 7.11　研发外包维度结构演化的方差齐次检验（Levene 检验）结果（$N=206$）

研发外包的维度结构	Levene 检验	df1	df2	显著性（sig）
资源维度	10.752	2	203	0.000
关系维度	6.017	2	203	0.003
知识维度	11.827	2	203	0.000

然后，进行单因素方差分析，对不同阶段资源、关系和知识维度进行比较。因 Levene 检验测出数据不具有方差齐性，ANOVA 采用 Tamhane T2（在方差不相等、没有正态分布假设的前提下）的两两 T 检验（马庆国，2002）。分析结果如表 7.12 所示。从表 7.12 中可以看出，资源、关系和知识三个维度在组间比较、组内比较中的显著性 $P=0.000<0.05$，说明在企业的初始、发展和成熟三个阶段，其研发外包的资源、关系和知识维度均有显著的差异，演化 _ H2 成立。

表 7.12　研发外包维度结构演化的单因素方差分析 （*N*＝206）

研发外包维度结构	比较	离差平方和	自由度	均方	F 值	显著性（sig）
资源维度	组间比较	114.974	2	57.487	59.913	0.000
	组内比较	194.781	203	0.960		
	总体	309.755	205			
关系维度	组间比较	140.245	2	70.123	97.668	0.000
	组内比较	145.748	203	0.718		
	总体	285.993	205			
知识维度	组间比较	172.952	2	86.476	92.999	0.000
	组内比较	188.762	203	0.930		
	总体	361.715	205			

　　为进一步比较企业成长的三阶段资源、关系和知识维度的演进趋势，本书进行 Tamhane T2 检验，结果如表 7.13 所示。从表 7.13 可以看出，企业从初始阶段、发展阶段到成熟阶段，各阶段的资源、关系、知识维度是显著变化的（*P*＝0.000），且资源、关系和知识三维度呈上升趋势。

表 7.13　研发外包维度结构演化的两两比较结果 （*N*＝206）

研发外包维度结构	判别方法	（I）阶段	（J）阶段	均值差（I－J）	显著性水平
资源维度	Tamhane T2	初始阶段	发展阶段	−1.170 33*	0.000
			成熟阶段	−1.931 49*	0.000
		发展阶段	初始阶段	1.170 33*	0.000
			成熟阶段	−0.761 16*	0.000
		成熟阶段	初始阶段	1.931 49*	0.000
			发展阶段	0.761 16*	0.000
关系维度	Tamhane T2	初始阶段	发展阶段	−1.245 11*	0.000
			成熟阶段	−2.170 91*	0.000
		发展阶段	初始阶段	1.245 11*	0.000
			成熟阶段	−0.925 80*	0.000
		成熟阶段	初始阶段	2.170 91*	0.000
			发展阶段	0.925 80*	0.000
知识维度	Tamhane T2	初始阶段	发展阶段	−1.305 49*	0.000
			成熟阶段	−2.464 42*	0.000
		发展阶段	初始阶段	1.305 49*	0.000
			成熟阶段	−1.158 93*	0.000
		成熟阶段	初始阶段	2.464 42*	0.000
			发展阶段	1.158 93*	0.000

对资源维度，从初始阶段到发展阶段和成熟阶段，均值逐渐增加（均值差为负），显著性水平为 0.000，均小于 0.001，说明两两之间差异显著，因此演化 _ H2a成立。对关系维度，从初始阶段到发展阶段和成熟阶段，均值逐渐增加（均值差为负），显著性水平为 0.000，均小于 0.001，说明两两之间差异显著，因此演化 _ H2b 成立。对知识维度，从初始阶段到发展阶段和成熟阶段，均值逐渐增加（均值差为负），显著性水平为 0.000，均小于 0.001，说明两两之间差异显著，因此演化 _ H2c 成立。

本 章 小 结

本章首先在借鉴 Churchill 和 Lewis（1983）、Utterback 和 Abernathy（1975）、黄洁（2006）理论的基础上，通过聚类的方法将企业的发展阶段划分为初始、发展和成熟三个阶段，然后分别讨论了在企业成长的三个阶段中研发外包的维度结构演进规律和研发外包模式的演变特征。

从企业的初始阶段、发展阶段到成熟阶段，效率型研发外包模式的主导地位逐渐降低，而创新型研发外包模式的主导地位逐渐增强。图 7.5 描绘了在企业成长三个阶段中，研发外包模式的演变趋势。因此，演化 _ H1 成立。

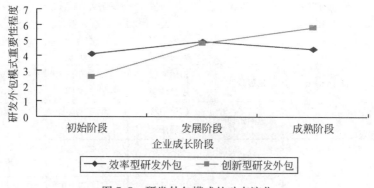

图 7.5 研发外包模式的动态演化

通过对 206 个样本的单因素方差分析、LSD 检验和 Tamhane T2 检验，研究结果表明在企业成长的初始、发展和成熟三个阶段，研发外包的资源维、关系维和知识维有显著的差异，且呈上升幅度。图 7.6 描绘了在企业成长三个阶段中，研发外包的维度结构的演变趋势。因此，演化 _ H2 成立。

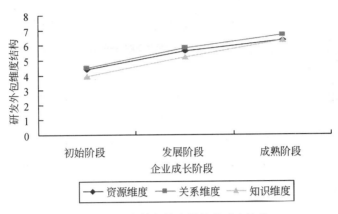

图 7.6　研发外包维度结构的动态演化

前面七章围绕企业研发外包这一核心概念，详细阐述了企业研发外包的理论体系，探讨了研发外包的模式、机理和动态演化特征三大问题，对效率型和创新型研发外包模式的特征、作用机制和动态演化进行了剖析。本章将对前文的研究内容作出总结，阐述本书的主要结论、研究的理论意义和实践意义、主要创新点，并指明未来研究方向。

第一节 研究结论

本书的主体内容是：首先系统划分效率型和创新型研发外包模式，引入研发外包强度指标，深入探讨不同研发外包模式与企业创新绩效的关系；在深层次探究研发外包体系结构的基础上，从研发外包协调控制角度剖析"研发外包维度结构—协调能力—创新绩效"各要素之间的关系，构建了研发外包的内在机理模型；并以企业成长阶段为时间序列，揭示不同研发外包模式和维度结构的动态演化轨迹。

本书以提出问题、分析问题、解决问题为主线，围绕"研发外包如何运作"这一根本问题，基于交易成本和委托代理理论、社会交换理论、资源观理论和协调理论，探讨了研发外包的模式、机理及动态演化特征，主要研究了三个问题：①研发外包的模式有哪些，不同研发外包模式对企业创新绩效的影响是否有差异性？环境动态性对两者关系是否有调节作用？②研发外包的运作机制是什么，如何影响企业创新绩效？③在企业成长的不同阶段，研发外包的维度结构和模式如何演变？

本书在规范理论研究的基础上，以案例研究和大样本问卷调查相结合的方法，以数理统计和结构方程建模为分析工具，得出以下主要结论。

第一，研发可以外包，不同研发外包模式对企业绩效的影响存在明显的差异。本书从技术、战略、资源和创新性角度划分效率型和创新型研发外包模式，研究结果表明效率型研发外包对企业的创新绩效呈正向促进关系；而创新型研发外包对企业的创新绩效呈倒"U"形关系。环境动态性对创新型研发外包模式与企业创新绩效关系有负向调节作用。

研究结果表明，研发外包与企业绩效的关系并非直接正向或负向关系，它取决于企业采取何种研发外包模式（Calabrese et al.，2005；Chanvarasuth，

2008），不同的模式对企业绩效的影响不同。通过对 73 个样本的回归分析发现，在效率型研发外包模式下，研发外包的强度越大，企业创新绩效越高。而在创新型研发外包模式下，研发强度与企业创新绩效呈倒"U"形二次性曲线相关关系，当外包强度超过一定阈值后，强度越高，创新绩效越差。

同时，环境动荡性对研发外包模式与企业创新绩效的关系有调节作用。环境越动荡，越容易产生创新型研发外包。在效率型研发外包模式下，外包的技术和市场成熟，外包供应商资源丰富，创新性较低，环境动荡性调节作用不明显；创新型外包模式下，外包的技术、市场变化程度大，资源稀缺，环境影响大。但企业必须具备高超的分包能力、集成能力和外包流程的出色管理能力才能保证外包顺利实施，否则将会带来负面效应，因为环境动荡性有负向调节作用。

第二，研发外包实质是外包资源、关系和外包知识的共同体。研发外包的运作机理在于资源、关系和知识维度及内外部协调能力的协同与相互作用，从而促进企业的创新绩效。效率型研发外包更注重内部协调能力而创新型研发外包注重外部协调能力。

研发外包实质是外包资源、关系和外包知识的共同体。资源维度包括专用资源和互补资源；关系维度包括相互依赖性和沟通、信任、承诺和认知感；知识维度包括隐性知识和显性知识。外包协调能力包括内部协调能力（供应商管理和合同管理）和外部协调能力（信息共享和协同参与），是外包控制过程中重要的能力。本书构造了"研发外包维度结构-协调能力-企业创新绩效"机理模型，并通过 SEM 结构方程加以验证。

通过 206 个样本的 SEM 结构分析，研究结果表明：研发外包的资源、关系和知识维度对企业创新绩效的直接效应不强，主要通过影响内外部协调能力从而促进企业创新绩效。研发外包对企业创新绩效的作用路径主要有三条：企业研发外包的维度结构（资源、关系和知识）通过内部协调能力影响创新绩效、企业研发外包的维度结构（资源、关系和知识）通过外部协调能力影响创新绩效、企业研发外包的资源维度直接影响创新绩效。这些路径一起构成了研发外包对企业创新绩效的作用机制。其中，企业研发外包的关系维和知识维并不能直接提升企业创新绩效，必须不断学习、内化、吸收、协调，将其嵌入企业自身技术能力和研发水平中，提升企业整体的竞争实力，从而促进创新绩效。

效率型研发外包的特征是成熟技术、市场，普通资源，创新性较低，需求确定且清晰，外包过程简单易于控制，因此核心企业在外包过程中更注重供应商管理和合同规范化，即内部协调能力；而创新型研发外包是新兴技术、新市场、新资源和较高创新性，在外包过程中因需求的不确定性，外包双方须不断交流、沟通和共同解决问题，因此核心企业更注重外部协调能力。

第三，从企业的初始阶段、发展阶段到成熟阶段，效率型研发外包模式的主导地位逐渐降低，而创新型研发外包模式的主导地位逐渐增强。研发外包的资源维、关系维和知识维有显著的差异，且呈上升趋势。

本书首先在借鉴 Churchill 和 Lewis（1983）、Utterback 和 Abernathy（1975）、黄洁（2006）理论的基础上，通过聚类分析方法将企业的成长阶段划分为初始、发展和成熟三个阶段，然后分别讨论了在企业成长的三个阶段中，研发外包的维度结构演进规律和研发外包模式的演变特征。

在企业发展的初期，企业刚刚介入现有的技术领域，研发能力和技术水平比较薄弱，研发外包以效率型为主，主要解决人力、物力和技术上的短缺；而在发展期，企业规模逐渐壮大，技术和产品需求大增，研发能力和技术水平大幅度上升。企业一方面把成熟技术的研发外包出去，另一方面不断探索、挖掘新产品和新技术以提高行业竞争优势，效率型和创新型研发外包程度逐步增强。到成熟期，企业的产品、技术趋于稳定，其核心任务是未来技术的储备。这个阶段，效率型外包逐渐减少，而创新型研发外包不断增强。通过对 206 个样本的单因素方差分析 LSD 检验和 Tamhane T2 检验，研究结果表明在企业成长的初始、发展和成熟三个阶段，研发外包的资源维、关系维和知识维有显著的差异，且呈上升幅度。同时，从企业的初始阶段、发展阶段到成熟阶段，效率型研发外包模式的主导地位逐渐降低，而创新型研发外包模式的主导地位逐渐增强。

第二节　研发外包对企业创新实践的启示

本书以研发外包的模式为契机，以提升企业创新绩效为导向，从资源观、社会观、协同观的视角，逐步深入剖析了研发外包的模式、机理和动态演变三大问题，具有一定的理论前沿探索性和现实问题针对性。

一　理论贡献

本书通过研发外包的模式、机理和动态演变的研究，系统梳理了研发外包的理论体系，架起了交易成本理论、社会交换理论、资源观理论和技术创新理论之间联系的桥梁，并在原有外包理论基础上不断深化与拓展，主要的理论贡献有以下三个方面。

第一，以研发外包模式为起点的研究破解研发外包与企业创新绩效关系的"悖论"之谜，揭示不同研发外包模式与企业创新绩效关系的差异性。

现有的文献对研发外包与企业创新绩效的作用关系存在很多争议，研究结论出现了正向（Yoon and Im，2008）、负向（Cho et al.，2008）、无关系（Gilley et al.，2000）和混合关系（Chanvarasuth，2008；Calabrese et al.，2005）等多种形式。究其原因，主要是忽视了研发外包模式的划分（Chanvarasuth，2008；Calabrese et al.，2005）和内在作用机制。

本书以研发外包模式为契机，从技术、战略、创新性角度划分效率型和创新型研发外包模式，既弥补原有的"核心"论不足，又使多维度划分的复杂性得以简化；引入研发外包强度指标，并对不同研发外包模式与企业创新绩效的关系进行实证研究，更为完整和清晰地阐述了研发外包的模式是什么，其对企业创新绩效的影响有何不同，从而为企业外包模式的选择、建立和管理提供理论支持和指导。

第二，从资源维、关系维和知识维角度解构研发外包，打开研发外包的"黑箱"，构建"结构-协调能力-绩效"研发外包机理模型，深入探究效率型和创新型研发外包模式的调节作用。

外包对企业绩效的作用机制主要围绕资源、社会、知识和能力四个方面展开。资源观遵循"资源－外包－绩效"的主线，分别探讨了资源属性特征、识别、能力构建、竞争力提升、战略部署和外包决策等问题；关系观的落脚点是关系建立和治理机制；知识观主要阐述外包过程中的知识和信息共享机制；能力观围绕组织能力、协调能力、控制能力、集成能力进行探讨。虽有大量文献从不同角度论证了外包运作机理，尚缺乏一个系统框架梳理研发外包的机理。

本书首先从资源、关系和知识三个维度解构研发外包。资源维反映了企业现有的资源配置和技术、研发水平，包括专用资源和互补资源。关系维体现外包双方在外包过程中关系管理架构、沟通机制和相互依赖、相互作用的协调发展体系，包括相互依赖性和沟通、信任、承诺和认知感。知识维度包括隐性知识和显性知识的共享和传递。然后从研发外包运作入手，发现研发外包本身是一个包含供应商、企业、客户的复杂关系网络。企业研发资源只有通过业务流程或行为挖掘才能成为企业的竞争力（Tomas et al.，2006），特别是外包运作过程中的内外部协调能力（Kim，2005b）尤为重要。因此，以"外包结构－协调能力－创新绩效"为主线的模型梳理外包网络资源、外包交互行为与绩效之间的关系脉络，解开"外包模式－绩效"的"黑箱"（Gilley et al.，2000），为企业研发外包模式的实施和管理提供实践指导。

第三，动态地从企业成长的初期、发展和成熟期阶段，揭示了研发外包的动态演化轨迹

研发外包模式在企业技术创新过程中是动态改变的，但现有的文献仅提及，尚缺乏深入的挖掘（Gilley et al.，2000）。本书借鉴 Churchill 和 Lewis（1983）、Utterback 和 Abernathy（1975）企业成长阶段划分理论，将企业成长划分为初始、发展和成熟期，定量地验证各个阶段研发外包维度结构和模式的演变过程，

为企业在不同阶段动态选择研发外包模式、需求效率型和创新型研发外包模式协同的平衡点提供理论依据和指导性建议。

二 实践启示

本书基于企业层面系统地探讨和验证了研发外包的模式和作用机制，在一定程度上解决了"研发外包的模式是什么"、"研发外包如何运作"、"研发外包如何演变"等问题，为企业的研发外包战略实施和管理了提供有益的理论指导。

1. 企业研发外包模式的战略定位和选择

研发外包与企业绩效的关系并非直接正向或负向关系，它取决于企业采取何种研发外包模式，不同的模式对企业绩效的影响不同。研发外包可划分为效率型和创新型两种模式。效率型研发外包模式与企业绩效呈线性正相关的关系；而创新型研发外包与企业绩效呈非线性倒"U"形相关关系。因此，企业要根据当前自身的技术水平、资源可获取性、市场成熟度等判断企业应该选取哪种研发外包模式，从而采取不同外包策略。

2. 企业研发外包的管理和运作，需要内外部资源、关系和知识的协同

研发外包是企业在开放式创新环境下，整合外部技术资源、降低研发成本、提高研发速度的一种新型研发模式。而外包并不意味企业放弃研发，企业在外包的同时必须加强自身研发水平的提高，不断学习和吸收先进技术，实现"研发工作－知识积累－研发工作"的良性循环（尹建华，2005），从而增强企业的研发优势。研发外包战略必须与企业内外部互补资源协同合作，构建开放的研发体系，才能有效地提升企业研发能力。

研发外包的管理超越简单的成本管理和项目管理，是资源、关系和知识的整合过程。而资源、关系和知识的整合不是对外包的简单改进，而是一种创新，它不仅致力于企业成本的降低，而且致力于增强自身的经营能力、全球性扩张能力、应变能力、盈利能力和竞争力。企业必须具备高超的分包能力、集成能力和外包流程的出色管理能力才能保证外包顺利实施。研发外包和企业内外部互补资源投入的协同，构建开放的研发体系，是最终提升企业创新绩效的关键。

3. 企业研发外包模式的动态协同

研发外包是企业的技术获取和技术变革的新型战略，该战略极具动态性，在企业发展的不同时期、不同阶段会有所改变。本书发现，从企业成长的初期、发展期到成熟期，效率型研发外包模式的主导地位在逐渐减弱，而创新型研发外包模式的主导地位在逐渐增强，而两者又是相辅相成、共同发展的。因此，企业应在成长的不同阶段动态调整研发外包模式，寻求效率型和创新型模式的协同点，达到资源、关系和知识相匹配，提升研发能力的目的。

第三节 未来研究展望

研发外包是技术创新领域的一个崭新而极具理论价值和现实意义的研究方向，值得在今后的研究中进一步探讨。本书虽讨论和验证了研发外包的模式、机理和动态演化三大问题，尚存在一定的局限和不足，未来的研究可以在以下几个方面进行拓展。

1. 环境动态性的调节作用

环境动态性可细分为技术动荡和市场动荡。本书在研究中没有进一步深入探讨环境动态性的调节作用（environmental dynamism moderation）。一般来说，当市场强烈动荡时，客户的需求和导向将发生很大改变，势必带来商业模式的创新。因此，企业越倾向于创新型的研发外包，从而快速占领市场，引领行业前沿。在技术动荡时，因企业原有的技术已趋于成熟，必须不断研发，引入新的核心技术，才能完成技术跨越和变迁。因此，企业更倾向于效率型的研发外包，将已有的非前沿、成熟技术外包给供应商，自己集中精力突破新技术，从而保持自身的持续竞争地位。当然，环境动态性是多方面的，还可以考虑更多的因素（如员工流动性、竞争力水平、产业发展、战略的转变），为企业的研发外包决策和运作提供理论依据。

而高低环境动态性的平衡点（balanced point）出现的时间与企业的成长过程和战略密切相关，是企业值得关注的问题。在企业成立阶段，企业规模小、研发能力较弱，外包行为较少；到发展阶段，企业的技术水平和研发水平逐渐成熟，效率型外包方式逐渐增多，绩效逐步提高；到成熟阶段，企业注重自己的未来技术贮备和引领行业，创新型研发外包强度增大，从短期来看，不一定给企业带来效益，企业绩效趋于稳定或降低。环境越动荡，客户需求改变大，越易产生创新型研发外包，当效率型外包促进作用与创新型外包削弱作用相抵消时，就达到绩效平衡。同时，平衡点出现的动因与企业的战略（如差异化、成本领先战略）也相关。在差异化战略下，企业倾向于创新型研发外包；在成本领先战略下，企业倾向于效率型研发外包。环境越动荡，对差异化战略影响越大，创新型研发外包强度增大；环境越稳定，对成本领先战略影响大，效率型研发外包强度增大；当效率型外包促进作用与创新型外包削弱作用相抵消时，就达到了绩效平衡。这些实证都需要对样本长期的纵向数据（longitudinal data）的跟踪，这也是本书的后续研究方向。

2. 研发外包模式的动态选择及与企业发展阶段的匹配

匹配（selection and fitness）度是动态选择企业研发外包模式的关键点。本书首先根据 Churchill 和 Lewis（1983）的企业成长阶段判别标准，将企业划分为初始、发展和成熟三阶段。但本书只探讨了不同阶段的研发外包模式和维度结构变化趋势（上升还是下降），对如何动态选择研发外包模式未深入探讨。在不同的成长阶段，企业的资源、关系和知识特性不同，因此，企业可根据当前的资源、关系和知识特性判定研发外包模式。一般在初期，企业的资源和知识水平不高，和外包供应商关系不紧密，大都选择效率型外包模式；到企业发展和成熟期，企业的资源、关系和知识水平提高，特别注重未来技术的贮备和新兴技术的挖掘，因此倾向于创新型外包。而两者又相辅相成，相互促进和发展。

在动态选择研发外包模式的基础上，可进一步探讨研发外包模式与企业发展阶段的匹配度。例如，通过外包满意度（外包项目成功率、客户满意度）和匹配程度（共同挖掘市场需求、共同决策、协同合作）维度测量外包模式与企业发展阶段的匹配程度，为企业在特定阶段应采取的外包模式提供选择依据，这也是未来研究方向之一。

3. 创新型研发外包模式对企业创新绩效的影响拐点研究

本书通过对 73 个样本数据的分析，得出创新型研发外包对企业创新绩效是倒"U"形关系，即过多的创新型研发外包导致企业创新绩效下降，其原因主要是创新型研发外包的技术核心性、控制复杂性。而每个产业的研发外包模式不同，如制造业，因为其以模块化的设计为主，产品易分解、易分包，外包过程易控制；服务业，因为其外包内容紧密，不易分包，如果企业主体技术和业务外包过多，势必导致创新绩效下降。医药产业和制造业相比，其知识密集性较高，创新型研发外包不易过高，否则企业易丧失核心的技术能力，研发水平降低。

因此，在不同产业背景下，创新型研发外发模式对企业创新绩效的影响拐点（tipping point）研究肯定不同，该拐点出现的时间、动因也各不相同。后续研究可扩充样本，以产业为划分标准，深入探讨不同产业背景下的创新型研发外包对企业绩效的影响差异性，刻画不同产业的回归曲线。

4. 外包供应商的成长路径

研发外包的成功不仅取决于核心企业自身的资源、关系和知识水平以及内外部协调能力，也取决于外包供应商的成长和发展。外包供应商在外包过程中不断提升自身的研发水平，增加自身的议价能力和谈判水平，在效率型外包的基础上促进外包发展的高端化、集聚化、服务化和高技术化，逐步走向外包的高端，由"外包制造"转变成"外包创造"。因此，外包供应商和核心企业是共同发展、相互促进的。

在本书的样本访谈中，我们也访谈了一些外包供应商，发现融入全球价值链外包体系的供应商成长路径（upgrading path）不是单一的，而是多样化的，并深受企业战略、产业特征、发展环境的影响。其成长路径可归纳为三种：品牌型（从单一外包供应商到品牌生产商）；多元型（从单一外包供应商到多元化外包供应商）；拓展型（借助外包供应商开拓市场）。三种路径的比较如表 8.1 所示。

表 8.1 外包供应商不同发展路径模型比较

路径名称	外包转变	角色转变	成长特征描述	典型代表企业
品牌型	制造—自有品牌、销售、服务	外包供应商→品牌生产商	外包供应商成立之初承接外包业务，过程中形成自身的核心制造技术，逐渐拥有自身品牌，最终发展成为品牌生产商	中国联想集团、浙江华海药业有限公司
多元型	制造、设计—开发、设计、销售、服务	外包供应商→外包供应商	外包供应商成立之初外包服务及市场单一，经过市场开发拓宽经营范围，从而导致外包服务产品多元化要求，最终发展成多元化外包供应商	信雅达外包子公司、嘉兴大荣电气设备有限公司
拓展型	制造—制造、市场营销	外包供应商→外包淡化	外包供应商成立之初根据自身总公司长期发展战略要求而成立的阶段性产物，目的是为总公司的发展拓宽市场，完成市场开发的任务后外包业务逐渐淡化	浙江用友软件股份有限公司

因此，后续研究将拓展研究范围，可以转换研究对象，深入研究外包的供应者，并加大样本数目和产业分类，进一步探讨外包供应商成长路径及与核心企业的合作机制等问题。

参 考 文 献

卞冉，车宏生，阳辉．2007．项目组合在结构方程中的应用．心理科学进展，15（3）：
   567-576．

蔡俊杰，苏敬勤．2005．资源外包的形成及演进方式分析．科研管理，26（3）：55-59．

曹洋，陈士俊．2006．协同学理论视角下的民营科技企业成长机制研究．科学学研究，24
   （3）：428-431．

陈鼎东．2006．商业银行软件研发外包．中国金融电脑，9：21-23．

陈佳贵．1995．关于企业生命周期与企业蜕变的探讨．中国工业经济，11：5-13．

陈劲．2004．研发项目管理．北京：机械工业出版社．

陈劲，宋建元．2003．解读研发：企业研发模式精要及实证分析．北京：机械工业出版社．

陈劲，童亮．2004．集知创新．北京：知识产权出版社．

陈菊红，王能民．2002．供应链中的知识管理．科研管理，23：99-102．

陈钰芬．2007．开放式创新的机理与动态模式研究．浙江大学博士学位论文．

程源，高建．2005．企业外部技术获取：机理与案例分析．科学学与科学技术管理，1：
   43-47．

程源，雷家骕．2004．企业技术源的延化趋势与战略意义．科学学与科学技术管理，（9）：
   74-77．

程兆谦，徐金发．2002．资源观理论框架的整理．外国经济与管理，24（1）：6-13．

方厚政．2005．企业 R&D 外包的动机与风险浅析．国际技术经济研究，8（4）：20-23．

费显政．2005．资源依赖学派之组织与环境关系理论评介．武汉大学学报（哲学社会科学版），
   58（4）：451-455．

顾盼．2007．上下级沟通、角色压力与知识共享及工作满意度研究．浙江大学博士学位论文．

桂彬旺．2006．基于模块化的复杂产品系统创新因素与作用路径研究．管理科学与工程，浙江
   大学博士学位论文．

郭斌，刘鹏，汤佐群．2004．新产品开发过程中的知识管理．研究与发展管理，16（5）：
   58-64．

海伦．2003．美国本土医药研发活动的现状与趋势（1）（2）．中华医学信息导报，18（20）：
   18-21．

韩孝君，朱战备．2005．研发制胜．北京：中国纺织出版社．

胡婉丽，汤书昆．2004．基于研发过程的知识创造和知识转移．科学学与科学技术管理，
   25（1）：20-23．

黄洁．2006．集群企业成长中的网络演化：机制与路径研究．浙江大学博士学位论文．

纪志坚，苏敬勤，孙大鹏，等 . 2007. 企业资源外包程度及其影响因素研究 . 科研管理，28（1）：78-83.

李海舰，聂辉华 . 2002. 全球化时代的企业运营——从脑体合一走向脑体分离 . 中国工业经济，177（12）：5-12.

李怀祖 . 2004. 管理研究方法论 . 西安：西安交通大学出版社 .

李雷鸣，陈俊芳 . 2004. 理解企业外包决策的一个概念框架 . 中国工业经济，193（4）：93-99.

李西垚，李垣 . 2008. 外包中的知识管理——浅析中国企业如何通过外包提高创新能力 . 科学学与科学技术管理，2：128-132.

李小卯，李敏强 . 1999. 关于信息技术外包资源管理模式的研究 . 系统工程理论与实践，9：10-15，32.

李业 . 2002. 企业生命周期的修正模型及思考 . 南方经济，2：47-50.

林菡密 . 2004. 论企业的研发外包 . 科技创业，10：44，45.

琳达·科恩，阿莉·扬 . 2007. 资源整合——超越外包新模式 . 虞海侠译 . 北京：商务印书馆 .

林锐，刘兴文，徐继哲，等 . 2007. 工厂企业研发管理——问题、方法和工具 . 北京：电子工业出版社 .

刘海红 . 2003. 内部化与外包——企业价值链活动范围的确定 . 管理世界，8：144，145.

刘建兵，柳卸林 . 2005. 企业研究与开发的外部化及对中国的启示 . 科学学研究，23（3）：366-371.

刘学峰 . 2007. 网络嵌入性与差异化战略及企业绩效关系研究 . 浙江大学博士学位论文 .

刘征 . 2005. 影响供应链总体绩效的供应商-制造商合作要素研究 . 浙江大学硕士学位论文 .

楼高翔，范体军 . 2007. 基于交易成本和产权理论的 R&D 外包模式选择 . 科技进步与对策，24（5）：113-116.

吕长江，张艳秋 . 2002. 代理成本的计量及其与现金股利之间的关系 . 理财者，4：1-12.

罗珉 . 2007. 组织间关系理论最新研究视角探析 . 外国经济与管理，29（1）：25-32.

马庆国 . 2002. 管理统计：数据获取、统计原理、SPSS 工具与应用研究 . 北京：科学出版社 .

苗文斌 . 2008. 基于集体知识的集群企业创新性研究 . 浙江大学博士学位论文 .

邱家学，袁方 . 2006. 药品研发外包模式探讨 . 上海医药，8：350，351.

任岩 . 2006. 企业知识共享影响因素研究综述 . 情报杂志，10：106-112.

沈辛 . 2006-10-01. 产品研发业务外包成趋势，OEM 公司创新步伐多样化 . http：//www.chinardm.com/info/html/200609131467.html.

疏礼兵 . 技术创新视角下企业研发团队内部知识转移影响因素的实证分析 . 科学学与科学技术管理，28（7）：108-114.

苏敬勤，孙大鹏 . 2006. 资源外包的理论与管理研究 . 大连：大连理工大学出版社 .

孙海法，刘运国，方琳 . 2004. 案例研究的方法论 . 科研管理，2：107-112.

孙卫忠，刘丽梅，孙梅 . 2005. 组织学习和知识共享影响因素试析 . 科学学与科学技术管理，7：135-138.

孙艳 . 2002. 网络经济中的企业组织结构：基于交易费用理论的考察 . 财经科学，2：59-62.

田埜 . 2007. 企业 R&D 外包问题研究：一个委托代理理论分析框架 . 湖南科技大学学报 （社会科学版）， 10 （1）： 90-93.

汪应洛 . 2007. 服务外包概论 . 西安：西安交通大学出版社 .

汪应洛，李勋 . 2002. 知识的转移特性研究 . 系统工程理论与实践， 22 （10）： 8-11.

王安宇 . 2008. 研发外包契约类型选择：固定支付契约还是成本附加契约 . 科学管理研究， 26 （4）： 34-37.

王安宇，司春林，骆品亮 . 2006. 研发外包中的关系契约 . 科研管理， 27 （6）： 102-108.

王飞绒 . 2008. 基于组织间学习的技术联盟与企业创新绩效关系研究 . 浙江大学博士学位论文 .

王建军，杨德礼 . 2006. 企业信息系统外包机理研究 . 大连理工大学学报 （社会科学版）， 27 （3）： 49-55.

王岚，王凯 . 2008. 基于认知模式的企业集群知识转移研究 . 科学学译科学技术管理， 2： 119-123.

王鲁捷，韩志成 . 2008. 企业生命周期界定方法探究 . 南京理工大学学报 （社会科学版）， 21 （1）： 55-61.

王晓光 . 2005. 企业研发 （R&D） 组织与动态能力研究 . 北京工商大学学报 （社会科学版）， 20 （1）： 89-92.

韦影 . 2005. 企业社会资本对技术创新绩效的影响：基于吸收能力的视角 . 浙江大学博士学位论文 .

魏江，王艳 . 2004. 企业内部知识共享模式研究 . 技术经济与管理研究， 1： 68， 69.

温忠麟，侯杰泰，张雷 . 2005. 调节效应与中介效应的比较和应用 . 心理学报， 37 （2）： 268-274.

吴锋，李怀祖 . 2004a. 外包环境下的知识管理与控制 . 研究与发展管理， 16 （4）： 31-37.

吴锋，李怀祖 . 2004b. 知识管理对信息技术和信息系统外包成功性的影响 . 科研管理， 25 （2）： 82-87.

吴明隆 . 2003. SPSS 统计应用实务 . 北京：科学出版社 .

伍蓓，陈劲，吴增源 . 2009. 研发外包的模式、特征及流程探讨——以浙江省 X 汽车制造集团为例 . 研究与发展管理， 21 （2）： 56-63.

项保华，张建东 . 2005. 案例研究方法和战略管理研究 . 自然辩证法通讯， 27 （5）： 62-66.

徐姝 . 2006a. 企业外包关系中的信任建立机制 . 管理科学文摘， 12： 23， 24.

徐姝 . 2006b. 企业业务外包战略运作体系与方法研究 . 长沙：中南大学出版社 .

许春 . 2005. 企业间研发合作组织模式选择的知识因素 . 研究与发展管理， 17 （5）： 58-63， 68.

许冠南 . 2008. 关系嵌入性对技术创新绩效的影响研究，浙江大学博士学位论文 .

伊查克·爱迪思 . 1997. 企业生命周期 . 赵睿译 . 北京：中国社会科学出版社 .

尹建华 . 2005. 企业资源外包网络：构建、进化和治理 . 北京：中国经济出版社 .

尹建华，王玉荣 . 2005. 资源外包网络的进化：一个社会网络的分析方法 . 南开管理评论， 8 （6）： 75-79.

尹建华，王兆华 . 2003. 资源外包理论的国内外研究述评，科研管理， 24 （5）： 133-137.

于惊涛. 2007. 外部新技术获取研究. 北京：清华大学出版社.

余菁. 2004. 案例研究与案例研究方法. 经济管理，20：24-29.

张方华. 2006. 知识型企业的社会资本与技术创新绩效研究. 浙江大学博士学位论文.

郑素丽. 2008. 组织间资源对企业创新绩效的作用机制研究，浙江大学博士学位论文.

周珺，徐寅峰. 2002. 企业间合作研发的发展趋势与动机分析. 重庆大学学报（社会科学版），8（5）：27-29.

朱朝晖. 2008. 基于开放式创新的技术学习协同与机理研究. 浙江大学博士学位论文.

朱平芳. 2004. 现代计量经济学. 上海：上海财经大学出版社.

Adams J S. 1980. Interorganizational processes and organization boundary activities//Staw B M, Cummings L L. Research in Organizational Behavior. Greenwich，CT：JAI Press.

Anderson J C，Weitz B. 1989. Determinants of continuity in conventional industrial channel dyads. Marketing Science，8（4）：310-323.

Ang S，Slaughter S A. 1997. Strategic response to institutional influences on information systems outsourcing. Organization Science，8（3）：235-256.

Ang S，Slaughter S A. 1998. Organizational psychology and performance in IS employment outsourcing and insourcing. Proceedings of the 31st International Conference on System Sciences. Hawaii：312-318.

Arbaugh J B. 2003. Outsourcing intensity, strategy, and growth in entre preneurial firms. Journal of Enterprising Culture，11（2）：89-110.

Argyres N. 1996. Evidence on the role of firm capabilities in vertical decisions. Strategic Management Journal，17：129-150.

Arnold U. 2000. New dimensions of outsourcing：a combination of transaction cost economics and the core competencies concept. European Journal of Purchasing&Supply Management，6（1）：23-29.

Aubert B A，Dussault S，Panty M，et al. 1999. Managing the risk of IT outsourcing. Proceedings of the 32nd Annual Hawaii International Conference on System Sciences：313-315.

Aubert B A，Rivard S，Panty M. 1996. Development of measures to access dimension of IS operation transactions. Omega the International Journal of Management Science，24（6）：661-680.

Aubert B A，Rivard S，Party M. 2004. A transaction cost model of IT outsourcing. Information & Management，41（7）：921-932.

Azoulay P. 2004. Capturing knowledge within and across firm boundaries evidence from clinical development. The American Economic Review，11：1592-1612.

Badaracco J L. 1991. The Knowledge Link. MA：Harvard Business School Press.

Bailey J E，Pearson S W. 1983. Development of a tool for measuring and analyzing computer user satisfaction. Management Science，29（5）：530-545.

Balachandra R，Friar J H. 1997. Factors for success in R&D projects and new product innovation：a contextual framework. IEEE Transactions on Engineering Management，44（3）：276-287.

Balachandra R，Friar J H. 1999. Managing new product development processes the right way. Information Knowledge Systems Management，1（1）：33-43.

Balachandra R，Friar J H. 2007. Outsourcing R&D. Working paper No. 05-004.

Bardach E. 1998. Getting Agencies Work Together：the Practice and Theory of Managerial Craftsmanship. Washington，D C：Brookings Institution Press.

Bardhan I，Mithase S，Lin S. 2007. Performance impacts of strategy，information technology applications，and business process outsourcing in US manufacturing plants. Production and Operations Management，16（6）：747-762.

Bardhan I，Whitaker J，Mithas S. 2006. Information technology，production process outsourcing，and manufacturing plant performance. Journal of Management Information Systems，23（2）：13-40.

Barney J. 1991. Firm resources and sustained competitive advantage. Journal of Management，17(1)：99-120.

Baroudi J J，Orlikowski W J. 1988. A short-form measure of user information satisfaction：a psychometric evaluation and notes on use. Journal of Management Information Systems，4（4）：44-59.

Baroudi J，Olson M，Ives B. 1986. An empirical study of the impact of user involvement on systems usage and information satisfaction. Communications of the ACM，29（3）：232-238.

Bensaou M，Venkatraman N. 1995. Configurations of interorganizational relationships：a comparison between U. S. and Japanese automakers. Management Science，41（9）：1471-1492.

Berney J B. 1991. Firm resource and sustained competitive advantage. Journal of Management，17（1）：625-641.

Blomstrom M，Kokko J. 2001. Foreign direct investment and spillovers of technology. International Journal of Technology Management，22（5）：435-454.

Brown T L，Potoski M. 2003. Contract management capacity in municipal and country governments. Public Administration Review，63：153-164.

Bruce M，Leverick F，Littele D. 1995. Success factors for collaborative product development：a study of suppliers of information and communication technology. R&D Management，25（1）：33-44.

Brusoni S，Prencipe A，Pavitt K. 2001. Knowledge specialization，organizational coupling，and boundaries of the firm：why do firms know more than they make. Administrative Science Quarterly，46（4）：597-621.

Buckley P J，Casson M. 1976. The Future of the Multinational Enterprise. London：MacMillan.

Calabrese G，Erbetta F. 2005. Outsourcing and firm performance：evidence from Italian automotive suppliers. International Journal Automotive Technology and Management，5（4）：461-479.

Carpay F，Chieh H C，Dan Y. 2007. Management of outsourcing R&D in the Era of open innovation. Proceedings of the Fifth International Symposium on Management of Technology-Managing Total Innovation and Open Innovation in the 21st Century.

Chanvarasuth P. 2008. The impact of business process outsourcing on firm performance. 5th International Conference on Information Technology - New Generations, Las Vegas, NV.

Charles B F, Target D, Brian H, et al. 2000. Outsourcing to outmanoeuvre: outsourcing redefines competitive strategy and structure. European Management Journal, 18 (3): 286-295.

Chen Y, Perry J. 2003. Outsourcing for e-government: managing for success. Public Performance and Management Review, 26: 404-421.

Chesbrough H W. 2003. Open Innovation: the New Imperative for Creating and Profiting from Technology. Boston, MA: Harvard Business School Press.

Chesbrough H W, Vanhaverbeke W, et al. 2006. Open Innovation: Researching a New Paradigm. Oxford: Oxford University Press.

Chiesa V, Manzini R. 1998. Organizing for technological collaborations: a managerial perspective. R&D Management, 28 (3): 199-212.

Cho J J, Ozment K J, Sink H. 2008. Logistics capability, logistics outsourcing and firm performance in an e-commerce market. International Journal of Physical Distribution&Logistics Management, 38 (5): 336-359.

Choen M J. 1995. Theoretical perspectives on the outsourcing of information systems. Journal of Information Technology, 10 (4): 209-219.

Chowdhury S. 2005. The role of affect-and cognition-based trust in complex knowledge sharing. Journal of Managerial Issues, XVII (3): 310-326.

Christensen C M. 1997. The Innovators Dilema When New Technologies Cause Great Firms to Fall. Boston, Mass: Harvard Business School Press.

Christensen C M, Overdorf M. 2000. Meeting the challenge of disruptive change. Harvard Business Review, (3~4): 67-76.

Clark K B. 1989. Project scope and project performance: the effect of parts strategy and supplier involvement on product development. Management Science, (35): 1247-1263.

Clark T D, Zmud R W, Mccray G E, et al. 1995. The outsourcing of information services: transforming the nature of business in the information industry. Journal of Information Technology, 10: 221-237.

Coase R. 1937. The nature of the firm. Economica, 4: 385-405.

Cohen W M, Levinthal D A. 1990. Absorptive capacity: a new perspective on learning and innovation. Administrative Science Quarterly, 35 (2): 128-152.

Conner K R. 1991. A historical comparison of resource-based theory and five schools of thought within industrial organization economics: do we have a new theory of the firm. Journal of Management, 17: 121-154.

Cooper R G. 1985. Overall corporate strategies for new product development. Industrial Marketing Management, 14 (3): 179-193.

Cooper R G, Kleinschmidt E J. 1988. Resource allocation in the new product process. Industrial Marketing Management, 17 (3): 249-262.

Cooper R G, Kleinschmidt E J. 1996. Winning business in product development: the critical success factors. Research Technology Management, 39 (4): 18-29.

Cummings L L, Bromiley P. 1996. The Organizational Trust Inventory (OTI): Development and Validation. Thousand Oaks, CA: Sage.

Das T K, Teng B S. 1996. Risk types and inter-firm alliance structure. The Journal of Management Studies, 33 (6): 827-843.

Davenport T H, Prusak L. 1998. Working Knowledge: How Organizations Manage What They Know. Boston, MA: Harvard Business School Press.

Dess G G, Beard D W. 1984. Dimensions of organizational task environments. Administrative Science Quarterly, 29: 52-73.

Dess G G, Rasheed A, Mclaughlin K, et al. 1995. The new corporate architecture. Academy of Management Executive, 9 (3): 7-20.

Dibbern J. 2004. Information systems outsourcing: a survey and analysis of the literature. The Data Base for Advances in Information System, 35 (4): 6-102.

Ding L, Velicer W F, Harlow L L. 1995. Effects of estimation methods, number of indicators per factor, and improper solutions on structural equation modeling fit indices. Structural Equation Modeling, (2): 119-144.

Dodgson M. 1993. Strategies for accumulating technology in small high-technology firms: a learning approach and its public implications. International Journal of Technology Management, Special Publication on Small Firm and Innovation: 161-170.

Duffy R, Andrew F. 2004. The impact of supply chain partnerships on supplier performance. The International Journal of Logistics Management, 15 (1): 24-36.

Earl M J. 1996. The risks of outsourcing IT. Sloan Management Review, 37 (3): 26-32.

Eisenhardt K M. 1989. Building theories from case study research. Academy of Management Review, 32: 543-576.

Emerson R M. 1962. Agent theory: an assessment and review. Academy of Management Review, 14 (1): 57-74.

Emery F E, Trist E I. 1965. The causal texture of organizational environment. Human Relations, 18: 21-33.

Espino-Rodriguez T F, Padron-Robaina V. 2006. A review of outsourcing from the resource-based view of the frim. International Journal of Management Reviews, 8 (1): 49-70.

European Commission. 2005. Key Brussels, DG Research. Commission of the European Communities.

Farr C M, Fisher A W. 1992. Managing international high technology cooperative projects. R&D Management, 22 (1): 55-67.

Feeny D F, Willcocks L P. 1998a. Core IS capabilities for exploiting information technology. Sloan Management Review, 39 (3): 134-149.

Feeny D F, Willcocks L P. 1998b. Redesigning the IS function around core capabilities. Long Range Planning, 31: 354-367.

Fernández Z, Suárez I. 1996. La estrategia de la empresa desde una perspectiva basada en los recursos. Revista Europea de Dirección y Economía de la empresa, 5: 73-92.

Finn W, Bjorn A, van Arjan W. 2000. Driving and enabling factors for purchasing involvement in product development. European Journal of Purchasing & Supply Management, (6): 129-141.

Finn W, Eric T P. 2000. Managing supplier involvement in new product development a pontfolw approach. European Journal of Purchasing&Supply Management, 6: 49-57.

Fitzgerald G, Willcocks L P. 1994. Contracts and partnerships in the outsourcing of IT. Proceedings of the 15th International Conference on Information Systems, Vancouver, Canada.

Florin J, Bradford M, Pagach D. 2005. Information technology outsourcing and organizational restructuring: an explanation of their effects on firm value. The Journal of High Technology Management Research, 16: 241-253.

Frans C, Chieh H C, Dan Y. 2007. Management of outsourcing R&D in the Era open innovation. The Fifth. International symposium on Management of Technology-managing Fotal Innovation and Open Innovation in the 21st Century: 122-130.

Frazier G L. 1983. On the measurement of interfirm power in channels of distribution. Journal of Marketing Research, 20 (5): 158-166.

Gee W B, Kim Y G. 2005. Break the myths of rewards: an exploratory study of attitudes about knowledge sharing. Information Management Journal, 15 (2): 14-21.

Gilley K M, Rasheed A. 2000. Making more by doing less: an analysis of outsourcing and its effects on firm performance. Journal of Management, 26 (2): 763-790.

Gorzig B, Stephan A. 2002. Outsourcing and firm level performance. DIW Discussion Paper No. 309.

Gosain S, Malhotra A, Sawy O A. 2004. Winter coordination for flexibility in e-business supply chains. Journal of Management Information Systems, 21 (3): 7-45.

Granovetter M S. 1973. The strength of weak ties. American Journal of Sociology, 78: 1360-1380.

Grant R M. 1991. The resource-based theory of competitive advantage: implications for strategy formulation. California Management Review, 33: 114-135.

Grant R M. 1992. Contemporary Strategy Analysis: Concepts, Techniques, Applications. Cambridge, MA: Basil Blackwell.

Grant R M, Baden-Fuller C. 2004. A knowledge assessing theory of strategic alliances. The Journal of Management Studies, 41 (1): 61-84.

Greaver M. 1999. Strategic Outsourcing: a Structured Approach to Outsourcing Decisions and Initiatives. New York: Amacom.

Grover V, Cheon M J, Teng J T C. 1996. The effects of service quality and partnership on the outsourcing of information systems functions. Journal of Management Information Systems, 12 (4): 89-116.

Gulati R, Sytch M. 2007. Dependence asymmetry and joint dependence in interorganizational relationships: effects of embededness on a manufacturer's performance in procurement relationships. Administrative Science Quarterly, 52: 32-69.

Gunnar H. 1994. A model of knowledge management and the N-form corporation. Strategy Management Journal, 15 (1): 73-90.

Hagedoorn J, Cloodt M. 2003. Measuring innovative performance: is there an advantage in using multiple indicators. Research Policy, 32: 1365-1379.

Hakanson L. 1993. Managing cooperative research and development: partner selection and contract design. R&D Management, 23 (4): 273-285.

Hakansson H. 1982. International Marketing and Purchasing of Industrial Goods: An Interaction Approach. Chichester: John Wiley & Sons.

Han H S, Lee J N, Seo Y W. 2008. Analyzing the impact of a firm's capability on outsourcing success: a process perspective. Information & Management, 45 (1): 31-42.

Hausler J, Hohn H W, Lutz S. 1994. Contigenices of innovative networks: a case study of successful inter-firm R&D collaboration. Research Policy, 23: 47-66.

Heide J B, John G. 1990. Alliances in industrial purchasing: the determinants of joint action in buyer-supplier relationships. Journal of Marketing Research, 27: 24-36.

Heide J B, Miner A S. 1992. The shadow of the future: effects of anticipated interaction and frequency of contacts on buyer-seller cooperation. Academy of Management Journal, (35): 265-291.

Henderson J C. 1990. Plugging into strategic partnership: the critical IS connection. Sloan Management Review, 30 (3): 7-18.

Henderson J C, Lee S. 2002. Managing I/S design teams: a control theories perspective. Management Science, 38 (6): 757-777.

Hennig T, Gwinner K P, Gremeler D. 2002. Understanding relationship marketing outcomes: an integration of relational benefits. Journal of Marketing Research, 4 (3): 230-247.

Herbert I F, Camela S H. 1985. Cooperative R&D for competitors. Harvard Business Review, (11-12): 62-76.

Hillebrand B. 1996. Internal and external cooperation in product development. The 3rd International Product Development Conference, Fontainebleau, France.

Hinkin T R. 1995. A review of scale development practices in the study of organizations. Journal of Management, 21 (5): 967-988.

Holtshouse D. 1998. Knowledge research issues. California Management Review, 40 (3): 277-280.

Howells J D. 2008. New directions in R&D: current and prospective challenges. R&D Management, 38 (3): 241-252.

Howells J D, Gagliardi D, Malik K. 2008. The growth and management of R&D outsourcing: evidence from UK pharmaceuticals. R & D Management, 38 (2): 205-219.

Hui P P, Davis-Blake A, Broschak J P. 2008. Managing interdependence: the effects of outsourcing structure on the performance of complex projects. Decision Sciences, 39 (1): 5-31.

Huiskonen J, Pirttila T. 2002. Lateral coordination in a logistics outsourcing relationship. International Journal Production Economic, 78: 177-185.

Inkpen A, Tsang E. 2005. Social capital, networks and knowledge transfer. Academy of Management Review, 30 (1): 146-165.

Insinga R C, Werle M J. 2000. Linking outsourcing to business strategy. Academy of Management Executive, (14): 58-70.

Ireland R D, Michael A H, Vaidyanath D. 2002. Alliance management as a resource of competitive advantage. Journal of Management, 28 (3): 413-446.

Ives B, Olsen M H, Barouli J J. 1983. The measurement of user information satisfaction. Communications of the ACM, 26 (10): 785-793.

Jansen M C, Meckling W H. 1976. Theory of the firm managerial behavior, agency costs and ownership structure. Journal of Financial Economics, 3: 305-360.

Jap S D. 1999. Pie-expansion efforts: collaboration processes in buyer-supplier relationships. Journal of Marketing Research, 36 (4): 461-475.

Jeffrey H D, Nobeoka K. 2000. Creating and managing a high-performance knowledge-sharing network: the Toyota case. Strategic Management Journal, 21 (3): 345-367.

Jensen M, Meckling W. 1992. Specific and general knowledge and organizational structure// Werin L, Wijkander H. Contract Economics. Blackwell: Oxford, UK.

Jiang B, Belohlav J A, Young S T. 2007. Outsourcing impact on manufacturing firms' value: evidence from Japan. Journal of Operations Management, 25 (4): 885-900.

Jiang B, Frazier G V, Prater E L. 2006. Outsourcing effects on firms' operational performance an empirical study. International Journal of Operations & Production Management, 26 (11-12): 1280-1300.

John D L M. 2002. Networks, Alliance and Partnerships In the Innovation Process. Boston Dordrecht, London: Kluwer Academic Publishers.

Kappelman L, Mclean E. 1992. Promoting information systems success: the respective roles of user participation and user involvement. Journal of Information Technology Management, 3 (1): 1-12.

Kelley H H, Thibaut J W. 1978. Interpersonal Relations: a Theory of Interdependence. New York: Wiley.

Kem T. 1997. The gestalt of an information technology outsourcing relationship: an exploratory analysis. Proceedings of the 18th International Conference on Information systems, Atlanta, Georgia.

Kem T, Lacity M, Willcocks L P. 2001. Application Service Provision. Englewood Cliffs: Pretice Hall.

Kern T, Willcocks L P. 2002. Exploring relationship in information technology outsourcing: the interaction approach. European Journal of Information Systems, 11: 3-19.

Kim H J. 2005a. IT outsourcing in public organizations: how does the quality of outsourcing relationship affect the IT outsourcing effectiveness. Syrancuse University Doctoral of Philosophy Thesis.

Kim H J. 2005b. Understanding outsourcing partnership: a comparison of three theoretical perspectives. IEEE Transactions on Engineering Management, 52 (1): 43-58.

Klaas B S, McClendon J A, Gainey T W. 1999. Outsourcing HR: the impact of organizational characteristics. Human Resource Management, 40 (2): 125-138.

Klaas B S, McClendon J A, Gainey T W. 2000. Managing HR in the small and medium enterprise: the impact of professional employer organizations. Enterpreneurship Theory and Practice, Fall: 107-124.

Klepper R. 1995. The management of partnering development in IS outsourcing. Journal of Information Technology, 10: 249-258.

Kogut B, Zander U. 1992. Knowledge of the firm, combinative capabilities, and the replication of technology. Organization Science, 3 (3): 383-397.

Konsynski B R, McFarlan F W. 1990. Information partnerships-shared data, shared scale. Harvard Business Review, 68 (5): 114-120.

Kotabe M, Murray J Y. 1990. Linking product and process innovations and modes of international sourcing in global competition: a case of foreign ultinational firms. Journal of International Business Studies, 21 (3): 383-408.

Kotabe M, Omura G S. 1989. Sourcing strategies of European and Japanese multinationals: a comparison. Journal of International Business Studies, 20 (1): 113-130.

Krause D R. 1999. The antecedents of buying firms' efforts to improve suppliers. Journal of Operations Management, 17: 205-224.

Krause D R, Handfield R B, Scannell T V. 1998. An empirical investigation of supplier development: reactive and strategic processes. Journal of Operations Management, 17: 39-58.

Krause D R, Scannell T V, Calantone R J. 2000. A structural analysis of the effectiveness of buying firms' strategies to improve supplier performance. Decision Sciences, 31 (1): 33-55.

Kultti K, Takab T. 2000. Incomplete contracting in an R&D project: the Micronas case. R & D Management, 30: 67-76.

Lacity M C, Hirschhein R. 1996. The value of selective IT sourcing. Sloan Management Review, 37: 13-25.

Lan Stuart F, Mecutecheon D. 2000-02-12. Developing networks for outsourcing research and development. http://www.sbaer.uca.edu/research/dsi/2000/pdffiles/papers/v3091.pdf.

Larsson R. 1993. The handshake between invisible and visible hangs: toward a tripolar institutional framework. International Studies of Management&Organization, 23 (1): 87-106.

Laursen K, Salter A. 2006. Open for innovation: the role of openness in explaining innovation performance among UK manufacturing firms. Strategic Management Journal, 27 (2): 131-150.

Lee J N. 2001. The impact of knowledge sharing, organizational capability and partnership quality on IS outsourcing success. Information & Management, 38: 323-335.

Lee J N, Kim J W. 2005. Understanding outsourcing part. IEEE Transactions on Engineering Management, 52 (1): 43-58.

Lee J N, Kim Y G. 1999. Effect of partnership quality on IS outsourcing success: conceptual framework and empirical validation. Journal ofa Management Information Systems, 15 (4): 29-61.

Lee Y K. 2003. Technological collaboration in the Korea electronic parts industry patterns and key success factors. R&D Management, 33: 59-73.

Lejeune M, Yakova N. 2005. On charaterizing the 4C's in supply chain management. Journal of Operations Management, 23 (1): 81-100.

Lever S. 1997. An analysis of management motivation behind outsourcing practices in human resources. Human Resource Planning, 20 (2): 37-47.

Lewis A. 2006. The effects of information sharing, organizational capability and relationship charcteristics on outsourcing performance in the supply chain: an empirical study. The Ohio State University Thesis.

Li Y, Liu Y, Li M F, et al. 2008. Transformational offshore outsourcing: empirical evidence from alliances in China. Journal of Operations Management, 26: 257-274.

Linder J C. 2004. Transformational outsourcing. MIT Sloan Management Review, 45 (2): 52-58.

Loh L, Ventatraman N. 1992. Determinants of Information technology outsourcing: a cross-sectional analysis. Journal of Managment Information Systems, 9 (1): 7-24.

Manjula S S, Cullen J B, Urnesh U N. 2008. Outsourcing and performance in entrepreneurial firms: contigent relationships with entrepreneurial configurations. Decision Sciences, 39 (3): 359-381.

Manzini V C R. 1998. Organizing for technological collaborations: a managerial perspective. R&D Management, 28 (3): 199-212.

Marcolin B L, Mclellan K L. 1998. Effective IT outsourcing arrangements. Proceedings of the 31st Annual Hawaii International Conference on System Sciences.

Marshall A. 1925. The present position of economics//Pigou A C. Memorials of Alfred Marshall. London: Macmillan.

Martin S, Scott J T. 2000. The nature of innovation market failure and the design of public support for private innovation. Research Policy, (29): 437-447.

Martinez-Sanchez A, Vela-Jimenez M J, de Luis-Carnicer P et al. 2007. Managerial perceptions of workplace flexibility and firm performance. International Journal of Operations & Production Management, 27 (7): 714-734.

Matthew J H, Rodriguez D. 2006. The outsourcing of R&D through acquisitions in the pharmaceutical industry. Journal of Financial Economics, (80): 351-383.

Mayer R C, Davis J H, Schoorman F D. 1995. An integration model of organizational trust. Academy of Management Review, 20 (3): 709-734.

McEvily B, Marcus A. 2005. Embedded ties and the acquisition of competitive capabilities. Strategic Management Journal, 26: 1033-1055.

Mclvor R. 2000. A practical framework for understanding the outsourcing process. Supply Chain management, 5 (1): 22-36.

Hu M-C, Tsai C T. 2006. Building external network on intellectual property through joint R&D service outsourcing: the case of Taiwan's SMEs. The Proceedings of 2006 PICMET.

Miller D. 1988. Relating Porter's business strategies to environment and structure: analysis and performance implications. Academy of Management Journal, 31: 280-308.

Miller D, Droge C. 1986. Psychological and traditional determinants of structure. Administrative Science Quarterly, 31 (4): 539-560.

Milliken F J. 1987. Three types of perceived uncertainty about the environment: state, effect, and response. Academy of Management Review, 12: 133-143.

Mitnick B. 1975. The theory of agency and organizational analysis. Paper Presented at Annual Meeting of American Political Science Association, Washington.

Mohr J, Nevin J R. 1990. Communication strategies in marketing channels: a theoretical perspective. Journal of Marketing, 54: 36-51.

Mohr J, Spekman R. 1994. Characteristics of partnership attributes, communication behavior and conflict resolution techniques. Strategic Management Journal, 15 (1): 135-152.

Mol M J, Eric R G. 2000. The effects of external sourcing on performance: a longitudinal study of the dutch manufactury industry. www. scholar. google. com. hk.

Mol M J, Van Tulder R J M, Beije P R. 2005. Antecedents and performance consequences of international outsourcing. International Business Review, 14 (5): 599-617.

Moorman C, Zaltman G, Deshpande R. 1992. Relationships between providers and users of marketing research: the dynamics of trust within and between organizations. Journal of Marketing Research, 29 (3): 314-329.

Motohashi K, Yun X. 2007. China's innovation system reform and growing industry and science linkage. Research Policy, 36 (8): 1251-1260.

Mowday R T, Porter L W, Steers R M. 1979. The measurement of organizational commitment. Journal of Vocational Behavior, 14 (2): 224-247.

Mowery D C. 1998. The changing structure of the US national innovation system: implications for international conflict and cooperation in R&D policy. Research Policy, 27 (6): 639-654.

Mowery D C, Oxley J E, Silveman B S. 1996. Strategic alliances and interfirm knowledge transfer. Strategic Management Journal, 17: 77-92.

Murray J Y, Kotabe M, Wildt A R, et al. 1995. Strategic and financial implications of global sourcing strategy: a contingency analysis. Journal of International Business Studies, 1: 181-202.

Nahapiet J, Ghoshal S. 1998. Social capital, intellectual capital and the organizational advantage. Academy of Management Review, 23 (2): 242-266.

Narula R. 2009-07-28. In-house R&D, outsourcing or alliances. Some strategic and economic considerations. http: //books. google. ca/books? hl= en&lr= &id= 2znFdDeLFFcC&oi= fnd&pg= PA101&dq=% 2B% 22R% 26D+ outsourcing% 22&ots= AUYroAelG3&sig= ezt9jZ8hrouMCbEtPeVQfmm-UqE.

Nelson P, Richmond W, Seidman A. 1996. Two dimensions of software acquisition. Communications of the ACM, 39 (7): 29-35.

Nobelius D. 2004. Towards the sixth generation of R&D management. International Journal of Project Management, 22 (5): 369-375.

Nonaka I, Takeuchi H. 1995. The Knowledge-Creating Company. New York: Oxford University Press.

Nueno P, Oosterveld J. 1998. Managing technology alliances. Long Range Planning, 21 (3): 11-17.

Nunnally J C, Bernstein I. 1994. Psychometric Theory. New Jersey: McGraw-Hill.

Nunnally J C. 1978. Psychometric Theory. New York: McGraw-Hill Book Company.

Parasuraman A, Zeithaml V, Berry L. 1985. A conceptual model of service quality and its impl-icaitons for future rescarch. Journal of Marketing, 49 (4): 41-50.

Parasuraman A, Zeithaml V, Berry L. 1988. Servqual: a mutiple-item scale for measuring con-sumer perceptions of service quality. Journal of Retailing, 64 (1): 12-40.

Parkhe A. 1993. Strategic alliance structuring: a game theoretic and transaction cost examination of inter-firm cooperation. Strategic Management Journal, 36 (4): 794-829.

Penrose E T. 1959. The Theory of the Growth of the Firm. Oxford: Oxford University Press.

Petersen J K, Handfield B R, Ragatz L G. 2005. Supplier integration into new product develop-ment: coordinating product, process and supply chain design. Journal of Operations Manage-ment, 22: 371-388.

Poppo L, Zenger T. 1998. Testing alternative theories of the firm: transaction cost, knowl-edge-based, and measurement explanations for make-or-buy decisions in information serv-ices. Strategic Management Journal, 19: 853-877.

Porter M E. 1980. Competitive Strategy. New York: The Free Press.

Prahalad C K, Hamel G. 1990. The core competence of the corporation. Harvard Business Review, 68 (3): 79-91.

Prahinski C, Benton W C. 2004. Supplier evaluations: communication strategies to imp rove supplier performance. Journal of OperationsManagement, 22 (1): 39-62.

Preffer J, Salancik G R. 1978. The External Control of Organizations. New York: Harper&Row.

Quadros R. 2006. Mapping out technological capabilities in research institutions as tool for pros-pecting R&D outsourcing opportunities: a methodology developed for the R&D centre of a major car assembler. Technology Management for the Global Future, PICMET 2006.

Quadros R, Consoni F, Rubia Q. 2007. R&D outsourcing to research institutions: a new look into R&D in the Brazilian automobile industry. http: //scholar. google. com/scholar? hl=zh-CN&lr=&newwindow=1&q=R%26D+outsourcing+to+research+institutions-+a+new +look+into+R%26D+in+the+Brazilian+automobile+industry&btnG=%E6%90% 9C%E7%B4%A2&lr

Quinn J B. 2000. Outsourcing innovation: the new engine of growth. Sloan Management Review, 41 (4): 13-28.

Quinn J B, Himler F G. 1994. Strategic outsourcing. Sloan Management Review, 35 (4):

43-55.

Ragatz G L, Handfield R B, Scannell T V. 1997. Success factors for integrating suppliers into new product development. Journal of Product Innovation Management, 14: 190-202.

Rigby D, Zook C. 2002. Open-market innovation. Harvard Business Review, 80 (10): 80-89.

Ross R. 1973. Economic theory of agency: the principal problem. American Economic Review, 63: 134-139.

Sakakibara K. 1993. R&D cooperation among competitors: a study of the VLSI semiconductor research project in Japan. Journal of Engineering Technology Management, 10: 393-407.

Saren M A. 1984. A classification and review of models of the intra-firm innovation process. R&D Management, 14 (1): 11-24.

Saxton T. 1997. The effects of partner and relationship characteristics on alliance outcome. Academy of Managment Journal, 40 (2): 443-461.

Schumpeter J A. 1942. Capitalism. Socialism and Democracy. Cambridge, MA: Harvard University Press.

Shi Z, Kunnathura S, Ragu-Nathan T S. 2005. IT outsourcing management competence dimensions: instrument development and relationship exploration. Information & Management, 42 (6): 901-919.

Sinkovice R R. 2004. Strategic orientation, capabilities, and performance in manufacturer-3PL relationships. Journal of Business Logistics, 25 (2): 43-64.

Sounder W E, Nasse S R. 1990. Manging R&D consortia for success. Research Technology Mangement, 33 (5): 44-50.

Steensma H K. 1996. Acquiring technological competencies through inter-organizational collaboration: an organizational learning perspective.

Stevensen H H. 1976. Defining corporate strengths and weaknesses. Sloan Management Review, 17: 51-68.

Stuart F L, Mecutecheon D. 2007-03-15. Developing networks for outsourcing research and development. http: //www. sbaer. uca. edu/research/dsi/2000/pdffiles/papers/v3091. pdf.

Takeishi A. 2001. Briging inter-and intra-firm boundaries: management of supplier involvement in automobile product development. Strategic Management Journal, 22: 403-433.

Takeishi A. 2002. Knowledge partitioning in the interfirm division of labor: the case of automotive product development. Organization Science, 13 (3): 321-338.

Teece D J. 1986. Profiting from technological innovation: implications for integration, collaboration, licensing ans public policy. Research Policy, 15 (6): 285-305.

Teece D J, Pisano G, Shue G. 1997. Dynamic capabilities and strategic management. Strategic Management Journal, 18 (7): 509-533.

Teichert T. 1993. The success potential of international R&D cooperation. Technovation, 13 (8): 519-532.

Thompson J D. 1967. Organizations in Action: Social Science Bases of Administration. New York: McGraw- Hill.

Thompson J D, Strickland A J. 1983. Strategy Formulation and Implementation: Task of the General Manager. Plano Texas: Business Publication.

Tiwana A, Keil M. 2007. Does peripheral knowledge complement control: an empirical test in technology outsourcing alliances. Strategic Management Journal, 28: 623-634.

Tomas F E-R, Padron-Robaina V. 2006. A review of outsourcing from the resource-based view of the firm. International Journal of Management Reviews, 8 (1): 49-70.

Tsai W. 2001. Knowledge transfer in intraorganizational networks: effects of network position and absorptive capacity on business unit innovation and performance. Academy of Management Journal, (44): 996-1004.

Tsai W, Ghoshal S. 1998. Social capital and value creation: the role of intrafirm networks. Academy of Management Journal, 41 (4): 464-476.

Ulset S. 1996. R&D outsourcing and contractual governance: an empirical study of commercial R&D projects. Journal of Economic Behavior and Organization, 30 (1): 63-82.

Utterback J M, Abernathy W J. 1975. A dynamic model of product and process innovation. Omega, 3 (6): 639-656.

Van de Ven A H, Ferry D I. 1980. Measuring and Assessing organizations. New York: Wiley.

Vining A, Globerman S. 1999. A conceptual framework for understanding the outsourcing decision. European Management Journal, 17: 645-654.

Vrande V V, Jong J P, Vanhaverbeke W, et al. 2009. Open innovation insMES: trends, motives and management challenges. Technovation, 29: 423-437.

Weber B, Christiana W. 2007. Corporate venture capital as a means of radical innovation: relational fit, social capital, and knowledge transfer. Journal of Engineering and Technology Management, 24 (1): 11-35.

Wendy V D V, Finn W. 2005. Supplier involvement in new product development in the food industry. Industrial Marketing Management, 34: 681-694.

Wernerfelt B. 1984. A resource-based view of the firm. Strategic Management Journal, 5: 171-180.

Williamson O E. 1979. Transaction cost economics: the governance of contractual relations. Journal of Law and Economics, 22 (2): 233-261.

Williamson O E. 1981. The economics of organization: the transaction cost approach. The American Journal of Sociology, 87 (3): 548-577.

Williamson O E. 1985. The Economic Institutions of Capitalism, Firms, Markets, Relational Contracting. New York: The Free Press.

Williamson O E. 1991. Comparative economic organization: the analysis of discrete structural alternatives. Administrative Science Quarterly, 36 (2): 269-296.

Willicocks L, Kem T. 1998. IT outsourcing as strategic partnering: the case of the UK inland revenue. Euopean Journal of Information systems, 7 (1): 29-45.

Yin R K. 1994. Case Study Research: Design and Method. 2nd ed. Thousand Oaks: Sage.

Yin R K. 2003. Case Study Research: Design and Methods. 3rd ed. Thousand Oaks: Sage.

Yoon Y K, Im K S. 2008. Evaluating IT outsourcing customer satisfaction and its impact on firm performance in Korea. International Journal of Technology Management, 43 (1-3): 160-175.

Zott C, Amit R. 2007. Business model design and the performance of entrepreneurial firms. Organizations Science, 18 (2): 181-199.

研发外包的访谈提纲

一 调研部门

研发部门和技术中心。

二 基本概念

（1）研发外包分类：效率型和创新型。

（2）效率型：开发需求、功能是明确的，承包商主要完成代码和测试。

（3）创新型：开发需求、功能是不明确的，承包商主要完成需求分析、系统设计、代码和测试等环节。

三 访谈提纲

（1）为什么要进行研发外包？其动因是什么？

（2）企业在什么阶段会采取研发外包？如何决策？外包界限在哪里？

（3）研发外包流程/管理框架（如何划分模块/发包/分包标准、接口）。

（4）效率型和创新型外包在外包控制上有何不同（如合同制定、产权分配、企业战略、人员组成、外包管理、知识获取、与承包商的关系、技术、市场、创新性、价格、评估、资源配置等方面）？请提供这两种类型的产品名字及相关内容。

（5）效率型和创新型外包能否转化？转化的动因是什么（如产业政策、需求、业务变化、技术变化）？

（6）研发外包的成功和失败的原因有哪些？关键因素是什么？

研发外包模式的划分及其对创新绩效影响的调查问卷

本问卷旨在调查企业研发外包的强度与企业绩效的关系，请您在百忙之中协助我们完成这份问卷的填写。您的回答对我们的研究结论非常重要，非常感谢您的热情帮助！本问卷纯属学术研究目的，没有任何商业用途，同时我们也承诺，我们将对贵公司提供的信息严格保密。

【几个关键的概念】

1. 研发：研究与发展，如 IT 软件设计开发，制造业新产品设计、开发，企业新产品、新思想或新工艺等。

2. 研发外包：将企业研发工作的部分或全部交给企业外的供应商完成。

第一部分　企业基本信息

1. 姓名（自愿，可不填）_____

   联系电话（或 E-mail）_____

   现任职位_____

2. 企业名称_____

3. 企业员工人数为（　　）

   A. <500 人　　　　　B. 500～2000 人　　　　　C>2000 人

4. 企业成立时间为（　　）

   A. 1～5 年　　　　　B. 5～10 年　　　　　　　C. >10 年

5. 企业产权性质为（若为其他，请在后面写明）（　　）

   A. 国有及国有控股　　B. 集体　　C. 民营　　D. 三资企业　　E. 外商独资　　F. 其他_____

6. 企业所处的主要行业为（　　）

   A. 电子技术　　B. 通信　　C. 软件　　D. 生物医药和化工　　E. 新材料、新能源、环境保护　　F. 制造业（光机电一体化，纺织）　　G 服务（银行，税务等）　　H. 其他_____

7. 企业的每年研发费用为（人民币元）（　　）

   A. <100 万　　　　　B. 100 万～1000 万　　　　　C. 1000 万以上

8. 企业是否有国外的供应商？（　　）

   A. 是　　　　　　　　B. 否

国外供应商国别是（　　）

A. 东南亚　　　　　　　B. 欧美　　　　　　　C. 非洲

9. 贵公司研发是否申请专利？（是/否）

如果有专利，专利数目大概多少？（近 3 年）_____。

第二部分　企业研发外包模式

效率型研发外包（成熟的技术、成熟的市场、普通资源）	不同意——同意						
贵公司外包业务的技术是成熟技术	1	2	3	4	5	6	7
贵公司外包业务的市场是成熟市场	1	2	3	4	5	6	7
贵公司外包业务的资源是普通资源	1	2	3	4	5	6	7
贵公司外包业务的创新性较低	1	2	3	4	5	6	7

创新型研发外包（新/未来技术、新市场、稀缺资源）	不同意——同意						
贵公司外包业务的技术是新技术（未来技术）	1	2	3	4	5	6	7
贵公司外包业务的市场是新市场	1	2	3	4	5	6	7
贵公司外包业务的资源是稀缺资源	1	2	3	4	5	6	7
贵公司外包业务的创新性较高	1	2	3	4	5	6	7

第三部分　企业研发外包模式与创新绩效的关系

1. 研发外包强度

	在交给外部公司做的业务旁边划"√"	对于划"√"业务请写出外包出去业务量占该项业务的比例（%）
需求分析		
市场方案与立项		
目标/方案预研		
目标/方案确定		
设计与开发		
功能（模块）划分		
验证		
系统测试		
系统维护		

2. 贵公司的创新绩效

新产品销售率是指近 2 年内开发的新产品销售收入占企业总销售收入的比重（生产资料类企业的一般为 3 年内）。

与国内主要竞争对手相比，您认为贵公司的技术创新水平所处的地位	非常低	低	有点低	行业平均	有点高	高	非常高
年新产品数							
新产品销售率							
新产品开发速度							
新产品开发成本（一般越低越好）							
研发外包项目的成功率							
研发外包项目的满意度							

第四部分　环境动态性

以下是关于贵公司面临的环境动荡程度的描述，请根据实际情况做出选择。

因素	非常低	低	有点低	行业平均	有点高	高	非常高
市场实践的变化程度							
产品设计的速度							
竞争者行为预测程度							
产品技术改变程度							
顾客的需求预测程度							
技术转变预测程度							
客户需求的稳定性							

研发外包机理的调查问卷

本问卷旨在调查研发外包的机理、特性及其对企业技术创新绩效的影响。本问卷纯属学术研究目的，内容不涉及贵企业的商业机密，所获信息绝不外泄，亦不用于任何商业目的，请您放心并尽可能客观回答。烦请您花几分钟时间填写问卷，您的回答对我们的研究非常重要，非常感谢您的合作！

【几个关键的概念】

研发外包：将企业研发工作的部分或全部交给企业外的供应商完成。

效率型研发外包：效率型研发外包模式指的是研发需求是确定的、研发目标是降低成本、提高企业运营效率；研发外包技术为成熟技术，市场成熟性高，创新性较低。

创新型研发外包：新型研发外包模式指的是研发需求是不确定的，研究目标是企业获得新收益、新技术和新市场，从而实现商业转变；研发的技术是前瞻性、未来技术、具有较高的创新性。

第一部分　企业的基本信息

1. 企业名称_____
2. 企业设立年份_____年
3. 企业位于_____省_____市
4. 企业员工总数约为_____人
5. 企业的联系电话（或 E-mail）_____
6. 企业研发人员约为_____人
7. 您在企业中的职位是（　　）

    （1）高层决策者   （2）中层干部   （3）普通员工

8. 2006.2008 年企业研发费用占当年的销售总额比重为（　　）

    （1）<0.5%   （2）0.5%～1%   （3）1%～1.5%

    （4）1.5%～2%   （5）2%～5%   （6）5%以上

9. 企业 2006.2008 年的平均销售总额（人民币元）为（　　）

    （1）<100 万   （2）100 万～500 万   （3）500 万～3000 万

    （4）3000 万～1 亿   （5）1 亿～5 亿   （6）5 亿～10 亿

    （7）10 亿以上

10. 企业产权性质为（若为其他，请在后面写明）（　　）

　　（1）国有或集体　　　　（2）民营　　　（3）三资-外资控股或内资控股

　　（4）其他＿＿＿＿＿＿＿

11. 企业主营业务所在行业领域为（若为其他，请注明）（　　）

　　（1）软件、电子及通信　　　（2）生物制药与新材料

　　（3）制造、化工和纺织业　　（4）服务行业（金融、税务、贸易、房地产）

　　（5）其他＿＿＿＿＿＿＿

12. 企业是否拥有国外供应商？（　　）

　　（1）是　　　　　　　　　（2）否

　　如果有国外供应商，其国别是（　　）

　　（1）东南亚　　　　　　　（2）欧美　　　　　　　（3）非洲

　　主要提供的服务是＿＿＿＿＿＿＿＿（如原材料、设备或研发等）。

第二部分　企业研发外包的机理研究

以下题项中1.7的分值表示从"不同意"到"同意"依次渐进，请根据企业的实际情况，在相应的数字上打上"√"（1表示非常不同意；4表示中立；7表示非常同意）。

1. 企业研发外包的模式

效率型研发外包（成熟的技术、成熟的市场、普通资源）	不同意——→同意					
贵公司外包业务的技术是成熟技术	1	2	3	4	5	6	7
贵公司外包业务的市场是成熟市场	1	2	3	4	5	6	7
贵公司外包业务的资源是普通资源	1	2	3	4	5	6	7
贵公司外包业务的创新性较低	1	2	3	4	5	6	7

创新型研发外包（新/未来技术、新市场、稀缺资源）	不同意——→同意					
贵公司外包业务的技术是新技术(未来技术)	1	2	3	4	5	6	7
贵公司外包业务的市场是新市场	1	2	3	4	5	6	7
贵公司外包业务的资源是稀缺资源	1	2	3	4	5	6	7
贵公司外包业务的创新性较高	1	2	3	4	5	6	7

2. 企业创新绩效

2006～2008 年与国内同行业主要竞争对手相比,贵公司的情况	非常低	比较低	有点低	行业平均	有点高	比较高	非常高
新产品数	1	2	3	4	5	6	7
申请的专利数	1	2	3	4	5	6	7
新产品销售额占销售总额的比重	1	2	3	4	5	6	7
新产品的开发速度	1	2	3	4	5	6	7
新产品的成功率	1	2	3	4	5	6	7

3. 企业研发外包的维度结构

研发外包的资源维度	不同意——→同意						
1. 互补资源							
贵企业经常让所有部门参与决策	1	2	3	4	5	6	7
贵企业为某一特殊任务,将组建跨部门小组	1	2	3	4	5	6	7
2. 专用资源							
贵企业软硬件更新程度较快	1	2	3	4	5	6	7
贵企业完成该业务所需额外技能和专业知识程度(和同行业相比)较多	1	2	3	4	5	6	7
贵企业的 IT 使用程度较多	1	2	3	4	5	6	7
贵企业外包经验丰富	1	2	3	4	5	6	7
研发外包的关系维度	不同意——→同意						
1. 相互依赖性							
外包供应商对外包业务的负责程度较高	1	2	3	4	5	6	7
贵企业向外包供应商提供专业投资	1	2	3	4	5	6	7
外包供应商全力支持贵企业的核心业务	1	2	3	4	5	6	7
如果外包过程中出现问题,外包业务很难开展	1	2	3	4	5	6	7
2. 沟通							
贵企业与外包供应商的沟通及时性较高	1	2	3	4	5	6	7
贵企业与外包供应商的沟通准确性较高	1	2	3	4	5	6	7
贵企业与外包供应商的沟通可行性程度较高	1	2	3	4	5	6	7
贵企业与外包供应商的沟通的完整性程度较高	1	2	3	4	5	6	7
当遇到影响双方的重大事项和变革时,双方能协同一致	1	2	3	4	5	6	7

3. 信任							
外包双方在商谈时能做到实事求是、平等对待	1	2	3	4	5	6	7
外包双方任何时候都是忠实的朋友	1	2	3	4	5	6	7
外包双方尽量做出有益双方的决策	1	2	3	4	5	6	7
外包双方彼此提供帮助	1	2	3	4	5	6	7
4. 承诺							
外包双方信守诺言	1	2	3	4	5	6	7
外包双方愿意建立和延续关系	1	2	3	4	5	6	7
外包双方尽力维持良好的外包关系	1	2	3	4	5	6	7
外包供应商合同能如期完成	1	2	3	4	5	6	7
5. 认知感							
外包双方价值取向一致	1	2	3	4	5	6	7
外包双方认同的目标和使命	1	2	3	4	5	6	7
外包双方处理问题和冲突方式一致	1	2	3	4	5	6	7
外包双方有共同的责任感，共担风险	1	2	3	4	5	6	7
研发外包的知识维度	不同意——同意						
1. 隐性知识共享							
外包双方共享工作的经验	1	2	3	4	5	6	7
外包双方共享技术诀窍	1	2	3	4	5	6	7
外包双方共享提供教育和培训	1	2	3	4	5	6	7
2. 显性知识共享							
外包双方共享业务报告和建议书	1	2	3	4	5	6	7
外包双方共享工作手册、流程和模型	1	2	3	4	5	6	7
外包双方共享成功和失败的案例	1	2	3	4	5	6	7
外包双方共享报纸、杂志和期刊	1	2	3	4	5	6	7

4. 企业研发外包的内外部协调能力

研发外包的外部协调能力	不同意——同意						
外包双方共享企业未来发展计划	1	2	3	4	5	6	7
外包双方共享任何影响双方业务的信息	1	2	3	4	5	6	7
外包双方能共同负责完成任务	1	2	3	4	5	6	7

续表

研发外包的外部协调能力	不同意——→同意						
外包双方能互相帮助解决对方问题	1	2	3	4	5	6	7
外包双方的共同协作克服困难	1	2	3	4	5	6	7
外包双方的工作模式趋于一致	1	2	3	4	5	6	7
研发外包的内部协调能力	不同意——→同意						
企业根据合同标准评估供应商绩效	1	2	3	4	5	6	7
供应商选择有标准的流程	1	2	3	4	5	6	7
供应商的控制有标准流程	1	2	3	4	5	6	7
外包企业和供应商之间尽量挖掘双赢的潜在机会	1	2	3	4	5	6	7
尽量使供应商充分理解外包的各项业务的流程和规程	1	2	3	4	5	6	7

研发外包动态演化的调查问卷

第一部分　企业阶段划分

1. 贵企业当前最重要的一项工作是（单选，只能选一个）：（　　　）
   (1) 全力争取客户　　　　　　　　(2) 维持现有的市场份额
   (3) 努力实现增加收　　　　　　　(4) 快速扩张企业规模
   (5) 在做好主业的基础上开展其他业务

2. 贵企业在重大决策时一般采取的方法是（单选，只能选一个）：（　　　）
   (1) 老板一人说了算，一般不和下属商量
   (2) 在听取下属建议后老板决定
   (3) 老板、下属和外部专家共同决定
   (4) 老板、股东和下属共同商定

3. 贵企业发展战略如何（单选，只能选一个）：（　　　）
   (1) 只集中在一个行业内　　　　　(2) 开始向其他行业拓展
   (3) 已经涉及多个行业领域　　　　(4) 在多个行业领域中有较大发展
   (5) 在多个行业中发展，但目前正在从某些行业退出

4. 贵企业下一阶段发展的重要目标是（单选，只能选一个）：（　　　）
   (1) 维持基本的生存　　　　　　　(2) 争取更多的利润
   (3) 适度扩张企业规模　　　　　　(4) 实现产业升级

5. 贵企业所有者（老板）对企业日常生产经营活动的参与情况（单选，只能选一个）：（　　　）
   (1) 什么都管　　　　　　　　　　(2) 管大部分的生产经营活动
   (3) 只管一部分关键的生产经营活动(4) 基本不管

6. 贵企业在现阶段研发外包的重要性程度是（单选，只能选一个）：（　　　）
   (1) 很不重要　　(2) 比较不重要　　(3) 不太重要　　(4) 一般
   (5) 有点重要　　(6) 较重要　　　　(7) 很重要

第二部分　研发外包模式的动态演化

研发外包的重要性程度	很不重要	比较不重要	不太重要	一般	有点重要	比较重要	很重要
1. 在企业发展的不同阶段，效率型研发外包的重要性程度							
初期阶段（主导技术未出现、产品未形成、市场不稳定）	1	2	3	4	5	6	7
发展阶段（主导技术出现、产品标准化、市场稳定、大量生产）	1	2	3	4	5	6	7
成熟阶段（产品定型、开发新市场、未来技术储备）	1	2	3	4	5	6	7
2. 在企业发展的不同阶段，创新型研发外包的重要性程度							
初期阶段（主导技术未出现、产品未形成、市场不稳定）	1	2	3	4	5	6	7
发展阶段（主导技术出现、产品标准化、市场稳定、大量生产）	1	2	3	4	5	6	7
成熟阶段（产品定型、开发新市场、未来技术储备）	1	2	3	4	5	6	7

后　记

在本书即将付梓之际，蓦然回首，太多感慨难以言表。首先，我要感谢我的导师陈劲教授，是陈老师将我引入学术殿堂，让我进入浩瀚的知识海洋。在五年的博士研究生学习过程中，我感到无比充实、不断进取、充满激情，从一个管理科学与工程的门外汉，不断摸索、前进，成为浙江大学管理学院的一名合格博士生，挥洒了无数的汗水。五年的历练让我深刻地明白一个人生道理：只要坚持不懈地努力，就一定会成功！本书的选题、结构设计、框架确定，直至撰写、修改和定稿，无不渗透着陈劲教授的心血与智慧。多年来，陈老师渊博的学识、敏锐的洞察力、超前的学术意识、严谨踏实的治学风范、孜孜不倦的求学精神、高尚的人格魅力以及对学生无微不至的关怀，自始至终鞭策着我努力学习和一丝不苟地进行科学研究，并将使我终生受益！

其次，我要感谢国家自然科学基金给予我学术的肯定和经费的支持。在课题的经费支持下，我们课题组成员在浙江杭州、海宁和台州开展大量研发外包调研，了解研发外包的模式、机理和动态演化过程，为本书撰写提供了大量实证和案例背景。期间，顺利发表了《环境动态性对研发外包强度与企业创新绩效的调节效应研究》（《科研管理》2010 年第 4 期）、《企业 R&D 外包的维度结构及实证研究》（《科学学研究》2010 年第 6 期）、《研发外包的模式、测度及其对企业创新绩效的影响研究》（《科学学研究》2009 年第 2 期）、《研发外包的模式、特征及流程研究——以浙江省 GX 集团为例》（《研究与发展管理》2009 年第 2 期）等系列论文，同时还和陈劲教授共同撰写完成了《研究与开发管理》、《研发项目管理》、《技术管理》等书籍，2008 年撰写的报告《浙江省研发外包现状、问题和对策研究》，被收录在"浙江经济转型升级"专题论文集中，成为浙江省 2008 年 8 月省委读书会的学习参考资料。

我要感谢给予我思想与智慧启迪的众多浙江大学教授。我要感谢许庆瑞院士、吴晓波教授、蔡宁教授、郭斌教授、张钢教授、刘景江教授、谢小云副教授对我的指导与帮助；感谢加拿大渥太华大学 Margeret 教授对我的启发和引导，以及对我改写英文稿件所提供的帮助。浙江大学管理学院优良的学术氛围、精彩的讲座和学术报告，使我的专业水平得到极大拓展和提高，为本书的写作打下了坚实的基础。

　　我要感谢对本书企业实地调研访谈和问卷调查给予极大支持和帮助的各位企业界人士，特别要感谢台州市经济委员会投资与技术进步处副处长娄国良、嘉兴科技局顾志刚，为我提供的调研机会，感谢每一位在百忙之中抽空接受访谈和耐心填写问卷的各位企业界人士。

　　我要感谢浙江大学最佳创新团队全体成员的关心和帮助，特别要感谢五年来与我并肩作战的吴增源、郑素丽。感谢我的同窗好友邵皓萍，感谢郭爱芳、吴善超、金鑫、朱朝晖、陈钰芬、余芳珍、金珺、何郁冰、朱凌、王飞绒、景劲松、王方瑞、王黎营、王皓白、桂彬旺、王志玮、余浩等同门师兄、师姐，限于篇幅，恕未能一一提名感谢。团队浓厚的友爱气氛与互助的学术氛围，为本书的撰写提供了诸多灵感与真知灼见，我将永远铭记！

　　感谢我的同事和朋友。感谢浙江工商大学盛亚教授、李靖华教授、金阳华教授、陈子侠教授、凌云教授、王勋教授、傅培华教授、厉小军教授、徐斌副教授和我无数次进行论文探讨，感谢我的同事胡军、张芮、蒋长兵、彭扬、彭建良、白丽君、王姗姗、陈达强、吴承健老师给予我的支持、鼓励和无私帮助。

　　最后，感谢我的家人。特别要感谢我的丈夫沈波，从大学的相识、相知、相爱到携手走过的 20 年，是他的爱给了我勇往直前的动力，是他的支持和关心协助我登上学术的高峰。虽然现在他身患重病，但我坚信通过我们的努力和顽强坚持，一定会战胜病魔，渡过难关。衷心祝愿他能早日康复！感谢我的女儿沈可，她天真活泼的笑脸、古灵精怪的秉性给我的生活增添了无数光彩。感谢我任劳任怨的父母和公婆，在我学习紧张、工作繁忙时，为我分忧解难！感谢我的妹妹和远在加拿大的姐姐，正是她们浓浓的爱意，默默的关心、支持和鼓励，使我最终克服种种困难顺利完成了本书。

　　本书能够顺利出版，还要感谢科学出版社的陈超编辑和杨婵娟编辑以及其他许多工作人员的努力和辛勤工作。感谢国家软科学出版项目对中国软科学研究丛书的支持。

　　这本书不仅蕴涵着我五年来的学术积累，亦承载着师长、家人及亲朋好友的殷切期望与深厚关爱，流淌着我对学术的挚爱和不懈追求。再次衷心感谢所有关心与帮助过我的人们！致礼！

伍　蓓

2010 年 12 月 6 日